CMP BOOKS
机工IT

U0179169

陈红波　编著

SQL
从入门到进阶

STRUCTURED QUERY
LANGUAGE

FROM BEGINNER TO ADVANCED

机械工业出版社
CHINA MACHINE PRESS

本书是由行业专家精心编写的 SQL 学习指南，内容涵盖数据库基础介绍、数据库表的管理、数据的增删改查、视图、索引、存储过程，以及基于不同业务场景的 SQL 查询实践。本书由浅入深地对 SQL 查询进行讲解，在实践方面，结合真实的业务场景，以互联网电商、投资理财、网络游戏、线下零售等为例，通过行业常用的查询案例帮助读者快速理解并掌握 SQL 查询技能。

本书适合日常工作中需要使用数据库并对数据库表进行操作的业务和技术人员，包括数据分析、数据运营、数据产品、市场渠道等人员。

本书配有全套案例的 Excel 数据源及 SQL 脚本文件，方便读者参考学习。扫描关注机械工业出版社计算机分社官方微信订阅号——IT 有得聊，回复 73500 即可获取本书配套资源下载链接。

图书在版编目（CIP）数据

SQL 从入门到进阶 / 陈红波编著. —北京：机械工业出版社，2023.8
ISBN 978-7-111-73500-7

Ⅰ. ①S⋯　Ⅱ. ①陈⋯　Ⅲ. ①关系数据库系统　Ⅳ. ①TP311.132.3

中国国家版本馆 CIP 数据核字（2023）第 127858 号

机械工业出版社（北京市百万庄大街 22 号　邮政编码 100037）
策划编辑：王　斌　　　　　　　　责任编辑：王　斌　郝建伟
责任校对：张晓蓉　刘雅娜　陈立辉　责任印制：任维东

北京中兴印刷有限公司印刷

2023 年 11 月第 1 版第 1 次印刷
184mm×240mm・19.25 印张・453 千字
标准书号：ISBN 978-7-111-73500-7
定价：99.00 元

电话服务　　　　　　　　　　网络服务
客服电话：010-88361066　　　机 工 官 网：www.cmpbook.com
　　　　　010-88379833　　　机 工 官 博：weibo.com/cmp1952
　　　　　010-68326294　　　金 书 网：www.golden-book.com
封底无防伪标均为盗版　　机工教育服务网：www.cmpedu.com

前言

身处互联网时代，人们在享受科技带来的便捷生活的同时也产生了大量的数据，这些数据大都需要存放在数据库中。数据的来源有很多，如消费记录、出行记录、访问记录、聊天记录等。由于人们的行为和活动产生且存放在数据库中的数据具有很高的价值，因此，用户需要通过特定的语言来操作它。

SQL 是一种数据库查询语言，是专门用来针对数据库查询和程序设计的语言，可以方便用户存取数据，以及查询、更新和管理关系数据库系统。基于 SQL 的数据处理可以帮助用户实现对不同的业务场景下的数据进行增删改查操作。除此之外，SQL 是企业中数据分析、数据运营、数据产品、市场渠道等岗位的必备技能。通过 SQL 查询出来的结果，可以帮助人们对业务数据进行预测、评估、复盘等，例如，销售业务的分析、财务资金的流转、活动运营的复盘、运营策略的迭代等。

本书通过大量 SQL 查询实践案例，非常有针对性地讲解了 SQL 在不同业务场景下的数据查询技巧，业务场景包括互联网电商、投资理财、网络游戏、线下零售等。读者可以由浅入深、循序渐进地学习，为基于 SQL 的数据查询打下坚实的基础。以下是对本书内容的概述。

本书内容

第 1 章：进入 SQL 世界——背景知识。本章介绍数据库以及 SQL 的基础知识，并带领读者安装并使用 MySQL 数据库，为后续的内容打下基础。

第 2 章：从基础做起——数据库表的管理。本章以学生选课考试数据的管理为例，介绍如何使用 SQL 实现对数据库表的操作，包括数据库、数据表、字段的增删、数据表的约束等，从而帮助读者掌握 SQL 的基本操作。

第 3 章：更上一层楼——数据的增删改。本章以客户交易订单数据为例，带领读者熟练掌握 SQL 对数据的增删改。

第 4 章：初探 SQL 核心——数据的基础查询。本章介绍 SQL 查询语法的七个核心关键字，并以中介二手房成交数据为例，实现数据的 SQL 基础查询操作。

第 5 章：玩转 SQL 函数与语法——数据的高级查询。本章介绍 SQL 的常用函数，并以门店电器零售数据为例，实现去重、聚合、分组、嵌套、关联、合并等多种数据的高级查询。

第 6 章：封装 SQL 语句的表——视图的增删与查询。本章介绍视图的优缺点，并以客户 App 贷款数据为例，带领读者掌握视图的增删以及查询功能。

第 7 章：提高查询效率的"法宝"——索引。本章介绍索引的作用，并以客户银行理财数据为例，介绍不同索引类型的创建、删除，以及需要注意的事项。

第 8 章：实现特定功能的 SQL 语句集——存储过程的增删与调用。本章介绍为什么要使用存储过程，以及它的优缺点，并以旅客在线订房数据为例，实现 SQL 存储过程的创建、删除和调用。

第 9 章：举一反三——SQL 查询综合实践。本章通过 5 个不同应用场景的综合实践案例，带领读者熟练掌握 SQL 的核心应用——数据查询。

本书特点

- **由浅入深，循序渐进**：本书从数据库的介绍到 SQL 查询实践，内容逐步深入，知识点环环相扣，整个框架和内容符合刚入门的读者对学习 SQL 的需求。
- **案例丰富，轻松易学**：本书在进行 SQL 查询实践时结合了大量的业务场景，能够让读者在掌握 SQL 查询技术的同时，快速融入真实业务场景；知识点简单、易学。
- **内容全面，讲解详细**：本书涵盖数据库基础介绍、数据库表的管理、数据的增删改查、视图、索引、存储过程，以及基于不同业务场景的 SQL 查询实战；SQL 知识点覆盖全面，内容讲解非常详细，方便读者快速上手。
- **配套资源丰富，免费提供**：本书中的案例涉及的数据集、代码等资源都免费提供给读者学习使用，可通过扫描封底二维码"IT 有得聊"获取。

适用对象

本书适合日常工作中需要使用数据库并对数据库表进行操作的业务人员和技术人员，包括数据分析、数据运营、数据产品、市场渠道等人员。

致谢

感谢家人对我写作的支持和理解。感谢领导肖万喜、秦芳栋和同事谈沙沙、宋博韬、曹以璠、钟子涵对本书提出的宝贵建议。感谢机械工业出版社策划编辑王斌的修改和建议。由于作者水平有限，书中难免出现错误和不足之处，敬请广大读者批评指正。

感谢您购买本书，希望本书成为您 SQL 入门的领航者。

陈红波

2023 年 4 月 3 日

目录

第1章
进入 SQL 世界——背景知识

1.1 数据库简介

1.1.1 数据库是什么

简单来讲，数据库就是存放数据的"仓库"。数据库中可以存放百万条、千万条、上亿条乃至更多的数据，存放数据的多少受到硬盘空间大小的限制。因此，硬盘越大，可以存储的数据量就越大，但是数据库不是随意地将数据进行存放，而是需要遵循一定的规则，这样会大大提高数据的查询效率。

数据库是一个按数据结构来存储和管理数据的计算机软件系统。数据库的概念主要包括以下两层含义。

● 数据库是一个实体，它是一个可以存储数据的"仓库"，用户按照规则在该"仓库"中存放需要管理的数据。因此，数据和"仓库"结合起来就形成了数据库。

● 数据库是数据管理的方法和技术，它方便用户严密地控制数据，高效地维护和利用数据。

1.1.2 数据库的作用

21 世纪是互联网快速发展的时代，科技也跟着发生了翻天覆地的变化。从 PC 到移动端，从非智能机器到智能机器，人们在享受便捷生活的同时产生了大量的数据，这些数据通常需要存放在数据库中。数据的产生来源有很多，例如，网上购物、实体店消费、出行记录、聊天记录等。当然，除文本类型的数据以外，图像、音频、视频也都是数据。数据库的作用可以概括为以下几点。

1. 实现数据共享

数据共享指的是有权限的用户可以同时存取数据库中的数据，包括通过各种方式调用接口来使用数据库，实现数据共享。

2．降低数据冗余

数据库实现了数据的共享，避免了用户分别使用自己建立的文件，从而减少了大量重复数据，降低了数据冗余，并保持了数据的一致性。

3．保持数据独立

数据的独立性包括逻辑独立性和物理独立性，逻辑独立性指的是数据库的逻辑结构和应用程序之间的相互独立，物理独立性指的是数据物理结构的变化不影响数据的逻辑结构。

4．数据集中控制

传统的文件管理方式使得数据相对分散，用户在处理各自建立的文件时并无相关关系。数据库可以对共享的数据进行集中控制和统一管理，并使用数据模型来表示数据的组织结构以及数据之间的关联关系。

5．数据安全、可靠

数据的安全性和可靠性主要体现在数据的安全性控制、数据的完整性控制和数据的并发性控制上。此外，在相同的时间周期内，允许对数据实现多路存取，同时能防止用户之间的不正常交互。

6．数据故障恢复

在数据发生故障时，数据库管理系统提供的一套方法可以方便用户及时发现故障并进行修复，从而防止存储的数据遭到破坏。数据库管理系统提供的方法能够尽快恢复故障，包括物理层面的错误和逻辑层面的错误。

1.1.3　数据库的类型

1．关系型数据库

关系型数据库中数据的存储格式可以直观地反映实体间的关系。关系型数据库和常见的电子表格（如 Excel 等）相似，数据都是存储在由行和列组成的二维表中，数据结构非常清晰且通俗易懂。为什么需要数据库？为什么不将数据存储在 Excel 表格中呢？这是由于关系型数据库不仅可以存储大量数据，还可以在数据库中的表与表之间创建复杂的关联关系。此外，通过权限控制，可以让不同的用户同时访问数据库并进行相应的操作。因此，从功能层面来看，关系型数据库是大数据时代不可或缺的工具。

日常工作中常见的关系型数据库有 MySQL、SQL Server、Oracle 等。在轻量级或者小型应用中，使用不同的关系型数据库对系统的性能影响不大，但是在构建大型应用时，则需要根据应用的业务需求和性能需求，选择合适的关系型数据库。虽然关系型数据库有很多，但是大多数都遵循 SQL 语句标准。SQL 的常见操作有增删改查、关联与计算等，这些内容将在后面的章节中详细讲解。

关系型数据库在结构化数据的处理方面有较强的优势。例如，学生考试管理系统中的学生信息、选课信息、考试信息等需要使用关系型数据库进行结构化的数据存储和数据查询。

此外，在进行多表关联的场景下，关系型数据库会比 NoSQL 数据库性能更优且精确度更高。由于结构化数据的规模不算太大，数据规模的增长通常是可预期的，因此，针对结构化数据使用关系型数据库会极大地提高工作效率。

2. 非关系型数据库

非关系型数据库（Not only SQL，NoSQL）是对不同于传统的关系型数据库的数据库管理系统的统称。经过多年的技术革新和发展，很多 NoSQL 数据库（如 MongoDB、Redis、Memcached 等）出于简化数据库结构、避免冗余、避免影响性能的表连接、摒弃复杂分布式的目的而被设计出来。

NoSQL 数据库指的是分布式的、非关系型的、不保证遵循ACID原则的数据存储系统。NoSQL 数据库技术与 CAP 理论、一致性哈希算法有密切关系。此外，NoSQL 数据库技术具有非常明显的优势，NoSQL 数据库的结构相对简单，且在数据量较大的场景下，它的读写性能非常好，同时还能满足随时存储自定义数据格式的需求，适用于大数据的处理工作。

NoSQL 数据库非常适合于速度要求高、可扩展性强、业务多变的应用场景。此外，它在非结构化数据处理上的优势更大。例如，网站的论坛文章、用户点赞、评论等，这些数据并不需要像结构化数据一样进行精确查询，数据规模通常是海量的且存储数据的增长规模也是无法预期的。由于 NoSQL 数据库的扩展能力很强，因此，它可以很好地满足这类数据的存储需求。NoSQL 数据库利用 key-value 可以获取大量的非结构化数据，且数据获取的效率非常高。目前，NoSQL 数据库仍然没有统一的标准，主要分类有以下四种。

- 键值数据库：代表产品包括 Redis、Memcached，优点是扩展性好、灵活性好、执行大量操作时性能高；缺点是数据无结构化，通常被作为字符串或者二进制数据，只能通过键查询值。
- 列族数据库：代表产品包括 HBase、Cassandra，优点是查询速度快、数据存储的扩展性强；缺点是数据库的功能有局限性，不支持事务的强一致性。
- 文档数据库：代表产品包括 MongoDB、CouchDB，优点是数据结构灵活，可以根据 value 构建索引；缺点是查询的性能不好且缺少统一的查询语言。
- 图形数据库：代表产品包括 InfoGrid、Neo4j，优点是支持复杂的图形算法；缺点是要想得到结果必须进行整个图的计算且运用不适合的数据模型会使得图形数据库很难使用。

3. 分布式数据库

企业内部的业务规模不断扩张会带来数据量的爆炸式增长，传统集中式数据库的局限性在面对大规模数据处理时逐渐显露，分布式数据库的出现就可以很好地解决这个问题。分布式数据库是在集中式数据库的基础上发展起来的，它是分布式系统与传统数据库技术相结合的产物，具有透明性、独立性、数据冗余性、易于扩展等特点。

分布式数据库是把那些在地理意义上分散开的各个数据库节点，但在计算机系统逻辑上又属于同一个系统的数据结合起来的一种数据库技术。分布式数据库不注重系统的集中控制，而注重每个数据库节点的自治性。此外，为了降低程序员编码的工作量与系统出错的概率，通常完全不考虑数据的分布情况。因此，分布式数据库系统的数据分布情况需要一直保持独立性。

数据独立性是分布式数据库的一种特性。此外，分布式数据管理系统还增加了一个叫分布式透明性的新概念。这个新概念的作用是在数据进行转移时使程序的正确性不受影响，就像数据并没有在编写程序时被分布一样。

数据冗余性也是分布式数据库的一种特性，这点和一般的集中式数据库系统不一样。首先，提高局部的应用性就需要在某个数据库节点复制数据。其次，如果某个数据库节点出现系统错误，则可以在修复之前通过操作其他的数据库节点里事先复制好的数据进行继续操作，从而提高系统的有效性。

1.1.4　数据库管理系统

数据库管理系统（DataBase Management System，DBMS）是一种操纵和管理数据库的大型软件，方便用户建立、使用和维护数据库。

数据库管理系统可以对数据库进行统一的权限管理、控制和数据操作，以保证数据的一致性、完整性和安全性。用户可以根据自身的权限对数据库进行访问和操作，管理员可以通过该系统对数据库进行维护。

数据库管理系统是数据库系统的核心组成部分，主要实现对数据库的操纵与管理功能，实现数据库的创建，数据的查询、添加、修改与删除操作，以及数据库的用户管理、权限管理等。

工作中常见的数据库管理软件有 MySQL、Oracle 和 SQL Server。MySQL 是一个小型关系型数据库管理系统，被广泛地应用在 Internet 上的中小型网站中；Oracle（Oracle RDBMS）是甲骨文公司开发的关系型数据库管理系统，它是目前世界上使用最为广泛的数据库管理系统之一，具备完整的数据管理功能；SQL Server（SQL Server RDBMS）是微软公司开发和推广的关系型数据库管理系统，它的伸缩性好、与相关软件集成程度高，为关系型数据和结构化数据提供了更加安全、可靠的存储功能。

1.2　SQL 简介

1.2.1　SQL 是什么

SQL 指的是结构化查询语言，英文全称是"Structured Query Language"，是一种特殊的编程语言，是用来针对数据库查询和程序设计的语言，可以方便用户存取数据以及查询、更新和管理关系型数据库系统。

SQL 在 1974 年由 Boyce 和 Chamberlin 提出，并首先在 IBM 公司研制的关系型数据库系统 SystemR 上实现。由于它具有功能丰富、使用方便灵活、语言简洁易学等突出的优点，因此深受计算机工业界和计算机用户的欢迎。1980 年 10 月，经美国国家标准局（ANSI）的数据库委员会 X3H2 批准，将 SQL 作为关系型数据库语言的美国标准，同年公布了标准 SQL，此后不久，国际标准化组织（ISO）也做出了同样的决定。

SQL 从功能上可以分为三个部分：数据控制语言、数据定义语言和数据操作语言。

SQL 的核心部分相当于关系代数，但又具有关系代数没有的许多特点，如聚集、数据库更新等。它是一个综合的、通用的、功能极强的关系型数据库语言。其特点如下。

- 综合统一。不同数据库管理系统支持的 SQL 基本一致。通过 SQL，可以完成数据库的全部操作，包括创建数据库、定义模式、更改和查询数据，以及安全控制和维护数据库等。此外，在数据库系统投入使用后，用户还可以根据需要随时修改模式结构，并且可以不影响数据库的运行，从而使系统具有良好的可扩展性。
- 高度非过程化语言。SQL 是第四代语言（4GL），用户只需要提出"干什么"，无须指明"怎么干"。例如，存取路径选择、具体处理操作等均可以由系统自动完成。
- 语言简洁，易学易用。尽管 SQL 的功能很强，但 SQL 非常简洁，其核心功能只用了 9 个动词。此外，SQL 接近自然语言（英语），因此容易学习和掌握。
- 面向集合的操作方式。SQL 采用集合操作方式，查找结果可以是元组的集合，插入、删除、更新操作的对象也可以是元组的集合。
- 统一的语法结构提供两种使用方式。SQL 有两种用法，一种用法是在线交互，其中 SQL 实际上被用作一种自包含的语言；另一种用法是将它嵌入高级编程语言（如 C 语言、PowerBuilder、Delphi 等）。前者适用于非计算机专业人员，后者适用于计算机专业人员。虽然用法不同，但二者的语法结构基本相同。

1.2.2　SQL 的作用

SQL 作为针对数据库查询和程序设计的一种语言，可以方便用户针对不同的数据库进行相关操作。SQL 通过以下三类语言实现其主要功能。

1. 数据控制语言

数据控制语言（Data Control Language，DCL）是一类可对数据访问权进行控制的指令，它可以控制特定用户账户对数据表、查看表、存储程序、用户自定义函数等数据库对象的控制权。此外，还可以用来确认或者取消对数据库中的数据进行的变更。它主要包含以下 4 种命令。

- GRANT：赋予用户操作数据库、数据表等对象的权限。
- REVOKE：取消用户操作数据库、数据表等对象的权限。
- COMMIT：确认用户对数据库中的数据进行的变更。
- ROLLBACK：取消用户对数据库中的数据进行的变更。

2. 数据定义语言

数据定义语言（Data Definition Language，DDL）是一类可以用来创建和删除数据库、数据表、索引、视图、存储以及表字段的指令。它主要包含以下 3 种命令。

- CREATE：创建数据库、数据表、索引、视图以及存储等对象。
- DROP：删除数据库、数据表、索引、视图以及存储等对象。
- ALTER：修改数据库、数据表、索引、视图以及存储等对象。

3．数据操作语言

数据操作语言（Data Manipulation Language，DML）是一类可以用来对数据表中的数据进行插入、删除、修改以及查询的指令。主要包含以下 4 种命令。

- INSERT：向数据表中插入数据。
- DELETE：删除数据表中的数据。
- UPDATE：更新数据表中的数据。
- SELECT：查询数据表中的数据。

1.2.3 SQL 书写规则

虽然市面上有各种各样的关系型数据库，但都遵循 SQL 语法。换句话说，只要掌握一套 SQL 语法，就可以在各种关系型数据库中施展才华。根据作者的经验，目前有 90%以上的 SQL 语法都是相通的，另外近 10%的差异就是各厂商的优势和区别了，如函数功能的差异、语法的差异等。

本书将以 MySQL 数据库为例，讲解该数据库的 SQL 语法在数据管理过程中的强大功能。尽管 MySQL 是一种开源的小型关系型数据库管理系统，但是它所具备的优势却使得越来越多的企业选择使用它。例如，它拥有轻松管理上千万条记录的大规模数据，支持 Windows、Linux、MacOS 等常见的操作系统，良好的运行效率，以及低廉的成本等优势。此外，在编写 SQL 语法的过程中，需要遵循基本的书写规则，一是可以培养自己良好的书写习惯，二是可以避免很多错误。

1．语句以分号结尾

在关系型数据库中，书写的 SQL 语句是逐条执行的，一段 SQL 语句代表着数据库的一个操作。单独执行一段 SQL 语句可以不加分号，但是，如果同时执行多段 SQL 语句，则一定要加分号（;），隔开不同的 SQL 语句，否则执行的时候会报错。

2．不区分大小写

SQL 不区分关键字的大小写。例如，Select、SELECT 和 select 在语句执行时的效果都是一样的。此外，数据库名、表名、字段名以及别名也是如此。

虽然读者可以根据个人喜好选择大写或小写（或大小写混合），但为了理解起来更加容易，本书将使用以下规则来书写 SQL 语句。

- 关键字全部大写。
- 数据库名、表名、字段名等小写。

提示：插入表中的数据是区分大小写的。例如，向数据表中插入单词 Teacher、TEACHER 和 teacher，这三个字符串是不一样的数据，需要加以区别。

3．常量的书写方式

SQL 语句的书写过程中常常会涉及字符串、日期或数字等常量。所谓常量，就是固定不变的数据。常量的书写方式如下所示。

- 字符串：需要使用英文单引号（''）将字符串括起来，用来标识一个完整的字符串。例如，字符串 'green'。
- 日期：SQL 中的日期表现形式有很多种，需要使用英文单引号（''）将日期括起来，用来标识一个完整的日期。例如，日期 '2020/05/20' '20200520' 或 '2020-05-20' 等，本书中将统一使用 '2020-05-20' 这种 'yyyy-mm-dd' 的格式。
- 数字：不需要使用任何符号标识，例如，整数 5000 或小数 100.23。

4．单词之间的分隔方式

SQL 语句中的单词之间必须使用换行符或者半角空格（英文空格）进行分隔。如果语句中的关键字和数据表名之间没有使用分隔符，就会发生错误，导致 SQL 语句无法正常执行，示例如下：

- SELECT studentName FROM scs_student;（正确）
- SELECTstudentName FROM scs_student;（错误）
- SELECT studentNameFROMscs_student;（错误）

提示：数据库名与数据表名、数据表名与字段名之间不能使用英文空格，应该使用英文句号（.）或英文句号（.）加英文倒引号（`）连接在一起，示例如下：

- SELECT scs_student.studentName FROM test.scs_student;（正确）
- SELECT `scs_student`.`studentName` FROM `test`.`scs_student`;（正确）
- SELECT scs_student studentName FROM test scs_student;（错误）

提示：上面出现的字符串中 test 是数据库名，scs_student 是数据表名，studentName 是表中字段名。

5．碰到关键字尽量换行

SQL 语句中的关键字是数据库事先定义的，是具有特别意义的单词。例如，SELECT、FROM、WHERE、GROUP BY 和 LIMIT 等。读者在书写这些关键字的时候尽量换行，换行的好处包括以下两点。

- 增加语法的可读性：SQL 语句写在同一行，执行起来没有问题，但是，如果语句较长且语句编写有问题，就不太好定位问题。一般情况下，数据库管理工具在执行语句的时候都会提示报错的问题以及出现问题对应的行数。因此，建议读者在编写 SQL 语句时及时换行。
- 提升语法的美观程度：SQL 语句写在同一行时会显得很长，不够美观，用户阅读起来并不流畅。因此，建议读者在语句的书写过程中碰到关键字尽量换行。此外，数据库管理工具一般都带有 SQL 美化的功能按钮，也有很多编程网站提供 SQL 美化操作，读者可以使用这些工具对 SQL 语句进行美化。

1.2.4　SQL 示例

假设业务方需要统计选修科目有两门及两门以上不及格的学生信息，此时需要用到两张表（学生信息表、考试成绩表），首先对它们进行关联查询，然后对分数进行约束，最后以学生信息作为维度进行聚合，同时对聚合指标进行约束。完整的 SQL 示例如下。

```
SELECT t1.studentID,
    t1.studentName,
    t1.studentBirth,
    t1.interest,
    t1.sex,
    t1.tel,
    COUNT(t1.studentID) AS subject_Num
FROM test.scs_student t1
    LEFT JOIN test.scs_score t2 ON t1.studentID = t2.studentID
WHERE t2.score< 60
GROUP BY 1,2,3,4,5,6
HAVING COUNT(t1.studentID) >= 2
ORDER BY 1;
```

1.2.5　SQL 与数据分析

在日常工作中，从事数据分析工作的人需要从数据库中提取数据给其他业务部门，这里凡是涉及数据库的操作，就需要掌握甚至精通 SQL 语法。当然，SQL 语法的编写复杂度主要由底层表结构以及业务需求的复杂程度决定，但总体来讲，读者需要用简洁、高效的 SQL 语句提取数据，然后将提取出来的数据进行多维组合分析，支持到业务部门进行数据决策。因此，熟练掌握 SQL 语法并依据业务逻辑提取数据是数据分析的基础。

1.3　安装并使用 MySQL 数据库

在学习 SQL 相关知识之前，需要先确保计算机中已经安装了关系型数据库。本书采用应用极为广泛的 MySQL 数据库，如果读者没有安装此软件，也没有关系，下文将演示此软件的安装过程。首先，可以到 MySQL 官方网站下载，本书使用的 MySQL 为 8.0 版本（下载地址：https://dev.mysql.com/downloads/mysql/）。

这里以 Windows 系统为例，介绍 MySQL 的整体安装过程。需要注意的是，如果在安装过程中，提示计算机缺少 Microsoft Framework 4.0.NET 的错误消息，则可以前往如下网站下载和安装缺少的组件：http://www.microsoft.com/en-us/download/details.aspx?id=17851。

1）双击下载好的 MySQL 软件，打开安装界面，选择默认的 "Developer Default"，单击 "Next" 按钮，如图 1-1 所示。

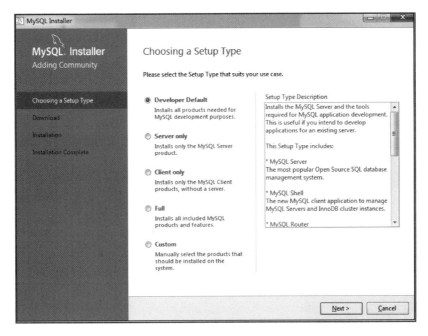

图 1-1　安装界面

2）检查安装 MySQL 所需的产品，单击 "Next" 按钮，并选择弹窗中的 "Yes" 按钮确认继续，如图 1-2 所示。

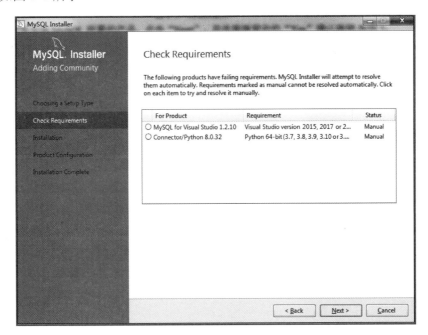

图 1-2　自检安装

3）进入产品安装页后，单击"Execute"按钮进入产品安装流程，待所需产品更新或安装好后，单击"Next"按钮继续，如图 1-3 所示。

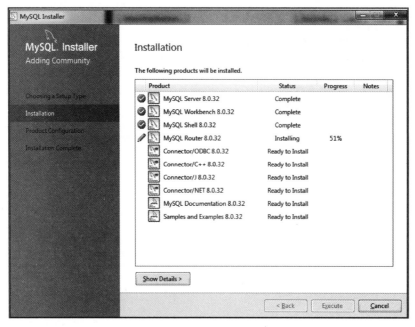

图 1-3　安装流程页

4）进入产品配置页后，单击"Next"按钮继续，如图 1-4 所示。

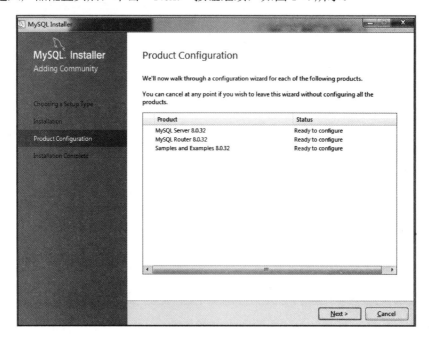

图 1-4　产品配置页

5）配置 MySQL 的类型和网络（默认即可），单击 "Next" 按钮，如图 1-5 所示。

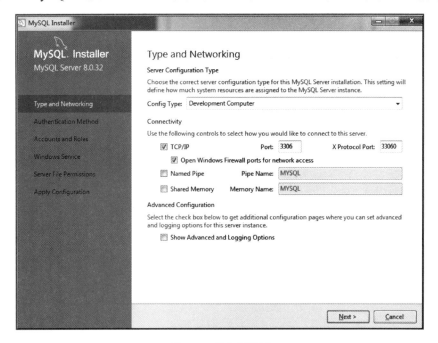

图 1-5　网络设置页

6）设置 root 账号的密码（后面登录时需要用到），单击 "Next" 按钮，如图 1-6 所示。

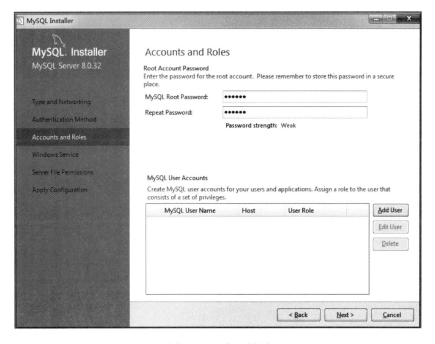

图 1-6　账户设置页

7）在之后的步骤中，一直单击"Next"按钮即可。当 MySQL 软件安装好后，会弹出 MySQL 的编程环境 Workbench，然后可通过单击图 1-7 中"MySQL Connections"下方的 "Local instance MySQL80"进入代码编写界面。

图 1-7　登录页

8）进入代码编写界面后，可以看到工具栏、导航栏、代码输入窗口、结果输出栏等，如图 1-8 所示。至此，MySQL 数据库安装完成，学习 SQL 的环境也就部署完成了。

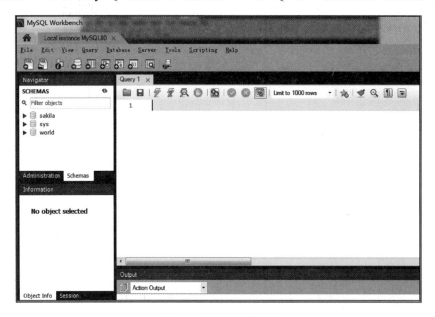

图 1-8　代码编写界面

第2章
从基础做起——数据库表的管理

2.1 数据库的增删

2.1.1 数据库的创建

在 MySQL 中，数据库的创建是比较简单的。读者可以使用关键字 CREATE DATABASE 语句来创建数据库，语法格式如下所示：

```
CREATE DATABASE [IF NOT EXISTS] database_name
[[DEFAULT] CHARACTER SET 字符集名]
[[DEFAULT] COLLATE 校对规则名];
```

语法说明如下。

- database_name：指定创建的数据库名称。由于 MySQL 的数据存储区以目录方式表示 MySQL 数据库，因此数据库名称必须符合操作系统的文件夹命名规则，不能以数字开头，尽量要有实际意义。
- IF NOT EXISTS：用于在创建数据库之前进行判断。如果已经存在，则该数据库将不会被创建。此选项可以用来避免数据库已经存在而重复创建的错误。
- [DEFAULT] CHARACTER SET：指定数据库的字符集。指定字符集的目的是避免在数据库中存储的数据出现乱码的情况。如果在创建数据库时不指定字符集，就使用系统的默认字符集。
- [DEFAULT] COLLATE：指定字符集的默认校对规则。

提示：[]中的内容是可选的。

1．创建简单的 MySQL 数据库

```
CREATE DATABASE test;
```

13

2．创建指定字符集和校对规则的 MySQL 数据库

```
CREATE DATABASE IF NOT EXISTS test
DEFAULT CHARACTER SET utf8mb4
DEFAULT COLLATE utf8mb4_0900_ai_ci;
```

2.1.2　数据库的删除

在 MySQL 中，读者可以使用关键字 DROP DATABASE 语句来删除数据库，语法格式如下所示：

```
DROP DATABASE [IF EXISTS] database_name
```

语法说明如下。

- database_name：指定删除的数据库名称。
- IF EXISTS：用于在删除数据库之前进行判断，如果指定删除的数据库不存在，则将不会被删除，用于防止当数据库不存在时发生错误。

提示：删除数据库时要非常谨慎，因为数据库一旦被删除，数据库中的表结构和数据将一起被删除，而且很难恢复。因此，在删除数据库之前，通常需要进行数据的备份操作，防止出现意外。

2.1.3　数据库的选择

在 MySQL 中，一般会同时存在多个数据库（系统自带的和用户创建的数据库），然而，在进行 SQL 查询操作的时候，每个 SQL 查询编辑器窗口都默认对应一个指定的数据库，这样的好处是，在该 SQL 查询编辑器窗口中查询指定数据库下的所有表时都可以不加数据库名称。正确的写法如下所示：

- SELECT studentName FROM test.scs_student;（正确）
- SELECT studentName FROM scs_student;（正确）

提示：上面出现的字符串 test 是数据库名，scs_student 是表名，studentName 是表中字段名。如果 SQL 查询编辑器窗口默认的是 test 数据库，则 "test." 可以省略。

那么，如何为 SQL 查询编辑器窗口选择数据库呢？其实很简单，仅需要用 USE 关键字就可以完成数据库的选择。语法格式如下所示：

```
USE <数据库名>
```

下面演示如何在 MySQL 中选择一个数据库，示例如下：

```
USE test;
```

当然，除使用 SQL 语句进行数据库的选择以外，还可以通过鼠标左键双击该数据库名称来实现数据库的选择。当 test 数据库的名称加粗时，表明该数据库已经被选择，如图 2-1

所示。

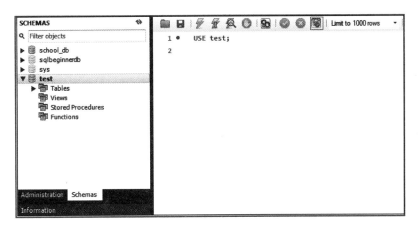

图 2-1　数据库的选择

本书后续章节默认使用的数据库均为 test 库，由于 SQL 语句执行之前已选择切换到 test 库，因此会省略"test."。

2.2　数据表的增删

2.2.1　数据类型

数据类型是指某个变量或值的类型，通常情况下，绝大多数的变量都属于数值型、字符型和日期时间型。那么，这三种数据类型在 MySQL 中都是如何表达的呢？

1．数值型

数值型是指变量或值以数字的形式呈现，通常情况下，这些数字在经过某种四则运算后，也是具有含义的。例如，用户的年龄、收入、净资产、消费频次、可支配收入等都属于数值型数据。在 MySQL 数据库中，关于常用数值型数据的描述，可参考表 2-1 所示的内容。

表 2-1　常用的数值型数据

数据类型	数值范围
TINYINT	−128~127
SMALLINT	−32768~32767
MEDIUMINT	−8388608~8388607
INT	−2147483648~2147483647
BIGINT	−9223372036854775808~9223372036854775807
FLOAT	−3.40282E+38~3.40282E+38
DOUBLE	−1.7976931348623157E+308～1.7976931348623157E+308
DECIMAL(n,k)	依赖于 n 和 k 的值

数值型数据可以细分为整数型和浮点型（即实数型）两类，表 2-1 中的前 5 种类型均为整数型，而后 3 种类型为浮点型。关于表 2-1 中的 8 种数值类型，有以下两点需要说明。

1）在实际应用中，如果限定变量为非负的数值型，则必须在数据类型前面加入关键字 UNSIGNED（如非负的微小整型，需要表示为 UNSIGNED TINYINT）。

2）如果读者使用 DECIMAL 表示浮点型，则需要指定参数 n 和 k 的值，其中 n 表示浮点数值中所包含的所有数字个数，k 表示浮点数值中小数位的数字个数（例如，DECIMAL(5,2)，表示数值最多包含 5 个数字，其中小数位占两位）。换句话说，$\text{DECIMAL}(n,k)$ 表示的数值范围为[负 $n-k$ 个 9 点 k 个 9，正 $n-k$ 个 9 点 k 个 9]（例如，DECIMAL(5,2)表示的数值范围为[-999.99,999.99]）。

2．字符型

字符型数据主要是指离散的类别型数据，并且这些数据以字符串的形式呈现，例如，用户的姓名、用户的性别、汽车的型号、产品的名称等。在 MySQL 数据库中，常用的字符型数据见表 2-2。

表 2-2　常用的字符型数据

数据类型	类型说明
ENUM	已知范围内的单值枚举型字符串
SET	已知范围内的多值枚举型字符串
CHAR(n)	定长字符串
VARCHAR(n)	变长字符串

对表 2-2 中列出的四种常用的字符型数据进行三点解释。

1）如果变量的数据类型为 ENUM，则表示该变量对应的每一个观测值最多可以在 65535 个不同的值中选择一个（例如，每一个用户的性别只能从男和女中挑选一个，类似于单选问题），并且这些数值必须提前通过 ENUM 类型指定，即('男', '女')。关于该类型数据，需要强调一点，如果枚举值为字符型的 1、2、3 三种值，即 ENUM('1', '2', '3')，则在筛选查询时，必须使用字符型的 1、2、3，千万不要丢掉引号，否则查询结果将会有误。

2）如果变量的数据类型为 SET，则表示该变量对应的每一个观测值最多可以在 65 个不同的值中选择多个（例如，每一个用户的兴趣爱好可以从多个不同的值中挑选几个，类似于多选问题），并且这些值需要通过 SET 类型指定，即 SET('篮球', '足球', '乒乓球', '游泳', '骑行')。

3）如果变量的数据类型为 CHAR(n)或 VARCHAR(n)，则表示该变量的每一个观测值最多可以存储 n 个长度的字符，如果实际长度超过指定长度，则它们均会将超过的部分截断。二者不同的是，如果实际的字符长度小于指定的长度，对于 CHAR(n)，会以空格填满；而对于 VARCHAR(n)，该是多少长度就是多少长度，并不会用空格补齐。需要强调的是，对于 MySQL 5.0 及以后的版本，类型中的 n 代表字符长度，而非字节个数，因此每一个汉字代表一个字符长度。

3．日期时间型

日期时间型数据也是常用的一种数据类型，例如，注册用户的出生日期、学员的结业日期、超市小票的订单时间、用户的登录时间等。虽然这种类型的数据简单而常见，但背后还有其他许多知识点，如日期对应的星期几、第几周、第几季度等。在 MySQL 数据库中，常用的日期时间型数据见表 2-3。

表 2-3 常用的日期时间型数据

数据类型	数值范围
DATE	1000-01-01~9999-12-31
DATETIME	1000-01-01 00:00:00~9999-12-31 23:59:59
TIMESTAMP	1970-01-01 00:00:00~2038-01-19 03:14:07
YEAR	1901~2155

对于上面的四种日期时间型数据，需要重点解释一下 TIMESTAMP 类型，它除与 DATETIME 的数值范围不一样以外，还存在两方面的差异：一方面，TIMESTAMP 类型可以将客户端当前时区转化为 UTC（世界标准时间），即对于跨时区业务的数据，TIMESTAMP 应为首选；另一方面，TIMESTAMP 类型具有自动初始化和更新的功能，即这种类型的数据在没有赋值时，会以系统时间填补，当数据表其他字段对应的观测发生修改时，该类型字段对应的观测也会被更新为系统时间。

4．数据类型的应用场景

在数据库的操作中，通常有三种情况会涉及数据类型知识点，分别是新建数据表、查询时的类型转换和数据表中字段类型的更改。

1）如果需要通过手工方式新建一张数据表，则表中的字段名称和字段类型是必须要指定的。

2）在查询过程中，当原始数据类型无法参与运算时，就需要进行类型转换（例如，字符型的日期无法与整数相加得到正确的日期值）。

3）如果原始表中某个字段的数据类型不符合实际情况，则可以考虑使用修改数据类型的语法，直接对原始表中字段进行类型更改。

2.2.2 数据表的创建

每个独立数据库下面都可以建立多张数据表。通常，建立一张基础数据表需要三要素：数据表名称、字段名称、字段类型。此外，建表过程中可以同时指定主键、外键，以及对某字段进行约束等。在 MySQL 中，创建新表的关键字为 CREATE TABLE，语法格式如下所示：

```
CREATE TABLE table_name(
  column_name1 data_type1 column_attr1,
  column_name2 data_type2 column_attr2,
  column_name3 data_type3 column_attr3,
  ...
);
```

- column_name：指定数据表的字段名称。需要注意的是，对于字段名称，有两点规定：首先，字段的首字符必须是字母或下画线，其次，字段的其他字符必须是字母、下画线或数字。
- data_type：为每一个字段指定特定的数据类型，如字符型、数值型或日期时间型。
- column_attr：为每一个字段指定所属的属性，常用的属性值可以是 NULL、NOT NULL、AUTO_INCREMENT、DEFAULT 或者某种键。

在数据库 MySQL 中新建表格时，以 CREATE TABLE 关键字开头，将字段名称、数据类型和字段属性写在括号内，并且字段与字段之间用逗号隔开。关于字段属性，有以下 5 点需要说明。

- NULL 表示允许字段可以为空（即缺失值），例如，用户在注册某 App 时，对于非强制填写的信息，可以选择填写，也可以选择不填。
- NOT NULL 则表示字段一定不能为空，例如，用户在注册某 App 时，手机号必须填写。
- AUTO_INCREMENT 表示设置该字段为自增变量，即字段值默认从 1 开始、自动增加，这样的字段通常用作行记录的唯一标识，例如，可以将用户 ID 设置为自增变量。
- DEFAULT 用来设定字段的初始值，如果用户在该字段中没有填写对应的值，则该字段值将会使用默认值填充。
- 还可以设置字段为某种键，如主键（PRIMARY KEY）、唯一键（UNIQUE）或外键（FOREIGN KEY），而键的功能主要是提升数据的查询速度。

为了方便读者快速理解并掌握 CREATE TABLE 建表语句，下面提供创建学生选课考试相关表的示例。

学生选课考试通常会涉及学生信息、教师信息、课程信息以及考试成绩这样 4 个场景。因此，需要在数据库中建立 4 张表，分别是学生信息表、教师信息表、课程信息表以及考试成绩表。学生信息表中的字段包括学生 ID、学生姓名、出生日期、兴趣爱好、性别、手机号码，教师信息表中的字段包括教师 ID、教师姓名、性别，课程信息表中的字段包括科目 ID、科目名称、教师 ID，考试成绩表中的字段包括自增 ID、学生 ID、科目 ID、成绩，详细的建表语句如下所示：

```
# 选择数据库，如已切换到该库，可省略
# 后续章节所有 SQL 脚本的执行都默认在 test 库中
USE test;
# 创建学生信息表
CREATE TABLE scs_student (
    studentID INT NOT NULL PRIMARY KEY,
    studentName VARCHAR(100),
    studentBirth DATE DEFAULT '1990-01-01',
    interest SET('篮球','足球','游泳','唱歌','书法','象棋'),
    sex ENUM('男','女'),
    tel CHAR(11) NOT NULL UNIQUE
);
```

```
# 创建教师信息表
CREATE TABLE scs_teacher (
    teacherID INT NOT NULL PRIMARY KEY,
    teacherName VARCHAR(100),
    sex ENUM('男','女')
);
# 创建课程信息表
CREATE TABLE scs_course (
    courseID INT NOT NULL PRIMARY KEY,
    courseName VARCHAR(100),
    teacherID INT NOT NULL
);
# 创建考试成绩表
CREATE TABLE scs_score (
    sID INT AUTO_INCREMENT PRIMARY KEY,
    studentID INT NOT NULL,
    courseID INT NOT NULL,
    score DECIMAL(10,1)
) AUTO_INCREMENT = 101;
```

　　编写完成上述代码，然后选中编写的全部脚本，并单击编辑器里面的“运行”图标按钮
或按<Ctrl+Enter>组合键运行代码，即可通过上述 CREATE TABLE 建表语句生成表结
构，如图 2-2 所示。

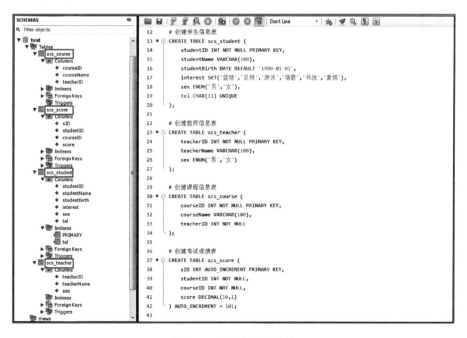

图 2-2　新创建的表结构

　　如图 2-2 所示，通过建表语句，在 test 数据库内建立了 4 张数据表。其中，学生信息表
中的 studentID 字段被设置为主键，studentName 为字符串类型，studentBirth 字段被设置为日

期型（默认值为 '1990-01-01'），interest 字段为多选型的 SET 类型，sex 字段为单选型的 ENUM 类型，tel 字段为非空的定长字符变量。教师信息表中的 teacherID 被设置为主键，teacherName 为字符串类型，sex 字段为单选型的 ENUM 类型。课程信息表中的 courseID 字段被设置为主键，courseName 为字符串类型，teacherID 字段被设置为非空整数类型。考试成绩表中的 sID 字段为整数型的自增变量，初始值为 101，并且被设置为主键，studentID 字段和 courseID 字段都被设置为非空 INT 类型，score 字段被设置为小数类型。

在上述代码中，设置 scs_student 表中的字段 studentID 为主键，tel 为唯一键，这两种键都是比较常见的，它们都可以实现查询速度的提升。此外，它们还有其他一些异同点，具体见表 2-4。

表 2-4　主键与唯一键的异同点

主键	唯一键	字段解释
设置为主键的字段不能为 NULL	设置为唯一键的字段可以为 NULL	不同点
一张表中有且仅有一个主键	一张表中可以有多个唯一键	不同点
设置为主键的字段值不能重复	设置为唯一键的字段值不能重复	相同点
构造为主键的字段可以是多个	构造为唯一键的字段可以是多个	相同点

为了使读者进一步理解主键和唯一键的异同点，这里不妨以图 2-3 中的学生信息表 scs_student 和考试成绩表 scs_score 为例，进一步解释这两种键。

studentID	studentName	studentBirth	interest	sex	tel		studentID	courseID	score
30001	李雷	2004-10-26	篮球	男	159*****435		30001	501	87
30002	韩梅梅	2006-09-10	唱歌	女	159*****309		30001	502	69
30003	王红	2008-05-05	书法	女	159*****982		30001	503	86
30004	赵林	2004-03-25	象棋	男	159*****799		30001	504	90
30005	孙权	2007-08-16	游泳	男	159*****903		30001	505	97
30006	钱佳琳	2007-06-21	书法	女	159*****731		30002	501	61
30007	王浩	2007-09-03	足球	男	159*****273		30002	502	74
30008	李浩	2007-09-16	足球	男	159*****240		30002	503	50
30009	丁晓生	2006-04-04	篮球	男	NULL		30002	504	92
30010	王丽	2008-04-27	书法	女	159*****336		30002	505	67

图 2-3　学生信息表和考试成绩表

如图 2-3 所示，两张表分别为学生信息表和考试成绩表，学生信息表中的 studentID 字段既可以用作主键，又可以被设置为唯一键，因为它的观测值既不重复，又不缺失；而对于该表的 tel 字段，只能被设置为唯一键，因为存在一个 NULL 值；再来看考试成绩表，studentID 字段和 courseID 字段都存在重复值，所以它们均不能用作主键和唯一键，但将 studentID 字段和 courseID 字段看作一个组合的话，它们就可以用作主键或唯一键了。

2.2.3　数据表的重命名

数据表创建完成之后的表名是可以修改的，即数据表的重命名。在 MySQL 中，表重命名的关键字为 ALTER TABLE，语法格式如下所示：

```
ALTER TABLE table_name RENAME table_name_new;
```

下面将学生信息表 scs_student 的表名重命名为 scs_student_new，示例如下：

```
# 学生信息表 scs_student 重命名为 scs_student_new
ALTER TABLE scs_student RENAME scs_student_new;
```

执行完上段重命名脚本后，单击左侧 SCHEMAS 框架下的 scs_student 表名，然后单击右键并在弹出的快捷菜单中选择"刷新全部"选项，此时表名会更新成 scs_student_new，结果如图 2-4 所示。

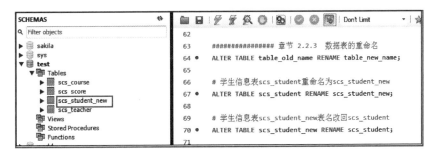

图 2-4　数据表的重命名

执行下面的一段重命名脚本，会将表名 scs_student_new 恢复为之前的表名 scs_student，SQL 脚本如下所示：

```
# 学生信息表 scs_student_new 重命名为 scs_student
ALTER TABLE scs_student_new RENAME scs_student;
```

2.2.4　数据表的删除

当数据库中的数据表不再需要的时候，可以执行删除操作。删除无用的表可以节省磁盘空间，但需要谨慎操作，以防误删导致数据丢失。在 MySQL 中，删除表的关键字为 DROP TABLE，语法格式如下所示：

```
DROP TABLE table_name;
```

将学生信息表 scs_student 从数据库中删除的语句如下所示：

```
# 删除学生信息表
DROP TABLE scs_student;
```

2.3　字段的增删

2.3.1　字段的创建

字段的创建就是在原表的基础上新增一列或多列，当初始设计的表字段不完整时，可以考虑字段的创建。当然，也可以对整张表进行全删全建，但这样做会涉及原表已有的数据，具有一定的风险性，因此字段的创建不失为一个很好的办法。

SQL 创建字段的语法格式如下所示：

```
ALTER TABLE table_name ADD COLUMN column_name_new data_type;
```

在教师信息表 scs_teacher 中创建字段的语句如下所示：

```
# 教师信息表增加一列 age（年龄）字段
ALTER TABLE scs_teacher ADD COLUMN age SMALLINT;
# 教师信息表增加一列 address（家庭地址）字段
ALTER TABLE scs_teacher ADD COLUMN address VARCHAR(200);
```

在字段创建完成后，教师信息表就包含了 5 个字段，可通过关键字 DESC 来查看创建字段后的表结构，具体表结构如图 2-5 所示。

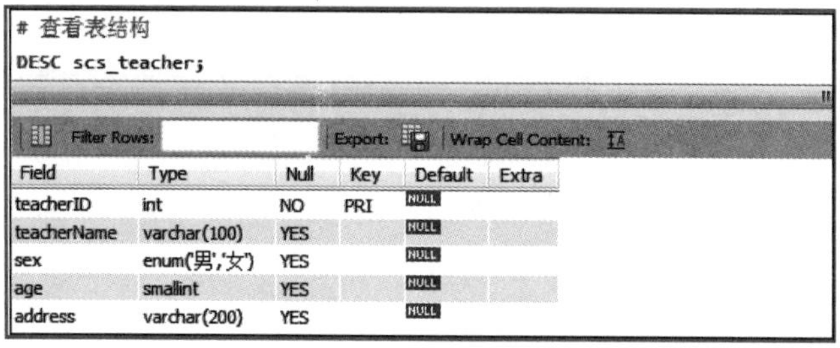

图 2-5　字段的创建

提示：新创建字段的整列数值都是 NULL 值。如果要给新创建字段赋值，则需要使用 UPDATE 关键字，而非 INSERT INTO 关键字，这一点对于刚入门 SQL 的新手来说很容易搞混。UPDATE 关键字主要针对表中某一列进行数据刷新，而 INSERT INTO 插入的是一整行数据，关于这两个不同类型的关键字，后续章节会有详细讲解。

2.3.2　字段类型的修改

如果数据表中的字段类型已不满足当前需要，就需要进行字段类型的修改，语法格式如下所示：

```
ALTER TABLE table_name MODIFY COLUMN column_name data_type_new;
```

以下是字段类型修改的示例。当教师信息表中新创建字段 address 的长度超过 200 个字符，但不超过 500 个字符时候，当前的字段类型 VARCAHR(200)应更改成 VARCHAR(500)，具体语句如下所示：

```
# 教师信息表 address 字段类型修改为 VARCHAR(500)
ALTER TABLE scs_teacher MODIFY COLUMN address VARCHAR(500);
```

在修改字段 address 的类型后，它可以存放不超过 500 个字符的地址。通过关键字 DESC，可查看修改字段类型后的表结构，具体表结构如图 2-6 所示。

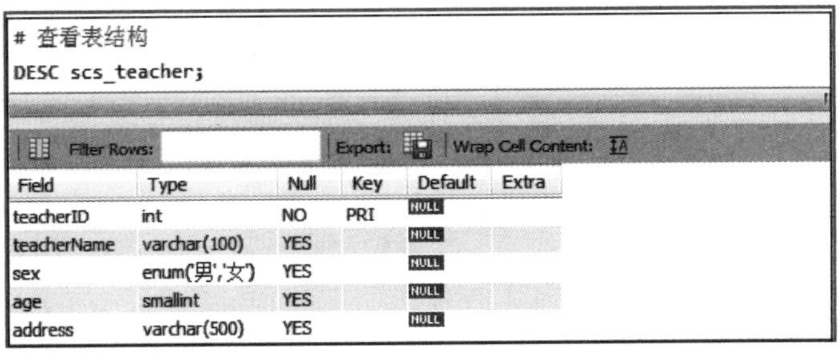

```
# 查看表结构
DESC scs_teacher;
```

Filter Rows: Export: Wrap Cell Content:

Field	Type	Null	Key	Default	Extra
teacherID	int	NO	PRI	NULL	
teacherName	varchar(100)	YES		NULL	
sex	enum('男','女')	YES		NULL	
age	smallint	YES		NULL	
address	varchar(500)	YES		NULL	

图 2-6　字段类型的修改

2.3.3　字段的重命名

数据表中的字段名称可以通过 SQL 脚本进行更改，语法格式如下所示：

```
ALTER TABLE table_name CHANGE column_name column_name_new data_type_new;
```

以下是字段重命名的示例，修改教师信息表中新创建字段 address 的名称为 address_new，具体语句如下所示：

```
# 教师信息表 address 字段名称修改为 address_new
ALTER TABLE scs_teacher CHANGE address address_new VARCHAR(500);
```

在将字段 address 的名称修改为 address_new 后，后续只能使用 address_new 字段进行 SQL 查询，具体表结构如图 2-7 所示。

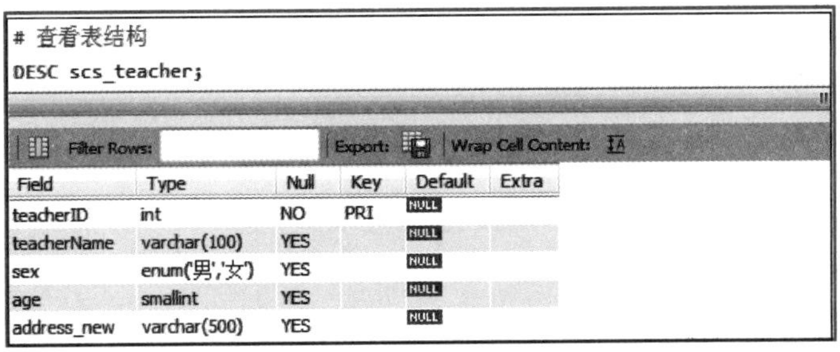

```
# 查看表结构
DESC scs_teacher;
```

Filter Rows: Export: Wrap Cell Content:

Field	Type	Null	Key	Default	Extra
teacherID	int	NO	PRI	NULL	
teacherName	varchar(100)	YES		NULL	
sex	enum('男','女')	YES		NULL	
age	smallint	YES		NULL	
address_new	varchar(500)	YES		NULL	

图 2-7　字段的重命名

2.3.4　字段的删除

如果数据表中的某些字段不再需要，则可以进行删除处理，语法格式如下所示：

```
ALTER TABLE table_name DROP COLUMN column_name;
```

以下为字段删除的示例，删除教师信息表中的字段 address_new，具体语句如下所示：

```
# 删除教师信息表中的 address_new 字段
ALTER TABLE scs_teacher DROP COLUMN address_new;
```

字段 address_new 被删除后，将无法查询该字段的数据。通过关键字 DESC，可查看删除字段后的表结构，具体表结构如图 2-8 所示。

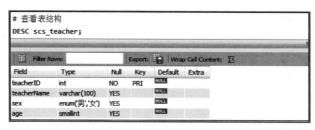

图 2-8　字段的删除

2.4　数据表的约束

2.4.1　约束的作用与类型

约束是一种限制，它通过对表的行或列的数据做出限制，来确保表中数据的完整性、唯一性。例如，表中有些数据（身份证、手机号、地址等）是必须填写的，可以使用非空约束；身份证、手机号码等作为不重复的数据记录到表中，可以使用唯一键约束；用户 ID 作为 App 内部的唯一识别号，可以使用主键约束。

MySQL 中常用的约束包括：主键约束、唯一键约束、外键约束、非空约束、自增约束和默认约束。不同的约束具有不同的约束作用，下面会详细讲解每种约束的作用，以及如何设置、修改和删除它们。

2.4.2　约束的设置

所有约束都可以在表创建时设置，也可以在表创建后的表修改时设置。当约束设置完成后，相应的字段值就必须按照约束的规则进行合理的数值插入，否则就会报错。

1．主键约束的设置

为了方便快速查找表中的记录，每张表都可以定义一个主键约束（PRIMARY KEY）。主键约束必须唯一标识表中的每条记录，并且不能出现 NULL 值，相当于唯一约束和非空约束的组合。主键约束可以分为单字段主键约束和多字段联合主键约束。单字段主键约束就是在单列上设置的主键约束，多字段联合主键约束就是联合多列一起设置的主键约束。

（1）表创建时设置

关于单字段主键约束的设置和多字段联合主键约束的设置，其语法格式类似，语法格式如下所示：

```
CREATE TABLE table_name (
```

```
column_name1 data_type1,
column_name2 data_type2,
column_name3 data_type3,
…,
[CONSTRAINT constraint_name]
PRIMARY KEY(column_name1, …)    # 括号中仅一列是单字段主键约束，否则为多字段联合主键约束
);
```

以学生信息表的创建为例，可以设置 studentID 字段为主键约束，具体语句如下所示：

```
# 设置 studentID 字段为主键约束
CREATE TABLE scs_student_pk_single (
    studentID INT,
    studentName VARCHAR(100),
    studentBirth DATE,
    interest SET('篮球','足球','游泳','唱歌','书法','象棋'),
    sex ENUM('男','女'),
    tel CHAR(11),
    CONSTRAINT pk_studentID
    PRIMARY KEY(studentID)          # MySQL 的主键约束名称统一命名为 PRIMARY
);
```

在设置 studentID 字段为主键约束后，可通过关键字 DESC 来查看表结构，具体表结构如图 2-9 所示。从图 2-9 中可以看出，studentID 字段对应的 Key 列被标注为 PRI，即设置为主键约束。

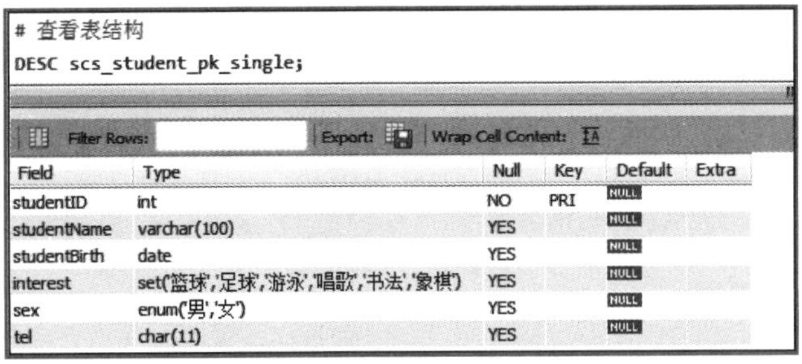

图 2-9　设置 studentID 字段为主键约束

也可以设置 studentID 和 studentName 字段为多字段联合主键约束，具体语句如下所示：

```
# 设置 studentID 和 studentName 字段为多字段联合主键约束
CREATE TABLE scs_student_pk_union (
    studentID INT,
    studentName VARCHAR(100),
    studentBirth DATE,
    interest SET('篮球','足球','游泳','唱歌','书法','象棋'),
    sex ENUM('男','女'),
    tel CHAR(11),
    PRIMARY KEY(studentID, studentName)
);
```

在设置 studentID 和 studentName 字段为多字段联合主键约束后，可通过关键字 DESC 来查看表结构，具体表结构如图 2-10 所示。从图 2-10 中可以看出，studentID 和 studentName 字段对应的 Key 列都被标注为 PRI，即设置为多字段联合主键约束。

图 2-10　设置多字段联合主键约束

（2）表修改时设置

表修改时设置主键约束的字段不能有 NULL 值，否则会报错。主键约束的设置语法格式如下所示，可以看到单字段主键约束的设置语法格式和多字段联合主键约束类似。

```
ALTER TABLE table_name ADD [CONSTRAINT constraint_name]
PRIMARY KEY (column_name1,…);
```

以 2.2.2 节中创建的学生信息表 scs_student 为例，可以设置 studentID 字段为主键约束，也可以设置 studentID 和 studentName 字段为多字段联合主键约束，示例如下：

```
# 设置 studentID 字段为主键约束
ALTER TABLE scs_student ADD PRIMARY KEY (studentID);

# 设置 studentID 和 studentName 字段为多字段联合主键约束
ALTER TABLE scs_student ADD PRIMARY KEY (studentID,studentName);
```

2．唯一键约束的设置

唯一键约束（UNIQUE）也可以约束字段中记录的唯一性，防止记录出现重复值。唯一键约束与主键约束的相同点是都可以约束字段值的唯一性，同时能提高字段的查询效率；不同点是，唯一键约束在一张表中可以设置多个，但主键约束在一张表中只允许设置一个，而且唯一键约束字段可以允许有一个 NULL 值。此外，唯一键约束也可以分为单字段唯一键约束和多字段联合唯一键约束。单字段唯一键约束就是在单列上设置的唯一键约束，多字段联合唯一键约束就是联合多列一起设置的唯一键约束。

（1）表创建时设置

单字段唯一键约束的设置语法格式和多字段联合唯一键约束类似，如下所示。

```
CREATE TABLE table_name (
column_name1 data_type1,
column_name2 data_type2,
column_name3 data_type3,
```

```
…,
[CONSTRAINT constraint_name]
UNIQUE(column_name1, …)    # 括号中仅一列是单字段唯一键约束，否则为多字段联合唯一键约束
);
```

以学生信息表的创建为例，可以设置 tel 字段为唯一键约束，示例如下：

```
# 设置 tel 字段为唯一键约束
CREATE TABLE scs_student_uq_single (
    studentID INT,
    studentName VARCHAR(100),
    studentBirth DATE,
    interest SET('篮球','足球','游泳','唱歌','书法','象棋'),
    sex ENUM('男','女'),
    tel CHAR(11),
    CONSTRAINT uq_tel
    UNIQUE (tel)
);
```

在设置 tel 字段为唯一键约束后，可通过关键字 DESC 查看表结构，具体表结构如图 2-11 所示。从图 2-11 中可以看出，tel 字段对应的 Key 列被标注为 UNI，即设置为唯一键约束。

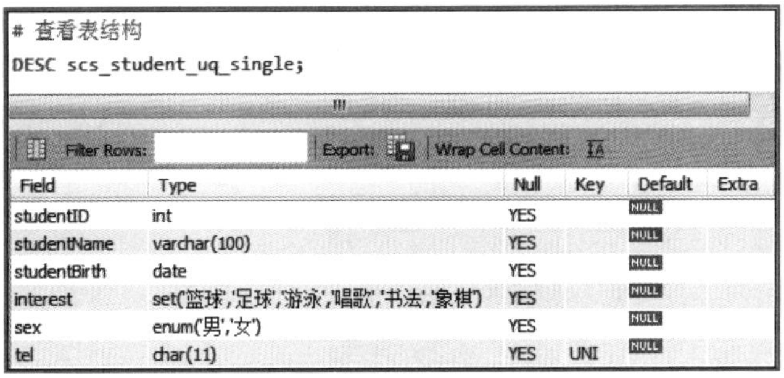

图 2-11　设置 tel 字段为唯一键约束

也可以设置 studentID 和 tel 字段为多字段联合唯一键约束，示例如下：

```
# 设置 studentID 和 tel 字段为多字段联合唯一键约束
CREATE TABLE scs_student_uq_union(
    studentID INT,
    studentName VARCHAR(100),
    studentBirth DATE,
    interest SET('篮球','足球','游泳','唱歌','书法','象棋'),
    sex ENUM('男','女'),
    tel CHAR(11),
    UNIQUE(studentID, tel)
);
```

在设置 studentID 和 tel 字段为多字段联合唯一键约束后，可通过关键字 DESC 查看表结构，具体表结构如图 2-12 所示。从图 2-12 中可以看出，studentID 字段对应的 Key 列被标注为 MUL，即设置 studentID 字段作为唯一性约束的组成部分。此时，studentID 字段既不是

27

主键约束，又不是唯一键约束，允许出现重复值。

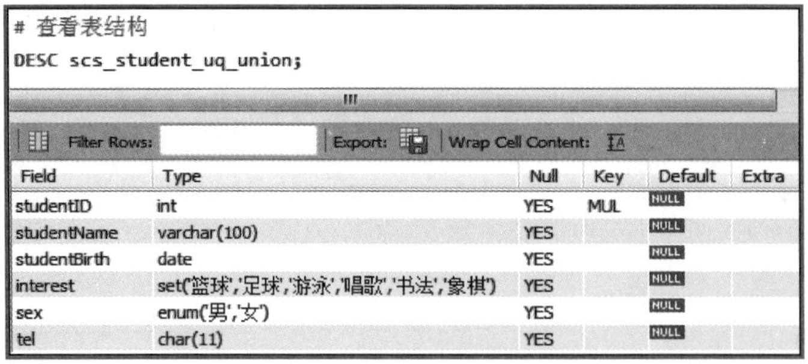

```
# 查看表结构
DESC scs_student_uq_union;
```

Field	Type	Null	Key	Default	Extra
studentID	int	YES	MUL	NULL	
studentName	varchar(100)	YES		NULL	
studentBirth	date	YES		NULL	
interest	set('篮球','足球','游泳','唱歌','书法','象棋')	YES		NULL	
sex	enum('男','女')	YES		NULL	
tel	char(11)	YES		NULL	

图 2-12　设置多字段联合唯一键约束

（2）表修改时设置

关于单字段唯一键约束的设置和多字段联合唯一键约束的设置，其语法格式类似，如下所示：

```
ALTER TABLE table_name ADD [CONSTRAINT constraint_name]
UNIQUE (column_name1,…);
```

以 2.2.2 节中创建的学生信息表 scs_student 为例，可以设置 tel 字段为唯一键约束，也可以设置 studentID 和 tel 字段为多字段联合唯一键约束，示例如下：

```
# 设置 tel 字段为唯一键约束
ALTER TABLE scs_student ADD UNIQUE (tel);

# 设置 studentID 和 tel 字段为多字段联合唯一键约束
ALTER TABLE scs_student ADD UNIQUE (studentID,tel);
```

3. 外键约束的设置

外键约束（FOREIGN KEY）用来建立主表（主键约束所在的表）与从表（外键约束所在的表）的关联关系，为两个表的数据建立连接，约束两个表中数据的一致性和完整性。当主表删除某条记录时，从表中与之对应的记录也必须有相应的改变。主键约束不能包含空值，但允许在外键约束中出现空值。也就是说，只要外键约束的每个非空值出现在指定的主键约束中，这个外键约束的内容就是正确的。此外，外键约束中列的数目必须和主键约束的列数相同，且列的数据类型必须相同。

外键约束可以分为单字段外键约束和多字段联合外键约束。单字段外键约束就是在单列上设置的外键约束，多字段联合外键约束就是联合多列一起设置的外键约束。

（1）表创建时设置

在主表中设置主键约束之后，在从表中设置外键约束以指向主表的主键约束，语法格式如下所示：

```
CREATE TABLE table_name2 (
  column_name1 data_type1,
```

```
    column_name2 data_type2,
    column_name3 data_type3,
    …,
    [CONSTRAINT constraint_name]
    FOREIGN KEY(column_name1,…)    # 括号中只有一列就是单字段外键约束，否则为多
# 字段联合外键约束
    REFERENCES table_name1(column_name4,…)
);
```

以学生信息表（主表）和学生成绩表（从表）的创建为例，可以设置学生成绩表的 studentID 字段为外键约束，示例如下：

```
# 设置 studentID 字段为主键约束
CREATE TABLE scs_student_fk_single (
    studentID INT,
    studentName VARCHAR(100),
    studentBirth DATE,
    interest SET('篮球','足球','游泳','唱歌','书法','象棋'),
    sex ENUM('男','女'),
    tel CHAR(11),
    PRIMARY KEY(studentID)
);

# 设置 studentID 字段为外键约束
CREATE TABLE scs_score_fk_single (
    sID INT,
    studentID INT,
    studentName VARCHAR(100),
    courseID INT,
    score DECIMAL(10,1),
    CONSTRAINT fk_studentID
    FOREIGN KEY(studentID) REFERENCES scs_student_fk_single(studentID)
);
```

在设置学生成绩表的 studentID 字段为外键约束后，可通过关键字 DESC 查看表结构，具体表结构如图 2-13 所示。从图 2-13 中可以看出，学生成绩表的 studentID 字段对应的 Key 列被标注为 MUL。此时，学生成绩表的 studentID 字段作为从表的外键约束，既不是主键约束，又不是唯一键约束，允许出现重复值。

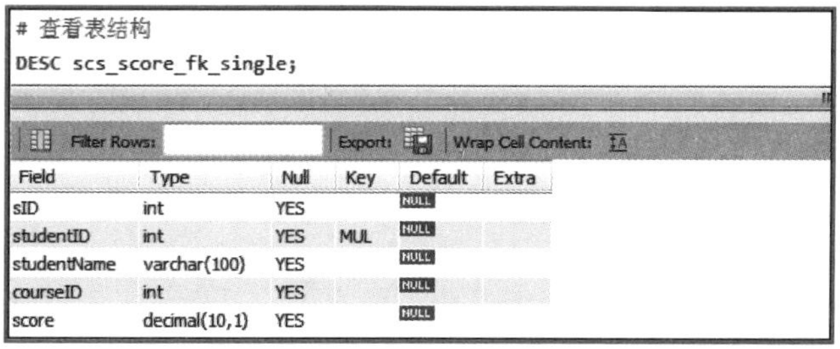

图 2-13　设置学生成绩表的 studentID 字段为外键约束

当然，也可以设置学生成绩表的 studentID 和 studentName 字段为多字段联合外键约束，示例如下：

```
# 设置 studentID 和 studentName 字段为多字段联合主键约束
CREATE TABLE scs_student_fk_union (
    studentID INT,
    studentName VARCHAR(100),
    studentBirth DATE,
    interest SET('篮球','足球','游泳','唱歌','书法','象棋'),
    sex ENUM('男','女'),
    tel CHAR(11),
    PRIMARY KEY(studentID,studentName)
);

# 设置 studentID 和 studentName 字段为多字段联合外键约束
CREATE TABLE scs_score_fk_union(
    sID INT,
    studentID INT,
    studentName VARCHAR(100),
    courseID INT,
    score DECIMAL(10,1)
    FOREIGN KEY(studentID,studentName)
    REFERENCES scs_student_fk_union(studentID,studentName)
);
```

在设置学生成绩表的 studentID 和 studentName 字段为外键约束后，可通过关键字 DESC 查看表结构，具体表结构如图 2-14 所示。从图 2-14 中可以看出，学生成绩表的 studentID 字段对应的 Key 列被标注为 MUL。此时，学生成绩表的 studentID 和 studentName 字段作为从表的外键约束，既不是主键约束，又不是唯一键约束，允许出现重复值。

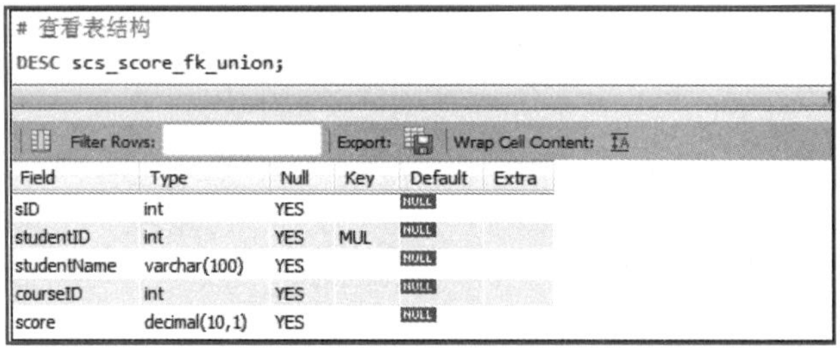

```
# 查看表结构
DESC scs_score_fk_union;
```

Field	Type	Null	Key	Default	Extra
sID	int	YES		NULL	
studentID	int	YES	MUL	NULL	
studentName	varchar(100)	YES		NULL	
courseID	int	YES		NULL	
score	decimal(10,1)	YES		NULL	

图 2-14　设置 studentID 和 studentName 字段为外键约束

（2）表修改时设置

当主表与从表都创建完成，且主表创建时已设置好主键约束的时候，需要在从表中设置外键约束，可以选择表修改时设置外键约束的方法，其语法格式如下所示：

```
ALTER TABLE table_name2 ADD [CONSTRAINT constraint_name]
FOREIGN KEY (column_name1,...)   #括号中只有一列就是单字段外键约束，否则为多字段
# 联合外键约束
REFERENCES table_name1(column_name4,...);
```

以 2.2.2 节中创建的学生信息表 scs_student（主表）和学生成绩表 scs_score（从表）为例，在从表上可以设置 studentID 字段为外键约束，也可以设置 studentID 和 studentName 字段为多字段联合外键约束，示例如下：

```
# 设置 studentID 字段为外键约束
ALTER TABLE scs_score
ADD FOREIGN KEY (studentID)
REFERENCES scs_student(studentID);

# 设置 studentID 和 studentName 字段为多字段联合外键约束
ALTER TABLE scs_score
ADD FOREIGN KEY (studentID,studentName)
REFERENCES scs_student(studentID,studentName);
```

提示：在为已经创建好的数据表添加外键约束时，需要确保添加外键约束对应列的值全部来源于主键列，并且外键列不能为空。

4．非空约束的设置

非空约束（NOT NULL）用来确保字段中记录不能为空。在对表中某个字段设置非空约束之后，该字段将不能出现 NULL 值。之前提到的主键约束也是一种非空约束，因为主键约束字段是不能出现 NULL 值的，但唯一键约束字段是可以出现 NULL 值的。

（1）表创建时设置

在创建表时，可以对单个字段或多个字段进行非空约束设置。字段的非空约束是通过关键字 NOT NULL 实现的，语法格式如下所示：

```
CREATE TABLE table_name (
column_name1 data_type1 NOT NULL,    # 标记为 NOT NULL 代表不可以出现空值
column_name2 data_type2 NULL,        # 标记为 NULL 代表可以出现空值
column_name3 data_type3,             # 省略代表可以出现空值
…
);
```

以学生信息表的创建为例，可以设置 studentID 和 tel 字段为非空约束，设置完成之后，如果插入的 studentID 和 tel 字段出现 NULL 值，语句执行时会报错，示例如下：

```
# 设置 studentID 和 tel 字段为非空约束
CREATE TABLE scs_student_not_null (
    studentID INT NOT NULL PRIMARY KEY,          # 此处 NOT NULL 可以省略
    studentName VARCHAR(100),
    studentBirth DATE DEFAULT '1990-01-01',
    interest SET('篮球','足球','游泳','唱歌','书法','象棋'),
    sex ENUM('男','女'),
    tel CHAR(11) NOT NULL UNIQUE                  # 此处 NOT NULL 不可以省略
);
```

在创建表时，studentID 字段可以不加 NOT NULL 关键字，因为此字段被设置为主键约束，主键约束字段唯一、不重复且不能为空。但是，tel 字段的 NOT NULL 关键字不能省

略。由于唯一键约束可以出现 NULL 值，因此为了防止 tel 字段出现空值，必须加上 NOT NULL 关键字进行约束。在设置 studentID 和 tel 字段为非空约束后，可通过关键字 DESC 查看表结构，具体表结构如图 2-15 所示。从图 2-15 中可以看出，studentID 和 tel 字段对应的 Null 列被标注为 NO，即设置为非空约束。

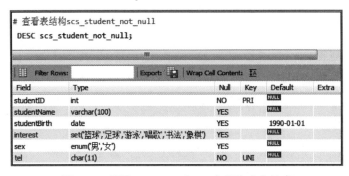

图 2-15　设置 studentID 和 tel 字段为非空约束

（2）表修改时设置

在修改表时，可对某些字段设置非空约束。假设表中某个字段记录已经出现了 NULL 值，如果此时给该字段添加非空约束，那么语句执行时会报错，其语法格式如下所示：

```
ALTER TABLE table_name MODIFY column_name data_type NOT NULL;
```

或者

```
ALTER TABLE table_name
CHANGE COLUMN column_name
column_name data_type NOT NULL;
```

以 2.2.2 节中创建的学生信息表 scs_student 为例，可以设置 studentID 和 tel 字段为非空约束，示例如下：

```
# 设置 studentID 字段为非空约束
ALTER TABLE scs_student MODIFY studentID INT NOT NULL;
```

或者

```
ALTER TABLE scs_student
CHANGE COLUMN studentID
studentID INT NOT NULL;

# 设置 tel 字段为非空约束
ALTER TABLE scs_student MODIFY tel CHAR(11) NOT NULL;
```

或者

```
ALTER TABLE scs_student
CHANGE COLUMN tel
tel CHAR(11) NOT NULL;
```

5. 自增约束的设置

自增约束（AUTO_INCREMENT）用来实现键值列（主键、唯一键、外键）的数值自增，实际工作中使用场景较多的是主键的自增约束。此外，可以根据业务需求指定字段初始值及步长。例如，学生信息表 scs_student 的主键 studentID 字段的初始值需要从 20100101 开始，因此，在建表的时候，需要设置 AUTO_INCREMENT 的初始值。在默认情况下，自增约束的字段初始值为 1，每增加一条记录，字段值就会自动加 1。

（1）表创建时设置

在创建表时，可以对键值列（主键、唯一键、外键）进行自增约束设置。字段的自增约束是通过关键字 AUTO_INCREMENT 实现的，语法格式如下所示：

```
CREATE TABLE table_name (
    column_name1 data_type1 PRIMARY KEY AUTO_INCREMENT,
    column_name2 data_type2,
    column_name3 data_type3,
    …
) AUTO_INCREMENT = 初始值;
```

以学生信息表的创建为例，可以设置 studentID 字段为自增约束且初始值为 20100101，示例如下：

```
# 设置 studentID 字段为自增约束
CREATE TABLE scs_student_auto_increment (
    studentID INT NOT NULL PRIMARY KEY AUTO_INCREMENT,
    studentName VARCHAR(100),
    studentBirth DATE DEFAULT  '1990-01-01',
    interest SET('篮球','足球','游泳','唱歌','书法','象棋'),
    sex ENUM('男','女'),
    tel CHAR(11) NOT NULL UNIQUE
)AUTO_INCREMENT = 20100101;
```

在设置 studentID 字段为自增约束后，可通过关键字 DESC 查看表结构，具体表结构如图 2-16 所示。从图 2-16 中可以看出，studentID 字段对应的 Extra 列被标注为 auto_increment，即设置为自增约束。

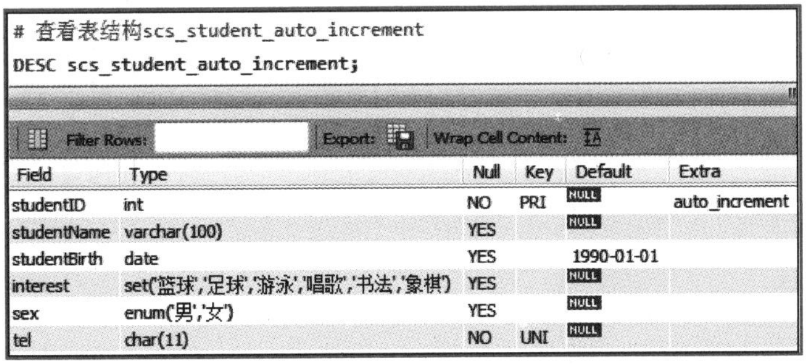

```
# 查看表结构scs_student_auto_increment
DESC scs_student_auto_increment;
```


Field	Type	Null	Key	Default	Extra
studentID	int	NO	PRI	NULL	auto_increment
studentName	varchar(100)	YES		NULL	
studentBirth	date	YES		1990-01-01	
interest	set('篮球','足球','游泳','唱歌','书法','象棋')	YES		NULL	
sex	enum('男','女')	YES		NULL	
tel	char(11)	NO	UNI	NULL	

图 2-16　设置 studentID 字段为自增约束

（2）表修改时设置

在修改表时，可对某些字段设置自增约束，其语法格式如下所示：

```
ALTER TABLE table_name MODIFY column_name data_type AUTO_INCREMENT;
```

或者

```
ALTER TABLE table_name
CHANGE COLUMN column_name
column_name data_type AUTO_INCREMENT;
```

以 2.2.2 节中创建的学生信息表 scs_student 为例，可以设置字段 studentID 为自增约束，示例如下：

```
# 设置 studentID 字段为自增约束
ALTER TABLE scs_student MODIFY studentID INT AUTO_INCREMENT;
```

或者

```
ALTER TABLE scs_student
CHANGE COLUMN studentID
studentID INT AUTO_INCREMENT;
```

6. 默认约束的设置

默认约束（DEFAULT）用来指定某一列的数值。在向表中插入数据时，某些字段是空值，但其实并不想让该字段出现空值，因此可以对该字段实现默认赋值，指定一个事先设置好的默认值。例如，假设学生信息表中男生人数占比为 95%以上，此时向该表中插入一条性别未知的学生信息数据，如果不想让性别字段为空，则可以默认该字段数值为"男"或"未知"。

（1）表创建时设置

在创建表时，可以对单个字段或多个字段进行默认约束设置。字段的默认约束是通过关键字 DEFAULT 实现的，语法格式如下所示：

```
CREATE TABLE table_name (
column_name1 data_type1 DEFAULT 默认值,
column_name2 data_type2,
column_name3 data_type3 DEFAULT 默认值,
…
);
```

以学生信息表的创建为例，可以设置 studentBirth 字段为默认约束，设置完成之后，如果插入字段 studentBirth 时出现 NULL 值，系统会自动为该字段赋值 '1990-01-01'，示例如下：

```
# 设置 studentBirth 字段为默认约束
CREATE TABLE scs_student_default (
    studentID INT NOT NULL PRIMARY KEY,
    studentName VARCHAR(100),
    studentBirth DATE DEFAULT '1990-01-01',
```

```
CHANGE COLUMN sex
sex VARCHAR(10) DEFAULT '男';
```

2.4.3 约束的删除与修改

1．主键约束的删除与修改

当数据表不需要主键约束时，可以删除表中的主键约束。删除主键约束的语法格式如下所示：

```
ALTER TABLE table_name DROP PRIMARY KEY;
```

删除主键约束的语句很简单，但需要注意以下两点。

- 如果表中的主键约束和另外一张表的外键约束有指向关系，那么，此时主键约束不能被删除，需要先删除另外一张表中对应的外键约束，才能删除表中的主键约束。
- 如果表中的主键约束字段同时也是自增约束字段，那么，此时主键约束不能被删除，需要先删除自增约束，才能删除表中的主键约束。

主键约束的修改指的是换一个字段作为表的主键约束。此时，需要先用 DROP 删除表中主键约束，再用 ADD 添加主键约束。表修改时添加主键约束的方法在 2.4.2 节中已提及，具体语法格式如下所示：

```
ALTER TABLE table_name ADD [CONSTRAINT constraint_name]
PRIMARY KEY (column_name1, …);
```

2．唯一键约束的删除与修改

当数据表不需要唯一键约束时，可以删除表中的唯一键约束。删除唯一键约束的语法格式如下所示：

```
ALTER TABLE table_name DROP INDEX constraint_name;
```

唯一键约束的修改指的是换一个字段作为表的唯一键约束。此时，需要先用 DROP 删除表中唯一键约束，再用 ADD 添加唯一键约束。表修改时添加唯一键约束的方法在 2.4.2 节中已提及，具体语法格式如下所示：

```
ALTER TABLE table_name ADD [CONSTRAINT constraint_name]
UNIQUE (column_name1, …);
```

3．外键约束的删除与修改

当数据表不需要外键约束时，可以删除表中的外键约束。外键约束一旦删除，就会解除主表和从表之间的关联关系。删除外键约束的语法格式如下所示：

```
ALTER TABLE table_name DROP FOREIGN KEY constraint_name;
```

外键约束的修改指的是换一个字段作为表的外键约束。此时，需要先用 DROP 删除表中外键约束，再用 ADD 添加外键约束。表修改时添加外键约束的方法在 2.4.2 节中已提及，具

体语法格式如下所示:

```
ALTER TABLE table_name2 ADD [CONSTRAINT constraint_name]
FOREIGN KEY (column_name1, …)
REFERENCES table_name1(column_name4, …) ;
```

4. 非空约束的删除与修改

非空约束的删除与修改,指的都是将表中的非空约束删除,将字段设置为可以为空的情况。删除表中非空约束的语法与表修改时对字段设置非空约束的语法相似,具体语法格式如下所示:

```
ALTER TABLE table_name MODIFY column_name data_type NULL;
```

或者

```
ALTER TABLE table_name
CHANGE COLUMN column_name
column_name data_type NULL;
```

5. 自增约束的删除与修改

自增约束的删除与修改,指的都是将表中的自增约束删除,将字段设置为无法自增的情况。删除表中自增约束的语法与表修改时对字段设置自增约束的语法相似,具体语法格式如下所示:

```
ALTER TABLE table_name MODIFY column_name data_type;
```

或者

```
ALTER TABLE table_name
CHANGE COLUMN column_name
column_name data_type;
```

6. 默认约束的删除与修改

默认约束的删除与修改,指的都是将表中的默认约束删除,将字段设置为无默认值的情况。删除表中默认约束的语法与表修改时对字段设置默认约束的语法相似,具体语法格式如下所示:

```
ALTER TABLE table_name MODIFY column_name data_type DEFAULT NULL;
```

或者

```
ALTER TABLE table_name
CHANGE COLUMN column_name
column_name data_type DEFAULT NULL;
```

## 第3章

更上一层楼——数据的增删改

第 2 章讲解的数据定义语言（DDL）主要用于数据库和数据表的增删改操作，本章讲解的是数据操作语言 DML 中的增删改操作，主要针对数据表中的记录进行插入、删除和修改。数据记录在执行增删改的操作时会经常用到运算符和谓词，因此，本章将先给读者讲解这两个 SQL 编程基础知识。

本章用到的数据表有两张，分别为客户交易订单表 customer_trade_order、客户薪资表 customer_salary。客户交易订单表中的字段包含客户 ID、客户姓名、性别、年龄、省份、城市、交易商品、交易时间和交易金额，客户薪资表中的字段包含客户 ID、薪资，字段解释见表 3-1 和表 3-2。

表 3-1　客户交易订单表的字段解释

字段名称	字段类型	字段解释
custID	INT	客户 ID
custName	VARCHAR(100)	客户姓名
sex	VARCHAR(100)	性别
age	INT	年龄
province	VARCHAR(100)	省份
city	VARCHAR(100)	城市
prodName	VARCHAR(100)	交易商品
tradeDate	DATE	交易时间
tradeAmount	DECIMAL(10,1)	交易金额

表 3-2　客户薪资表的字段解释

字段名称	字段类型	字段解释
custID	INT	客户 ID
salary	INT	薪资

客户交易订单表 customer_trade_order 和客户薪资表 customer_salary 的表结构创建以及

数据记录插入的 SQL 脚本如下所示：

```sql
# 创建客户交易订单表
CREATE TABLE customer_trade_order(
    custID INT,
    custName VARCHAR(100),
    sex VARCHAR(100),
    age INT,
    province VARCHAR(100),
    city VARCHAR(100),
    prodName VARCHAR(100),
    tradeDate DATE,
    tradeAmount DECIMAL(10,1)
);
# 创建客户薪资表
CREATE TABLE customer_salary(
    custID INT,
    salary INT
);
# 插入数据
INSERT INTO customer_trade_order
VALUES (1001,'Fred','男',34,'上海','上海','书包','2016-01-11',89.8),
       (1002,'Michael','男',38,'浙江','杭州','鼠标','2016-01-17',108),
       (1003,'William','男',31,'上海','上海','充电宝','2016-02-07',99),
       (1004,'Helen','女',25,'江苏','南京','篮球','2016-06-14',258),
       (1005,'Diana','女',22,'江苏','苏州','梳子','2017-01-07',39.8),
       (1006,'Fiona','女',37,'广东','广州','衣服','2017-01-26',138.9),
       (1007,'Kevin','男',34,'江苏','泰州','鞋子','2017-02-15',438),
       (1008,'Peter','男',25,'浙江','宁波','书架','2017-03-27',188),
       (1009,'Nancy','女',34,'江苏',NULL,'抽纸','2017-04-14',9.8),
       (1010,'Robert','男',29,'上海','上海','手套','2017-06-16',47.9);
INSERT INTO customer_salary
VALUES (1001,28590),
       (1002,13772),
       (1003,25827),
       (1004,9385),
       (1005,11894),
       (1006,26719),
       (1007,26545),
       (1008,21284),
       (1009,15046),
       (1010,22127);
```

3.1　SQL 编程基础知识

3.1.1　运算符

　　MySQL 中有 4 种常见的运算符，包括算术运算符、比较运算符、逻辑运算符和位运算符，可以用来对字段或操作数进行运算。每种运算符在 SQL 脚本执行中可以实现不同的运算，因此需要掌握它们的用途。

1. 算术运算符

算术运算符是一种常用的运算符，主要包含加（+）、减（−）、乘（*）、除（/）、取余（%）这 5 种运算。算术运算符的表示方法和作用见表 3-3。

表 3-3 算术运算符

运算符	作用
+	加法
−	减法
*	乘法
/ 或 DIV	除法
% 或 MOD	取余

下面演示算术运算符的使用，示例如下：

```
# 算术运算符
SELECT   5 + 3,      # 加法
         5 − 3,      # 减法
         5 * 3,      # 乘法
         5 / 3,      # 除法
         5 % 3;      # 取余
```

执行上述脚本，返回的结果如图 3-1 所示。

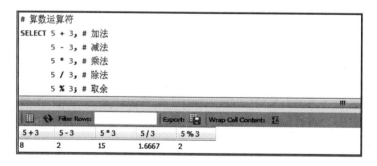

图 3-1　算术运算符示例

提示：NULL 与操作数进行算术运算的结果均为 NULL，可以通过函数 IFNULL 进行处理之后再进行算术运算。

2. 比较运算符

比较运算符主要用来对表达式两端的数据进行比较，结果为真，返回 1，结果为假，返回 0，结果不确定，则返回 NULL。比较运算符的表示方法和作用见表 3-4。

表 3-4　比较运算符

运算符	作用
=	等于
<>或!=	不等于
>	大于
<	小于
<=	小于或等于
>=	大于或等于
BETWEEN	在两值之间
NOT BETWEEN	不在两值之间
IN	在集合中
NOT IN	不在集合中
<=>	严格比较两个 NULL 值是否相等
LIKE	模糊匹配
REGEXP 或 RLIKE	正则式匹配
IS NULL	为空
IS NOT NULL	不为空

下面演示比较运算符的使用，示例如下：

```
# 比较运算符
SELECT 5 = 3,                    # 等于
       5 != 3,                   # 不等于
       5 > 3,                    # 大于
       5 < 3,                    # 小于
       5 <= 3,                   # 小于或等于
       5 >= 3,                   # 大于或等于
       5 BETWEEN 3 AND 5,        # 在两值之间
       5 NOT BETWEEN 3 AND 5,    # 不在两值之间
       5 IN (3,5),               # 在集合中
       5 NOT IN (3,5),           # 不在集合中
       NULL <=> NULL,            # 严格比较两个 NULL 值是否相等
       'abc' LIKE '%b%',         # 模糊匹配包含字母 b 的字符串
       'abc' REGEXP '^a',        # 正则式匹配以 a 字母为首的字符串
       5 IS NULL,                # 为空
       5 IS NOT NULL;            # 不为空
```

执行上述脚本，返回的结果如图 3-2 所示。

提示：除安全等于运算符（<=>）、IS NULL、IS NOT NULL 以外，NULL 与操作数进行比较运算的结果均为 NULL，可以通过函数 IFNULL 进行处理之后再进行比较运算。

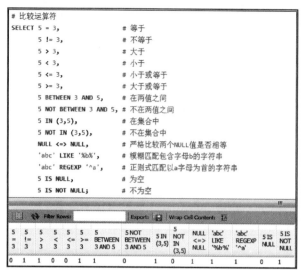

图 3-2　比较运算符示例

3. 逻辑运算符

逻辑运算符也称布尔运算符，主要用来对单个或多个表达式进行判断，结果为真，返回 1，结果为假，返回 0，结果不确定，则返回 NULL。逻辑运算符的表示方法和作用见表 3-5。

（1）逻辑非

● 当表达式为真时，结果返回 0。

● 当表达式为假时，结果返回 1。

● 当表达式出现 NULL 时，结果返回 NULL。

（2）逻辑与

● 当表达式出现假时，结果返回 0。

● 当表达式全部为真时，结果返回 1。

● 当表达式出现 NULL 时，结果返回 NULL。

（3）逻辑或

● 当表达式全部为假时，结果返回 0。

● 当表达式出现真时，结果返回 1。

● 当表达式全部为 NULL 时，结果返回 NULL。

● 当表达式为 0 和 NULL 时，结果返回 NULL。

● 当表达式为 1 和 NULL 时，结果返回 1。

（4）逻辑异或

● 当表达式全部为真时，结果返回 0。

● 当表达式全部为假时，结果返回 0。

● 当表达式出现真和假时，结果返回 1。

● 当表达式出现 NULL 时，结果返回 NULL。

比较运算符的示例如下：

表 3-5　逻辑运算符

运算符	作用
NOT 或 ！	逻辑非
AND	逻辑与
OR	逻辑或
XOR	逻辑异或

42

```
# 逻辑运算符
SELECT
    # 逻辑非
        NOT 5,
        NOT 0,
        NOT NULL,
    # 逻辑与
        5 AND 3,
        0 AND 0,
        5 AND 0,
        5 AND NULL,
    # 逻辑或
        5 OR 3,
        0 OR 0,
        5 OR 0,
        5 OR NULL,
    # 逻辑异或
        5 XOR 3,
        0 XOR 0,
        5 XOR 0,
        5 XOR NULL;
```

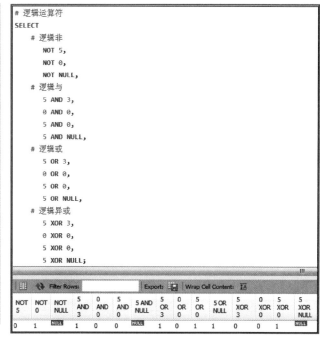

图 3-3　逻辑运算符示例

执行上述脚本，返回的结果如图 3-3 所示。

提示：当逻辑或（OR）的表达式同时出现 1 和 NULL 时，返回结果为 1。除此之外，NULL 参与的逻辑运算结果均为 NULL，可以通过函数 IFNULL 进行处理之后再进行逻辑运算。

4. 位运算符

位运算符是在二进制数上进行计算的运算符。计算机程序中的数据在内存中都是以二进制形式存储的，位运算就是对这些二进制数据进行操作。位运算会先将操作数换算成二进制数以进行位运算，再将计算出来的结果从二进制数换算成十进制数。位运算符的表示方法和作用见表 3-6。

表 3-6　位运算符

运算符	作用
&	位与
|	位或
^	位异或
~	取反
<<	左移
>>	右移

位运算符的示例如下：

```
# 位运算符
#5 的省略补码为 101，3 的省略补码为 011
SELECT 5 & 3,          # "位与"计算后的二进制数为 001，换算成十进制数就是 1
```

43

5 | 3,	# "位或"计算后的二进制数为 111，换算成十进制数就是 7
5 ^ 3,	# "位异或"计算后的二进制数为 110，换算成十进制数就是 6
~1,	# 取反计算后的二进制数为
	1111111111111111111111111111111111111111111111111111111111111110
	# 换算成十进制数就是 18446744073709551614
5 << 2,	# 左移两位后的二进制数为 10100，换算成十进制数就是 20
5 >> 2;	# 右移两位后的二进制数为 001，换算成十进制数就是 1

执行上述脚本，返回的结果如图 3-4 所示。

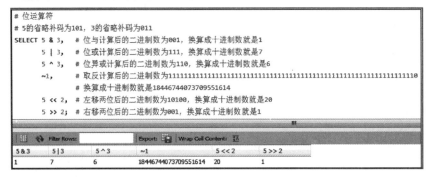

图 3-4　位运算符示例

3.1.2　运算符优先级

运算符的优先级指的是在进行表达式计算时，优先级高的运算符先计算，优先级低的运算符后计算。MySQL 中运算符的优先级顺序见表 3-7。

表 3-7　运算符优先级

优先级从低到高	运算符
1	=（赋值运算）、:=
2	II、OR
3	XOR
4	&&、AND
5	NOT
6	BETWEEN、CASE、WHEN、THEN、ELSE
7	=（比较运算）、<=>、>=、>、<=、<、<>、!=、IS、LIKE、REGEXP、IN
8	|
9	&
10	<<、>>
11	-（减号）、+
12	*、/、%
13	^
14	-（负号）、~（位反转）
15	!

从表 3-7 可以看出，逻辑非（！）的优先级最高，等于（＝（赋值运算）、:=）的优先级最低。同级别的运算符会按照表达式从左往右的顺序依次计算，如果想优先计算某个运算符或无法确定优先级，则可以使用圆括号"()"来改变指定运算符的优先级，这种做法还会使得表达式的运算逻辑更加清晰、易读。

下面演示运算符优先级的使用，示例如下：

```
# 运算符优先级
SELECT 10 > 5 + 3,          # 优先级顺序：+、>
       (10 > 5) + 3,        # 优先级顺序：()、>、+
       10 + 5 - 3 * 2,      # 优先级顺序：*、+、-
       10 + (5 - 3) * 2,    # 优先级顺序：()、-、*、+
       !10 > 3 - 5,         # 优先级顺序：!、-、>
       !(10 > 3 - 5),       # 优先级顺序：()、-、>、!
       10 > 0 AND 5 < 3,    # 优先级顺序：>、<、AND
       10 > (0 AND 5 < 3);  # 优先级顺序：()、<、AND、>
```

执行上述脚本，返回的结果如图 3-5 所示：

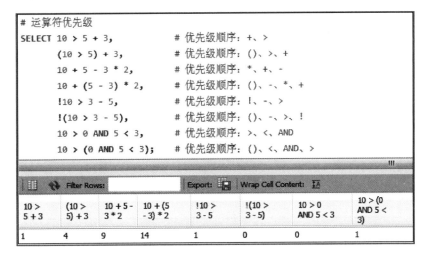

图 3-5　运算符优先级示例

3.1.3　谓词

什么是谓词？通常来说，谓词是函数的一种，它是需要满足特定条件的函数，该条件就是返回值为真值，即返回值为 True、False 或 Unknown。谓词其实就是 3.1.1 节中提到的比较运算符，关于基础谓词（">"">=""=""<""<=""<>"），这里就不做详细讲解了，下面主要讲解 SQL 谓词，包括 BETWEEN、LIKE、IS NULL、IN、EXISTS。

1. BETWEEN

BETWEEN 是介于二者之间的意思，通常和 AND 结合在一起，形成 BETWEEN...AND 语句。它的作用是筛选出介于两个值之间的数据，这些值可以是数值、文本或者日期。此外，BETWEEN 筛选出来的结果包含头尾两个临界值，相当于同时使用“>=”和“<=”的效果。如果不想让限定范围的结果包含临界值，就必须使用“>”和 “<”进行范围限定。

BETWEEN 语法格式如下所示：

```
SELECT column_names
FROM table_name
WHERE column_name BETWEEN value1 AND value2;
```

示例 1：查询客户交易订单表 customer_trade_order 中 2016 年的订单信息，查询结果如图 3-6 所示。

```
# 查询 2016 年的订单信息（使用 BETWEEN...AND...）
SELECT *
FROM customer_trade_order
WHERE tradeDate BETWEEN '2016-01-01' AND '2016-12-31';

# 查询 2016 年的订单信息（使用"<="和">="）
SELECT *
FROM customer_trade_order
WHERE tradeDate>= '2016-01-01' AND tradeDate<= '2016-12-31';
```

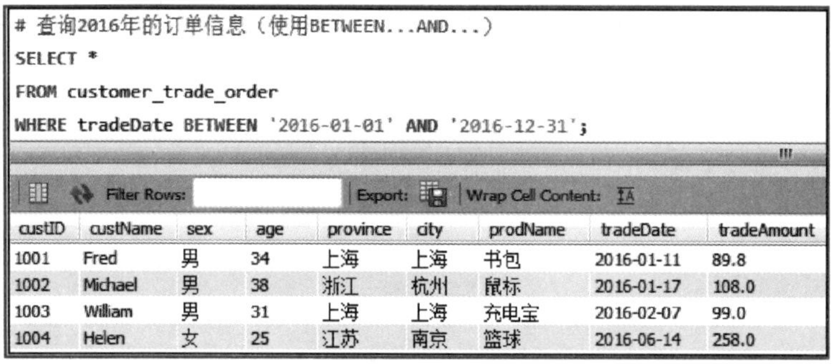

custID	custName	sex	age	province	city	prodName	tradeDate	tradeAmount
1001	Fred	男	34	上海	上海	书包	2016-01-11	89.8
1002	Michael	男	38	浙江	杭州	鼠标	2016-01-17	108.0
1003	William	男	31	上海	上海	充电宝	2016-02-07	99.0
1004	Helen	女	25	江苏	南京	篮球	2016-06-14	258.0

图 3-6　查询 2016 年的订单信息

示例 2：查询客户交易订单表 customer_trade_order 中客户年龄为 21～30 岁的订单信息，查询结果如图 3-7 所示。

```
# 查询客户年龄为 21～30 岁的订单信息（使用 BETWEEN...AND...）
SELECT *
FROM customer_trade_order
WHERE age BETWEEN 21 AND 30;

# 查询客户年龄为 21～30 岁的订单信息（使用"<="和">="）
SELECT *
FROM customer_trade_order
WHERE age >= 21 AND age <= 30;
```

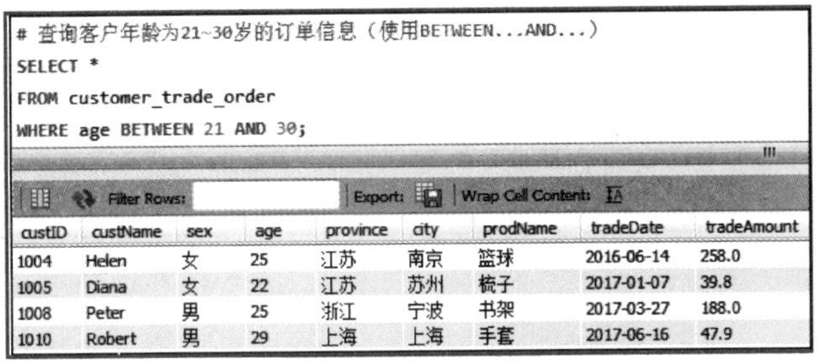

```
# 查询客户年龄为21~30岁的订单信息（使用BETWEEN...AND...）
SELECT *
FROM customer_trade_order
WHERE age BETWEEN 21 AND 30;
```

custID	custName	sex	age	province	city	prodName	tradeDate	tradeAmount
1004	Helen	女	25	江苏	南京	篮球	2016-06-14	258.0
1005	Diana	女	22	江苏	苏州	梳子	2017-01-07	39.8
1008	Peter	男	25	浙江	宁波	书架	2017-03-27	188.0
1010	Robert	男	29	上海	上海	手套	2017-06-16	47.9

图 3-7　查询客户年龄为 21～30 岁的订单信息

2. LIKE

当字段进行模糊匹配时，需要使用 LIKE。在使用 LIKE 之前，需要掌握占位符的用法。占位符就是通常所说的通配符，可以用来进行模糊匹配的符号。MySQL 中使用的占位符有百分号（“%”）、下画线（“_”）和方括号（“[]”）。

- 百分号（“%”）：匹配任意个任意字符。例如，LIKE ‘陈%’，表示姓名要以“陈”开头，后面可以匹配任意字符，匹配到的姓名可以是“陈兴”“陈红”“陈吴少侠”“陈国庆”等。
- 下画线（“_”）：匹配 1 个任意字符。例如，LIKE ‘陈_’，表示姓名要以“陈”开头，后面仅能匹配 1 个字符，匹配到的姓名可以是“陈兴”“陈红”“陈章”“陈庆”等。

LIKE 语法格式如下所示：

```
SELECT column_names
FROM table_name
WHERE column_name LIKE pattern;
```

示例 1： 查询客户交易订单表 customer_trade_order 中姓名以字母 F 开头的订单信息，查询结果如图 3-8 所示。

```
# 查询姓名以字母 F 开头的订单信息
SELECT *
FROM customer_trade_order
WHERE custName LIKE 'F%';
```

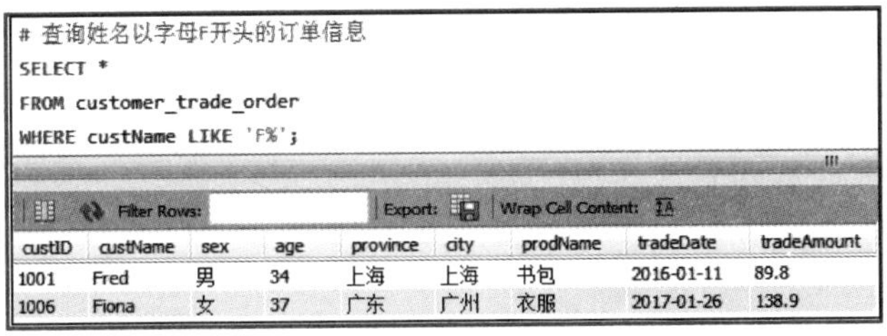

```
# 查询姓名以字母F开头的订单信息
SELECT *
FROM customer_trade_order
WHERE custName LIKE 'F%';
```

custID	custName	sex	age	province	city	prodName	tradeDate	tradeAmount
1001	Fred	男	34	上海	上海	书包	2016-01-11	89.8
1006	Fiona	女	37	广东	广州	衣服	2017-01-26	138.9

图 3-8　查询姓名以字母 F 开头的订单信息

示例 2： 查询客户交易订单表 customer_trade_order 中姓名以字母 F 开头且字母总计 4 个的订单信息，查询结果如图 3-9 所示。

```
# 查询姓名以字母 F 开头且字母总计 4 个的订单信息
SELECT *
FROM customer_trade_order
WHERE custName LIKE 'F___';
```

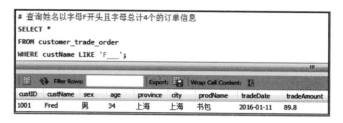

图 3-9　查询姓名以字母 F 开头且字母总计 4 个的订单信息

3. IS NULL

在 SQL 查询中，经常碰到 NULL，NULL 用来表示缺失的值，也就是没有值的意思。此外，NULL 与数值 0、空白字符串是不一样的，在实际使用中需要注意区分。

在查询字段中为 NULL 的数据时，必须使用 IS NULL，而不能使用 "=NULL" 来进行查询。因为 NULL 无法和比较运算符（">"">="" =""<""<="" <>"）一起进行运算。

IS NULL 语法格式如下所示：

```
SELECT column_names
FROM table_name
WHERE column_name IS NULL;
```

示例 1：查询客户交易订单表 customer_trade_order 中城市为 NULL 的订单信息，查询结果如图 3-10 所示。

```
# 查询城市为 NULL 的订单信息
SELECT *
FROM customer_trade_order
WHERE city IS NULL;
```

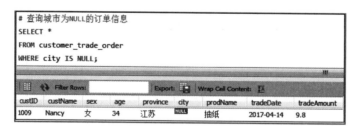

图 3-10　查询城市为 NULL 的订单信息

当然，如果想查询字段中不为 NULL 的数据，则可以结合逻辑运算符 NOT 形成 IS NOT NULL 语句。

IS NOT NULL 语法格式如下所示：

48

```
SELECT column_names
FROM table_name
WHERE column_name IS NOT NULL;
```

示例 2：查询客户交易订单表 customer_trade_order 中城市不为 NULL 的订单信息，查询结果如图 3-11 所示。

```
# 查询城市不为 NULL 的订单信息
SELECT *
FROM customer_trade_order
WHERE city IS NOT NULL;
```

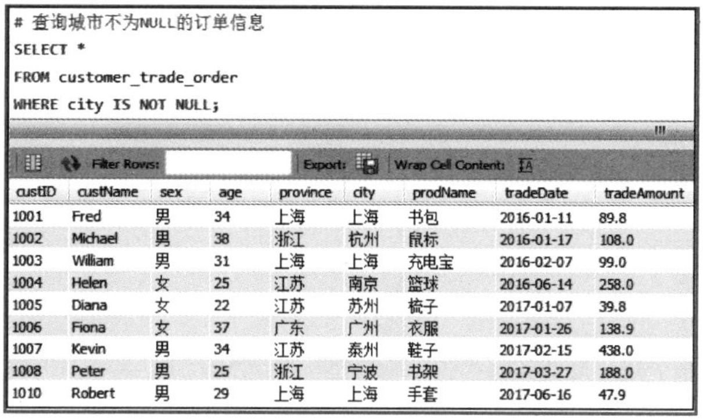

图 3-11　查询城市不为 NULL 的订单信息

4．IN

如果想从字段中筛选出某一个值，则可以使用逻辑运算符（"="）进行筛选。但是，想从字段中同时筛选出多个数值，使用 "=" 和 OR 就会显得比较麻烦，而且，筛选的不同数值越多，语句就会越烦琐。因此，使用 IN 进行多数值筛选是一个不错的选择。

IN 语法格式如下所示：

```
SELECT column_names
FROM table_name
WHERE column_name IN (value1, value2,…);
```

示例 1：查询客户交易订单表 customer_trade_order 中交易商品是书包、篮球和鞋子的订单信息，查询结果如图 3-12 所示。

```
# 查询交易商品是书包、篮球和鞋子的订单信息（使用 IN）
SELECT *
FROM customer_trade_order
WHERE prodName IN ('书包','篮球','鞋子');

# 查询交易商品是书包、篮球和鞋子的订单信息（使用 "=" 和 OR）
SELECT *
FROM customer_trade_order
WHERE prodName ='书包' OR prodName = '篮球' OR prodName = '鞋子';
```

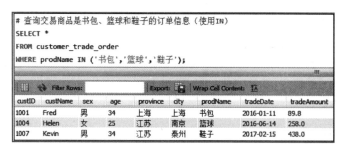

图 3-12 查询交易商品是书包、篮球和鞋子的订单信息

当然，如果想查询字段中不在一个值或多个值范围内的数据，则可以结合逻辑运算符 NOT 形成 NOT IN 语句。

NOT IN 语法格式如下所示：

```
SELECT column_names
FROM table_name
WHERE column_name NOT IN (value1, value2, …);
```

示例 2：查询客户交易订单表 customer_trade_order 中交易商品不是书包、篮球和鞋子的订单信息，查询结果如图 3-13 所示。

```
# 查询交易商品不是书包、篮球和鞋子的订单信息（使用 NOT IN）
SELECT *
FROM customer_trade_order
WHERE prodName NOT IN ('书包','篮球','鞋子');
```

```
# 查询交易商品不是书包、篮球和鞋子的订单信息（使用NOT IN）
SELECT *
FROM customer_trade_order
WHERE prodName NOT IN ('书包','篮球','鞋子');
```

custID	custName	sex	age	province	city	prodName	tradeDate	tradeAmount
1002	Michael	男	38	浙江	杭州	鼠标	2016-01-17	108.0
1003	William	男	31	上海	上海	充电宝	2016-02-07	99.0
1005	Diana	女	22	江苏	苏州	梳子	2017-01-07	39.8
1006	Fiona	女	37	广东	广州	衣服	2017-01-26	138.9
1008	Peter	男	25	浙江	宁波	书架	2017-03-27	188.0
1009	Nancy	女	34	江苏	NULL	抽纸	2017-04-14	9.8
1010	Robert	男	29	上海	上海	手套	2017-06-16	47.9

图 3-13 查询交易商品不是书包、篮球和鞋子的订单信息

此外，IN 还可以作为连接不相关子查询的关键字，也就是说，IN 后面的括号"()"里面可以嵌套子查询语句，将子查询的结果作为 IN 的限制条件进行约束。

IN 子查询语法格式如下所示：

```
SELECT column_names
FROM table_name1
WHERE column_name1 IN (SELECT column_name2 FROM table_name2);
```

示例 3：查询客户交易订单表 customer_trade_order 中薪资大于 20000 元的用户对应的订单信息，查询结果如图 3-14 所示。

```
# 查询薪资大于 20000 元的用户对应的订单信息
SELECT *
FROM customer_trade_order
WHERE custID IN (SELECT custID    # 此处只能写一个字段
                 FROM customer_salary t2
                 WHERE salary > 20000);
```

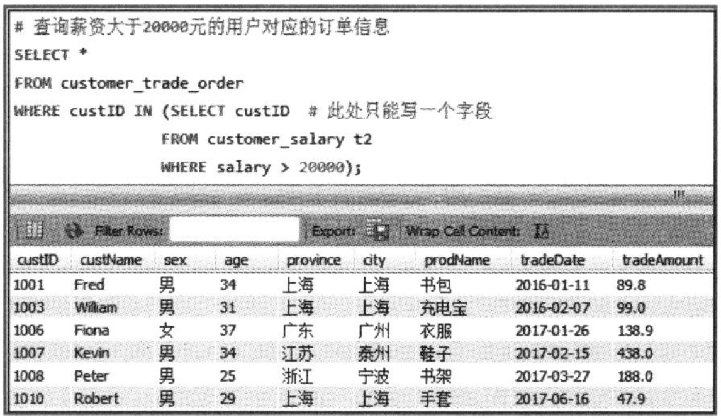

图 3-14　查询薪资大于 20000 元的用户对应的订单信息

5．EXISTS

EXISTS 作为连接相关子查询的关键字，用于判断查询子句是否有记录，如果有一条或多条记录存在，则返回 True，否则返回 False。

EXISTS 关键字连接了父查询语句和子查询语句，它的执行过程其实就是执行双层循环语句，父查询作为外层取第一条记录，子查询作为内层循环一遍，然后根据关联的条件查看是否有一条或多条记录返回。如果有返回记录，此次外层循环的第一条记录就会添加到最终返回的结果集中，然后父查询语句继续循环下一条记录，以此类推。

EXISTS 语法格式如下所示：

```
SELECT column_names
FROM table_name1
WHERE EXISTS(SELECT * FROM table_name2 WHERE conditions);
```

示例 1：查询客户交易订单表 customer_trade_order 中薪资大于 26000 元的用户对应的订单信息，查询结果如图 3-15 所示。

```
# 查询薪资大于 26000 元的用户对应的订单信息
SELECT *
FROM customer_trade_order t1
WHERE EXISTS (SELECT *    # 此处的*可以改为表中任意字段，也可以改为 1 或者 NULL
              FROM customer_salary t2
              WHERE t1.custID = t2.custID
              AND t2.salary> 26000);
```

SQL 从入门到进阶

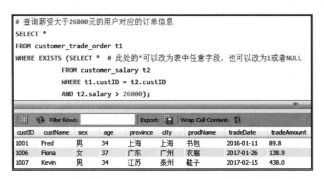

图 3-15　查询薪资大于 26000 元的用户对应的订单信息

从图 3-15 中可以看出，返回的结果是 Fred、Fiona 和 Kevin 这 3 个用户的订单信息。下面分析这段 SQL 语句的执行逻辑，具体步骤如下。

步骤 1：从客户交易订单表 customer_trade_order 中取出第 1 个用户 Fred 的订单信息（客户 ID：1001），再从客户薪资表 customer_salary 中找出所有薪资大于 26000 元的用户。有 3 条记录满足，客户 ID 分别是 1001、1006 和 1007，通过客户 ID 字段进行关联，可以返回一条记录，此次父查询的记录（客户 ID：1001）就会添加到最终返回的结果集中。

步骤 2：从客户交易订单表 customer_trade_order 中取出第 2 个用户 Michael 的订单信息（客户 ID：1002），再从客户薪资表 customer_salary 中找出所有薪资大于 26000 元的用户。有 3 条记录满足，客户 ID 分别是 1001、1006 和 1007，通过客户 ID 字段进行关联，无记录返回，此次父查询的记录（客户 ID：1002）不会添加到最终返回的结果集中。

以此类推，循环关联。

步骤 10：从客户交易订单表 customer_trade_order 中取出第 10 个用户 Robert 的订单信息（客户 ID：1010），再从客户薪资表 customer_salary 中找出所有薪资大于 26000 元的用户。有 3 条记录满足，客户 ID 分别是 1001、1006 和 1007，通过客户 ID 字段进行关联，无记录返回，此次父查询的记录（客户 ID：1010）不会添加到最终返回的结果集中。

综上所述，Fred、Fiona 和 Kevin 这 3 个用户（客户 ID 分别是 1001、1006 和 1007）满足了 EXISTS 的相关子查询约束，并返回了这 3 个用户的订单信息，而其他用户在子查询中并未找到与之匹配的信息，因此无返回信息。

NOT EXISTS 的作用与 EXISTS 相反，如果有一条或多条记录存在，则返回 False，否则返回 True。

NOT EXISTS 语法格式如下所示：

```
SELECT column_names
FROM table_name1
WHERE NOT EXISTS (SELECT * FROM table_name2 WHERE conditions);
```

示例 2：查询客户交易订单表 customer_trade_order 中薪资不超过 15000 元的用户对应的订单信息，查询结果如图 3-16 所示。

查询薪资不超过 15000 元的用户对应的订单信息

```
SELECT *
FROM customer_trade_order t1
WHERE NOT EXISTS (SELECT * #此处的*可以改为表中任意字段，也可以改为 1 或者 NULL
            FROM customer_salary t2
            WHERE t1.custID = t2.custID
            AND t2.salary> 15000);
```

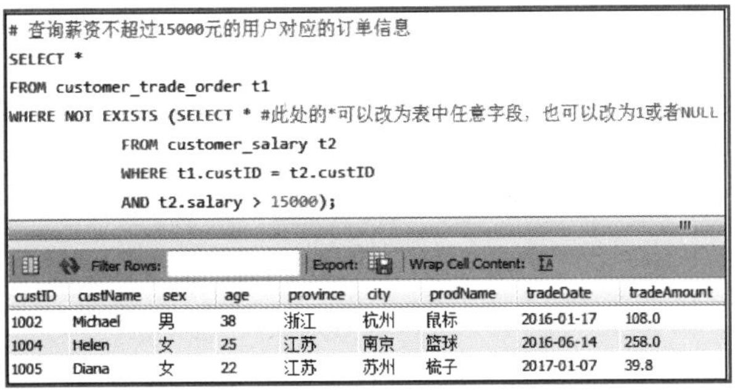

图 3-16　查询薪资不超过 15000 元的用户对应的订单信息

3.2　数据的插入

数据的插入指的是向数据表中插入一条或多条记录。针对已经存在于数据库中的表，可以通过 INSERT INTO 关键字增加记录，语法格式如下所示：

```
# 全部字段数据插入
INSERT INTO table_name
VALUES (value1,value2,value3,...);
```

或者

```
# 指定字段数据插入
INSERT INTO table_name (column_name1,column_name2,column_name3,...)
VALUES (value1,value2,value3,...);
```

3.2.1　单行数据插入

单行数据插入指的是向数据表中仅插入一条数据记录。本节仍然以客户交易订单表 customer_trade_order 为例，向表中插入一条订单信息。数据插入分为全部字段数据插入和指定字段数据插入，下面通过两个示例分别进行演示。

示例 1： 向客户交易订单表 customer_trade_order 中插入一条客户 Fred 的订单信息（全部字段数据插入），查询结果如图 3-17 所示。

```
# 修改 MySQL 默认的安全更新模式，以防初始默认设置导致的删除报错
SET SQL_SAFE_UPDATES = 0;
# 清空数据
```

```
DELETE FROM customer_trade_order;
# 插入数据
INSERT INTO customer_trade_order
VALUES (1001,'Fred','男',34,'上海','上海','书包','2016-01-11',89.8);
# 查看插入表中的全部数据
SELECT * FROM customer_trade_order;
```

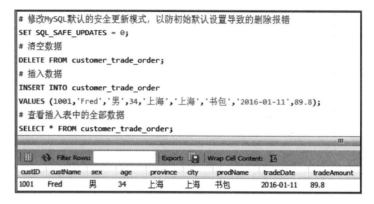

图 3-17　插入一条客户 Fred 的订单信息（全部字段数据插入）

示例 2：向客户交易订单表 customer_trade_order 中插入一条客户 Fred 的订单信息（指定字段数据插入），查询结果如图 3-18 所示。

```
# 清空数据
DELETE FROM customer_trade_order;
# 插入数据
INSERT INTO customer_trade_order(custID,custName,prodName,
                                 tradeDate,tradeAmount)
VALUES (1001,'Fred','书包','2016-01-11',89.8);
# 查看插入表中的全部数据
SELECT * FROM customer_trade_order;
```

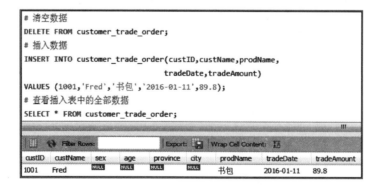

图 3-18　插入一条客户 Fred 的订单信息（指定字段数据插入）

提示：如果通过指定字段进行数据插入，那么一定要先了解该表的字段约束设置，像主键约束、非空约束对应的字段一定要有数据插入，否则会报错。

3.2.2　多行数据插入

多行数据插入指的是向数据表中插入多条记录。多行数据插入可以通过多条 INSERT INTO 语句来实现，也可以通过在 VALUES 后面列出多条记录来实现，语法格式如下所示：

```
# 多行数据插入方法一
INSERT INTO table_name VALUES (value1,value2,value3,...);
INSERT INTO table_name VALUES (value4,value5,value6,...);
...;
```

或者

```
# 多行数据插入方法二
INSERT INTO table_name
VALUES (value1,value2,value3,...),
       (value4,value5,value6,...),
          ...;
```

示例 1：向客户交易订单表 customer_trade_order 中插入三条订单信息（全部字段数据插入），查询结果如图 3-19 所示。

```
# 多行数据插入方法一
# 清空数据
DELETE FROM customer_trade_order;
# 插入数据
INSERT INTO customer_trade_order VALUES (1001,'Fred','男',34,'上海','上海','书包','2016-01-11',89.8);
INSERT INTO customer_trade_order VALUES (1004,'Helen','女',25,'江苏','南京','篮球','2016-06-14',258);
INSERT INTO customer_trade_order VALUES (1007,'Kevin','男',34,'江苏','泰州','鞋子','2017-02-15',438);

# 多行数据插入方法二
# 清空数据
DELETE FROM customer_trade_order;
# 插入数据
INSERT INTO customer_trade_order
VALUES (1001,'Fred','男',34,'上海','上海','书包','2016-01-11',89.8),
       (1004,'Helen','女',25,'江苏','南京','篮球','2016-06-14',258),
       (1007,'Kevin','男',34,'江苏','泰州','鞋子','2017-02-15',438);
# 查看插入表中的全部数据
SELECT * FROM customer_trade_order;
```

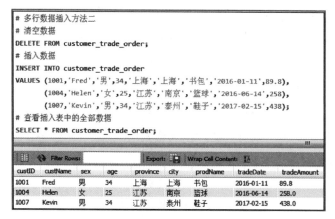

图 3-19　插入三条订单信息（全部字段数据插入）

示例 2：向客户交易订单表 customer_trade_order 中插入三条订单信息（指定字段数据插入），查询结果如图 3-20 所示。

```
# 清空数据
DELETE FROM customer_trade_order;
# 插入数据
INSERT INTO customer_trade_order(custID,custName,prodName,
                                 tradeDate,tradeAmount)
VALUES (1001,'Fred','书包','2016-01-11',89.8),
       (1004,'Helen','篮球','2016-06-14',258),
       (1007,'Kevin','鞋子','2017-02-15',438);
# 查看插入表中的全部数据
SELECT * FROM customer_trade_order;
```

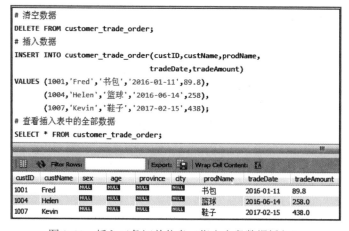

图 3-20　插入三条订单信息（指定字段数据插入）

3.2.3　查询数据插入

查询数据插入指的是从其他数据表中查询一条或多条记录并插入指定的表中，这种插入方式的数据源是已经存在于数据库中的表，而不是通过手动输入方式进行的插入。此外，对于被插入的目标表，可以是已经存在于数据库中的表，也可以是不存在的表。对于向不存在的表进行数据插入的情况，相当于先创建数据表再进行数据插入，语法格式如下所示：

```
# 查询数据插入语法格式如下所示
INSERT INTO table_name1 # 已存在于数据库中的表
SELECT *
FROM table_name2
WHERE conditions;
```

或者

```
CREATE TABLE table_name1 # 未存在于数据库中的表
AS
SELECT *
FROM table_name2
WHERE conditions;
```

示例 1： 先创建数据表 customer_trade_order_sh，再从 customer_trade_order 表中查询所有上海客户的订单信息并插入 customer_trade_order_sh 表中（已存在于数据库中的表）。本示例中客户交易订单表 customer_trade_order 使用的数据来自本章通用的数据集，查询结果如图 3-21 所示。

```
# 步骤 1：创建上海客户交易订单表 customer_trade_order_sh
CREATE TABLE customer_trade_order_sh(
    custID INT,
    custName VARCHAR(100),
    sex VARCHAR(100),
    age INT,
    province VARCHAR(100),
    city VARCHAR(100),
    prodName VARCHAR(100),
    tradeDate DATE,
    tradeAmount DECIMAL(10,1)
);
DELETE FROM customer_trade_order;
INSERT INTO customer_trade_order
VALUES (1001,'Fred','男',34,'上海','上海','书包','2016-01-11',89.8),
    (1002,'Michael','男',38,'浙江','杭州','鼠标','2016-01-17',108),
    (1003,'William','男',31,'上海','上海','充电宝','2016-02-07',99),
    (1004,'Helen','女',25,'江苏','南京','篮球','2016-06-14',258),
    (1005,'Diana','女',22,'江苏','苏州','梳子','2017-01-07',39.8),
    (1006,'Fiona','女',37,'广东','广州','衣服','2017-01-26',138.9),
    (1007,'Kevin','男',34,'江苏','泰州','鞋子','2017-02-15',438),
    (1008,'Peter','男',25,'浙江','宁波','书架','2017-03-27',188),
    (1009,'Nancy','女',34,'江苏',NULL,'抽纸','2017-04-14',9.8),
    (1010,'Robert','男',29,'上海','上海','手套','2017-06-16',47.9);
```

```
# 步骤 2：查询所有上海客户的订单信息并插入 customer_trade_order_sh 表中
INSERT INTO customer_trade_order_sh        # 已存在于数据库中的表
SELECT *
FROM customer_trade_order
WHERE province = '上海';
# 步骤 3：查看插入表中的全部数据
SELECT * FROM customer_trade_order_sh;
```

图 3-21　查询数据插入（已存在于数据库中的表）

示例 2： 从客户交易订单表 customer_trade_order 中查询所有江苏客户的订单信息并插入 customer_trade_order_js 表中（不存在于数据库中的表），查询结果如图 3-22 所示。

```
# 步骤 1：查询所有江苏客户的订单信息并插入 customer_trade_order_js 表中
CREATE TABLE customer_trade_order_js          # 不存在于数据库中的表
AS
SELECT *
FROM customer_trade_order
WHERE province = '江苏';
# 步骤 2：查看插入表中的全部数据
SELECT * FROM customer_trade_order_js;
```

图 3-22　查询数据插入（不存在于数据库中的表）

3.3　数据的删除

3.3.1　数据的全部删除

数据的全部删除指的是对表中的记录执行全部删除。在日常工作中执行这种删除操作的时候，需要谨慎，以防误删导致数据丢失。在 MySQL 中，删除全部记录的关键字为 DELETE FROM 或 TRUNCATE，语法格式如下所示：

```
# 删除全部数据
DELETE FROM table_name;
TRUNCATE TABLE table_name;
```

虽然 DELETE FROM 和 TRUNCATE 都能删除表中的全部记录，但是二者还是有一些区别的，主要区别如下。

- TRUNCATE 是整体删除，删除记录速度较快，DELETE FROM 是逐行删除，速度相对较慢，这种删除效率上的差异在数据量大的时候更明显。
- TRUNCATE 不写服务器日志，但 DELETE FROM 会写服务器日志，这也是 TRUNCATE 效率比 DELETE FROM 高的原因。
- TRUNCATE 会重置自增字段，相当于自增字段（Identity）会被置为初始值，重新从 1 开始记录。而 DELETE FROM 删除记录以后，自增字段（Identity）还是接着被删除的最近的那一条记录 ID 加 1 后进行记录。如果只需要删除表中的部分记录，那么无须重置自增字段（Identity），只能使用 DELETE FROM 进行部分记录删除。

示例：删除客户交易订单表 customer_trade_order 中的全部记录，查询结果如图 3-23 所示。

```
# 清空数据
DELETE FROM customer_trade_order;
# 插入数据
INSERT INTO customer_trade_order
VALUES (1001,'Fred','男',34,'上海','上海','书包','2016-01-11',89.8),
       (1004,'Helen','女',25,'江苏','南京','篮球','2016-06-14',258),
       (1007,'Kevin','男',34,'江苏','泰州','鞋子','2017-02-15',438);
# 使用 DELETE FROM 关键字执行全部删除
DELETE FROM customer_trade_order;

# 使用 TRUNCATE 关键字执行全部删除
TRUNCATE TABLE customer_trade_order;
# 查看全部删除后的结果
SELECT * FROM customer_trade_order;
```

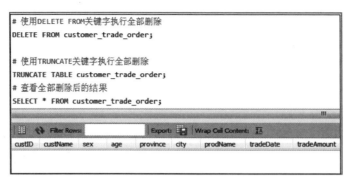

图 3-23　删除订单表中全部记录

3.3.2　数据的部分删除

数据的部分删除指的是根据约束条件对表中的记录执行删除操作。在 MySQL 中，删除部分记录的关键字为 DELETE FROM 和 WHERE，语法格式如下所示：

```
# 删除部分数据
DELETE FROM table_name
WHERE conditions;
```

示例：删除客户交易订单表 customer_trade_order 中的部分信息（删除上海客户的订单信息），查询结果如图 3-24 所示。

```
# 清空数据
DELETE FROM customer_trade_order;
# 插入数据
INSERT INTO customer_trade_order
VALUES (1001,'Fred','男',34,'上海','上海','书包','2016-01-11',89.8),
       (1004,'Helen','女',25,'江苏','南京','篮球','2016-06-14',258),
       (1007,'Kevin','男',34,'江苏','泰州','鞋子','2017-02-15',438);
# 使用 DELETE FROM 关键字执行部分删除
DELETE FROM customer_trade_order
WHERE province = '上海';
# 查看部分删除后的数据
SELECT * FROM customer_trade_order;
```

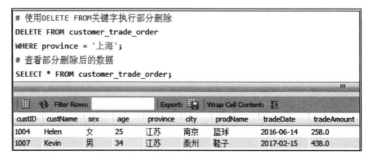

图 3-24　删除表中部分信息（删除上海客户的订单信息）

3.4　数据的修改

数据的修改指的是针对表中某个字段的记录进行修改，而数据的删除指的是将表中某一行或者多行的记录进行删除。因此，数据的修改关键字是 UPDATE，而不是关键字 DELETE FROM。数据的修改语法格式如下所示：

```
# 数据的修改
UPDATE table_name
SET column_name1 = value1,column_name2 = value2,...
WHERE conditions;
```

3.4.1　单字段数据修改

单字段数据修改指的是修改表中某一列对应的记录。例如，客户交易订单表 customer_trade_order 中某几个客户的性别录入错误或者所有客户的交易商品录入错误，此时就需要通过 UPDATE 关键字进行单字段数据修改。

示例 1：修改客户交易订单表 customer_trade_order 中 Fred 的性别为女性，查询结果如图 3-25 所示。

```
# 清空数据
DELETE FROM customer_trade_order;
# 插入数据
INSERT INTO customer_trade_order
VALUES (1001,'Fred','男',34,'上海','上海','书包','2016-01-11',89.8),
       (1004,'Helen','女',25,'江苏','南京','篮球','2016-06-14',258),
       (1007,'Kevin','男',34,'江苏','泰州','鞋子','2017-02-15',438);
# 修改 Fred 的性别为女性
UPDATE customer_trade_order
SET sex = '女'
WHERE custName = 'Fred';
# 查看修改后的数据
SELECT * FROM customer_trade_order;
```

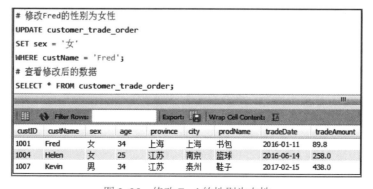

图 3-25　修改 Fred 的性别为女性

61

示例 2：修改客户交易订单表 customer_trade_order 中所有客户的交易商品为自行车，查询结果如图 3-26 所示。

```
# 修改所有客户的交易商品为自行车
UPDATE customer_trade_order
SET prodName ='自行车';
# 查看修改后的数据
SELECT * FROM customer_trade_order;
```

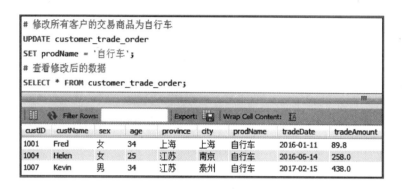

图 3-26　修改所有客户的交易商品为自行车

3.4.2　多字段数据修改

多字段数据修改指的是修改表中某几列对应的记录。例如，客户交易订单表 customer_trade_order 中某几个客户的性别和交易商品都录入错误，此时就需要通过 UPDATE 关键字进行多字段数据修改。

示例：修改客户交易订单表 customer_trade_order 中 Fred 和 Kevin 的性别为女性，交易商品为化妆品，查询结果如图 3-27 所示。

```
# 清空数据
DELETE FROM customer_trade_order;
# 插入数据
INSERT INTO customer_trade_order
VALUES (1001,'Fred','男',34,'上海','上海','书包','2016-01-11',89.8),
       (1004,'Helen','女',25,'江苏','南京','篮球','2016-06-14',258),
       (1007,'Kevin','男',34,'江苏','泰州','鞋子','2017-02-15',438);
# 修改 Fred 和 Kevin 的性别为女性，交易商品为化妆品
UPDATE customer_trade_order
SET sex = '女',prodName = '化妆品'
WHERE custName IN ('Fred','Kevin');
# 查看修改后的数据
SELECT * FROM customer_trade_order;
```

图 3-27　修改 Fred 和 Kevin 的性别为女性，交易商品为化妆品

第4章
初探 SQL 核心——数据的基础查询

第 3 章讲解了数据操作语言（DML）中的增删改操作，主要针对数据表中的记录进行插入、删除和修改。本章讲解数据操作语言中的核心操作——数据的查询，它是 SQL 语句中使用频率非常高的操作。本章的讲解将从数据查询的基础操作入手，内容包括查询语法的七个核心关键字、字段的处理查询以及高级过滤字段查询。

本章用到的数据表为中介二手房成交表 second_hand_house_deal。中介二手房成交表中的字段包含客户姓名、性别、年龄、城市、区域、街区、房型、层高、朝向、建造年份、面积大小、单价和总价，字段解释见表 4-1。

表 4-1　中介二手房成交表的字段解释

字段名称	字段类型	字段解释
custName	VARCHAR(100)	客户姓名
sex	VARCHAR(100)	性别
age	INT	年龄
city	VARCHAR(100)	城市
region	VARCHAR(100)	区域
block	VARCHAR(100)	街区
type	VARCHAR(100)	房型
height	VARCHAR(100)	层高
direction	VARCHAR(100)	朝向
builtDate	INT	建造年份
size	DECIMAL(10,2)	面积大小
unitPrice	INT	单价
totalPrice	DECIMAL(10,2)	总价

中介二手房成交表 second_hand_house_deal 的表结构创建以及数据记录插入的 SQL 脚本如下所示：

```
# 创建中介二手房成交表
CREATE TABLE second_hand_house_deal(
    custName VARCHAR(100),
    sex VARCHAR(100),
    age INT,
    city VARCHAR(100),
    region VARCHAR(100),
    block VARCHAR(100),
    type VARCHAR(100),
    height VARCHAR(100),
    direction VARCHAR(100),
    builtDate INT,
    size DECIMAL(10,2),
    unitPrice INT,
    totalPrice DECIMAL(10,2)
);
# 插入数据
INSERT INTO second_hand_house_deal
VALUES
('张晶','男',46,'上海','虹口','春满园','3 室 2 厅','高区/6 层','朝南北',2000,126.84,101723,12902545.32),
('袁华','男',41,'上海','浦东','昌七小区','2 室 1 厅','高区/6 层','朝南',1996,61,71557,4364977),
('钱佳','男',26,'上海','浦东','鹏欣家园','1 室 1 厅','中区/6 层','朝南',1998,59.42,84000,4991280),
('李佳美','女',49,'上海','徐汇','斜土路 5 号','1 室 0 厅','低区/7 层','朝南',1985,31.62,86157,2724284.34),
('陈冲','男',38,'上海','普陀','甘泉一村','1 室 0 厅','中区/6 层','朝南',1986,29.99,71685,2149833.15),
('孙晓燕','女',34,'上海','虹口','民华小区','1 室 1 厅','低区/6 层','朝南北',1989,43.84,71569,3137584.96),
('李其华','女',31,'上海','徐汇','华东花苑','2 室 1 厅','高区/7 层','朝南',1997,75.72,69146,5235735.12),
('王丽','女',40,'上海','奉贤','贝港南区','2 室 1 厅','低区/6 层','朝南',1997,76.92,39700,3053724),
('张建国','男',23,'上海','浦东','东靖苑','1 室 1 厅','低区/6 层','朝南',2001,49.99,72011,3599829.89),
('王爱娟','女',40,'上海','浦东','长岛公寓','2 室 1 厅','低区/24 层','朝南',2005,81.15,65523,5317191.45);
```

4.1 查询语法的七个核心关键字

数据的查询语法中较为重要的七个核心关键字分别为：SELECT、FROM、WHERE、GROUP BY、HAVING、ORDER BY、LIMIT。因此，掌握这七个核心关键字的作用以及使用方法显得尤为重要。由七个核心关键字构造的语法结构如下：

```
SELECT column_names
FROM table_name
[WHERE conditions]
[GROUP BY column_names]
[HAVING conditions]
[ORDER BY column_names ASC|DESC]
[LIMIT offset,count]
```

从上面的语法结构中可以看出，SELECT 和 FROM 这两个关键字是必选项，也就是说，任何查询都需要使用这两个关键字，而对于其余五个关键字，则需要根据实际的查询情况有选择地进行使用。下面以中介二手房成交表 second_hand_house_deal 为例，对这七个核心关键字的作用和使用方法进行详细讲解，让读者能够快速掌握并熟练地运用它们。

1．SELECT

（1）关键字的作用

SELECT 关键字就是"告知"数据库，在提取数据时，需要选择的字段名称。这里的字段可以是数据表中已有的字段名称，也可以是基于已有字段的衍生字段名称。

（2）关键字语句用法

SELECT 关键字后面需要写入指定的字段名称，多个字段名称之间需要用英文状态的逗号"，"隔开。如果需要查询所有字段，就用"*"表示，如果查询部分字段，就指定字段的名称，字段名称的位置可以互换，按照从左往右的顺序依次展示，语法格式如下所示：

```
SELECT column_name1,column_name2, …
FROM table_name;
```

或者

```
SELECT * FROM table_name;
```

示例 1：查询中介二手房成交表 second_hand_house_deal 中所有字段的信息，查询结果如图 4-1 所示。

```
# 查询所有字段的信息
SELECT * FROM second_hand_house_deal;
```

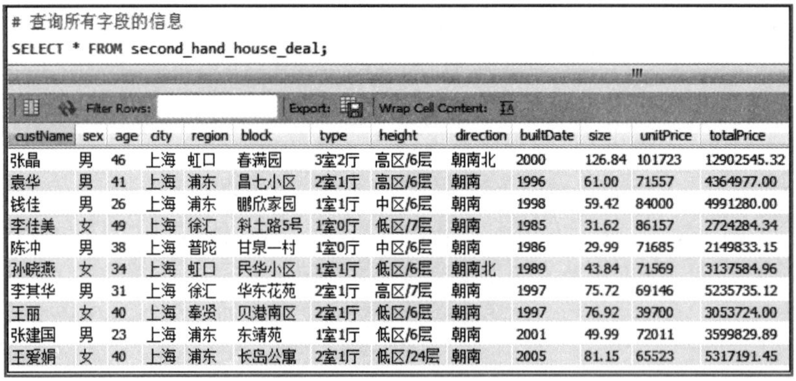

查询所有字段的信息
SELECT * FROM second_hand_house_deal;

Filter Rows: Export: Wrap Cell Content: IA

custName	sex	age	city	region	block	type	height	direction	builtDate	size	unitPrice	totalPrice
张晶	男	46	上海	虹口	春满园	3室2厅	高区/6层	朝南北	2000	126.84	101723	12902545.32
袁华	男	41	上海	浦东	昌七小区	2室1厅	高区/6层	朝南	1996	61.00	71557	4364977.00
钱佳	男	26	上海	浦东	鹏欣家园	1室1厅	中区/6层	朝南	1998	59.42	84000	4991280.00
李佳美	女	49	上海	徐汇	斜土路5号	1室0厅	朝南	朝南	1985	31.62	86157	2724284.34
陈冲	男	38	上海	普陀	甘泉一村	1室0厅	中区/6层	朝南	1986	29.99	71685	2149833.15
孙晓燕	女	34	上海	虹口	民华小区	1室1厅	低区/6层	朝南北	1989	43.84	71569	3137584.96
李其华	男	31	上海	徐汇	华东花苑	2室1厅	高区/7层	朝南	1997	75.72	69146	5235735.12
王丽	女	40	上海	奉贤	贝港南区	2室1厅	低区/6层	朝南	1997	76.92	39700	3053724.00
张建国	男	23	上海	浦东	东靖苑	1室1厅	低区/6层	朝南	2001	49.99	72011	3599829.89
王爱娟	女	40	上海	浦东	长岛公寓	2室1厅	低区/24层	朝南	2005	81.15	65523	5317191.45

图 4-1　查询所有字段的信息

示例 2：查询中介二手房成交表 second_hand_house_deal 中部分字段的信息，字段包括 custName、sex、age、block 以及 totalPrice，查询结果如图 4-2 所示。

```
# 查询部分字段的信息
SELECT custName,sex,age,block,totalPrice
FROM second_hand_house_deal;
```

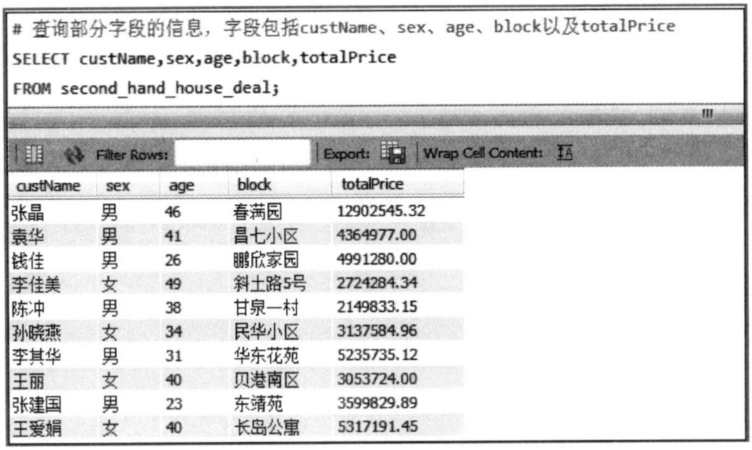

```
# 查询部分字段的信息，字段包括custName、sex、age、block以及totalPrice
SELECT custName,sex,age,block,totalPrice
FROM second_hand_house_deal;
```

custName	sex	age	block	totalPrice
张晶	男	46	春满园	12902545.32
袁华	男	41	昌七小区	4364977.00
钱佳	男	26	鹏欣家园	4991280.00
李佳美	女	49	斜土路5号	2724284.34
陈冲	男	38	甘泉一村	2149833.15
孙晓燕	女	34	民华小区	3137584.96
李其华	男	31	华东花苑	5235735.12
王丽	女	40	贝港南区	3053724.00
张建国	男	23	东靖苑	3599829.89
王爱娟	女	40	长岛公寓	5317191.45

图 4-2　查询部分字段的信息

2．FROM

（1）关键字作用

FROM 关键字就是"告知"数据库，在提取数据时，需要选择的数据源（表或视图）名称。视图可以被理解为数据表的映射，通常用来限定用户查询的权限（例如，某数据表中存在敏感信息，并且不想让用户查看字段值，就可以构造一个没有该字段或者加密处理的视图）。

（2）关键字语句用法

FROM 关键字后面需要写入指定的数据表或视图名称。

3．WHERE

（1）关键字作用

WHERE 关键字用于限定数据查询的条件，即实现数据子集的提取。通常情况下，查询条件可以包含比较运算符、逻辑运算符、通配符等。

（2）关键字语句用法

WHERE 关键字后面需要写入筛选的条件，如果存在多个条件，则需要使用逻辑运算符连接。运算符、谓词的知识点已在 3.1 节中做了详细讲解，下面提供 5 个包含 WHERE 关键字的示例。

示例 1：查询中介二手房成交表 second_hand_house_deal 中性别为男性且年龄在 30 岁以上的成交信息，返回字段包括 custName、sex、age、block 以及 totalPrice，查询结果如图 4-3 所示。

```
# 查询性别为男性且年龄在 30 岁以上的成交信息
SELECT custName,sex,age,block,totalPrice
FROM second_hand_house_deal
WHERE sex = '男'
AND age > 30;
```

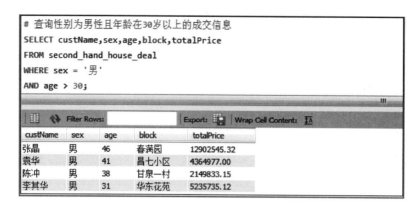

图 4-3　查询性别为男性且年龄在 30 岁以上的成交信息

示例 2：查询中介二手房成交表 second_hand_house_deal 中朝南且建造年份在 1995 年到 2000 年之间的成交信息，返回字段包括 custName、sex、age、block 以及 totalPrice，查询结果如图 4-4 所示。

```
# 查询朝南且建造年份在 1995 年到 2000 年之间的成交信息
SELECT custName,sex,age,block,totalPrice
FROM second_hand_house_deal
WHERE direction = '朝南'
AND builtDate BETWEEN 1995 AND 2000;
```

图 4-4　查询朝南且建造年份在 1995 年到 2000 年之间的成交信息

示例 3：查询中介二手房成交表 second_hand_house_deal 中客户姓名为张晶、钱佳、王爱娟且房子位于浦东的成交信息，返回字段包括 custName、sex、age、block 以 totalPrice，查询结果如图 4-5 所示。

```
# 查询客户姓名为张晶、钱佳、王爱娟且房子位于浦东的成交信息
SELECT custName,sex,age,block,totalPrice
FROM second_hand_house_deal
WHERE custName IN ('张晶','钱佳','玉爱娟')
```

AND region = '浦东';

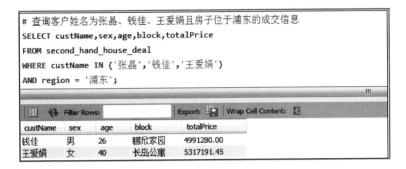

图 4-5　查询客户姓名为张晶、钱佳、王爱娟且房子位于浦东的成交信息

示例 4：查询中介二手房成交表 second_hand_house_deal 中位于高区且房屋面积小于 80 平方米的成交信息，返回字段包括 custName、sex、age、block 以及 totalPrice，查询结果如图 4-6 所示。

```
# 查询位于高区且面积小于 80 平方米的成交信息
SELECT custName,sex,age,block,totalPrice
FROM second_hand_house_deal
WHERE height LIKE '%高区%'
AND size < 80;
```

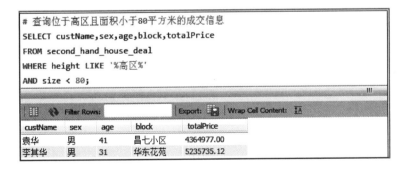

图 4-6　查询位于高区且面积小于 80 平方米的成交信息

示例 5：查询中介二手房成交表 second_hand_house_deal 中客户姓王或房屋面积大于 120 平方米的成交信息，返回字段包括 custName、sex、age、block 以及 totalPrice，查询结果如图 4-7 所示。

```
# 查询客户姓王或房屋面积大于 120 平方米的成交信息
SELECT custName,sex,age,block,totalPrice
FROM second_hand_house_deal
WHERE custName LIKE '王%' OR size > 120;
```

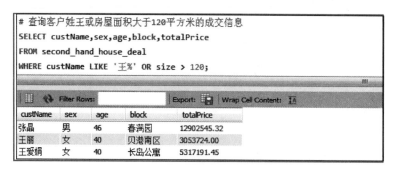

图 4-7　查询客户姓王或房屋面积大于 120 平方米的成交信息

提示：SELECT...FROM 语句主要针对表的列字段进行筛选，WHERE 主要通过各种条件约束对表的行记录进行筛选。通过二者的结合，可以获取原始表数据的子集。

4．GROUP BY

（1）关键字作用

GROUP BY 关键字用于聚合（或统计）时的分组操作，通常与聚合函数搭配使用（例如，统计某网站近半年每天的访问量，访问量的计算就是聚合过程，以天为单位的统计就是分组）。

（2）关键字语句用法

GROUP BY 关键字后面需要写入被分组的字段，根据实际应用场景，可以是一个分组字段，也可以是多个分组字段。

在实际工作中，数据的提取过程大多都会涉及分组统计，在 SQL 语法中可以使用的聚合函数有五种，具体见表 4-2。

表 4-2　五种聚合函数

聚合函数	功能
COUNT	返回指定列的值的数量（NULL 值不包括在计算中）
SUM	返回一列中数值的总和（NULL 值不包括在计算中）
AVG	返回一列中数值的平均值（NULL 值不包括在计算中）
MIN	返回一列中的最小值（NULL 值不包括在计算中）
MAX	返回一列中的最大值（NULL 值不包括在计算中）

从表 4-2 可以看出，数值型的数据可以通过这 5 个函数分别统计数量、总和、平均值、最小值和最大值。日期型的数据通常会使用 MIN 和 MAX 分别统计日期的最小值与最大值。字符型的数据通常会使用 COUNT 统计数量。

COUNT 函数有下列 4 种表达方式：COUNT(*)、COUNT(1)、COUNT(column_name)、COUNT(DISTINCT column_name)，它们都能统计数量，但是有一定的区别，具体的区别如下。

● COUNT(*)用来返回表格中所有存在的行的总数（包括某些列值为 NULL 的行）。

此外，优化器专门对它做了优化，并不会把全部字段取出来，而是直接按行累加数量。

- COUNT(1)也可以用来返回表格中所有存在的行的总数（包括某些列值为 NULL 的行）。它相当于在每一行放一个数字"1"，然后按行累加数量。
- COUNT(column_name)用来返回指定列的行数（不包括 column_name 列值为 NULL 的行）。如果指定的列是非空列（包括主键列），那么返回结果和 COUNT(*)、COUNT(1)是一样的，都是所有存在的行的总数。如果指定列存在空值，就仅对该列的非空值做行数统计。
- COUNT(DISTINCT column_name)用来返回指定列去重后的行数（不包括 column_name 列值为 NULL 的行）。DISTINCT 关键字表示去重，结合 COUNT 函数，就是先去重再计数。日常工作中经常用来统计某个维度下对应的人数。

示例 1：查询中介二手房成交表 second_hand_house_deal 中不同性别的人数、最大年龄、最小年龄、平均年龄以及年龄之和，查询结果如图 4-8 所示。

```
# 查询不同性别的人数、最大年龄、最小年龄、平均年龄以及年龄之和
SELECT sex,
    COUNT(*) AS "人数 1",
    COUNT(1) AS "人数 2",
    COUNT(custName) AS "人数 3",
    MAX(age) AS "最大年龄",
    MIN(age) AS "最小年龄",
    AVG(age) AS "平均年龄",
    SUM(age) AS "年龄之和"
FROM second_hand_house_deal
GROUP BY sex;    # 也可以写成 GROUP BY 1; 1 代表 SELECT 后面的第 1 列
```

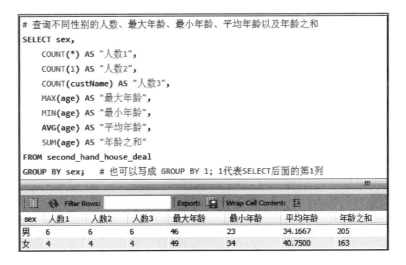

图 4-8　查询不同性别的人数以及年龄统计

图 4-8 为不同性别（sex）分组统计后的结果。由于本示例针对不同性别进行统计，因此需要将性别作为维度（非聚合字段），在 SQL 语句中，就是将该统计维度放在 GROUP BY 后面进行分组。

如果需要统计不同性别在不同区域的人数、最大年龄、最小年龄、平均年龄以及年龄之和，那么需要统计的维度不仅是性别（sex），还包括了不同区域（region）维度，这两个维度作为非聚合字段都要放在 GROUP BY 后面进行分组。

示例 2：查询中介二手房成交表 second_hand_house_deal 中不同性别在不同区域的人数、最大年龄、最小年龄、平均年龄以及年龄之和，查询结果如图 4-9 所示。

```sql
# 查询不同性别在不同区域的人数、最大年龄、最小年龄、平均年龄以及年龄之和
SELECT sex,
    region,
    COUNT(*) AS "人数 1",
    COUNT(1) AS "人数 2",
    COUNT(custName) AS "人数 3",
    MAX(age) AS "最大年龄",
    MIN(age) AS "最小年龄",
    AVG(age) AS "平均年龄",
    SUM(age) AS "年龄之和"
FROM second_hand_house_deal
GROUP BY 1,2;
```

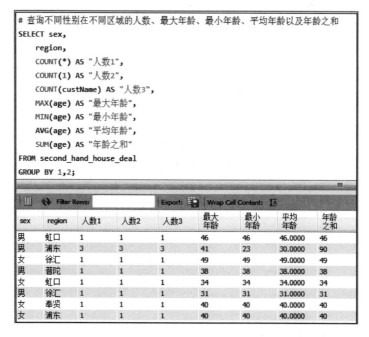

图 4-9　查询不同性别在不同区域的人数以及年龄统计

图 4-9 为不同性别在不同区域分组统计后的结果。如果需要统计更多维度，那么只需要

将该维度添加在 SELECT 与 FROM 之间，并在 GROUP BY 后面加上该维度（或用数字代表其对应的列位置）。

提示：当 SELECT 关键字后面同时包含非聚合字段和聚合字段时，需要将所有的非聚合字段写在 GROUP BY 关键字的后面，否则会出现语法错误。如果需要给已有字段或计算字段设置别名，则可以在字段后面写上 AS（alias 的缩写）并加上别名。

5．HAVING

（1）关键字作用

在没有 GROUP BY 分组的情况下，HAVING 关键字的作用与 WHERE 关键字相同，都可以实现数据的筛选。在有 GROUP BY 分组的情况下，HAVING 关键字可以直接对聚合函数进行筛选，而 WHERE 关键字后面不可以跟聚合函数的表达式。

（2）关键字语句用法

HAVING 关键字通常与 GROUP BY 联合使用，后面跟的是聚合函数（SUM、AVG、MAX 等）的表达式，用来筛选 GROUP BY 分组后的记录，而 WHERE 关键字则在聚合前筛选记录。

示例 1：查询中介二手房成交表 second_hand_house_deal 中性别为女性的成交信息，返回字段包括 custName、sex、age、block 以及 totalPrice，查询结果如图 4-10 所示。

```
# 查询性别为女性的成交信息（WHERE 筛选）
SELECT custName,sex,age,block,totalPrice
FROM second_hand_house_deal
WHERE sex = '女';
# 查询性别为女性的成交信息（HAVING 筛选）
SELECT custName,sex,age,block,totalPrice
FROM second_hand_house_deal
HAVING sex = '女';
```

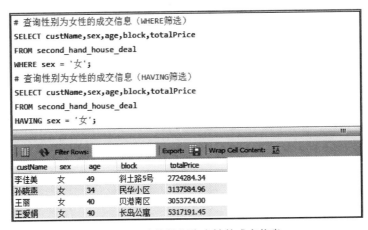

图 4-10　查询性别为女性的成交信息

如图 4-10 所示，在没有 GROUP BY 分组的情况下，HAVING 关键字的作用与 WHERE

关键字相同，都实现了对女性成交信息的筛选。但需要注意的是，HAVING 筛选的原始字段一定要出现在 SELECT 与 FROM 之间，否则会报错。例如，执行下面一段 SQL 脚本就会报错，如图 4-11 所示。

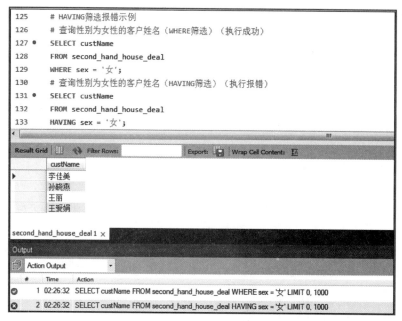

图 4-11　HAVING 筛选报错

示例 2：查询中介二手房成交表 second_hand_house_deal 中不同区域的人数大于 1 人的记录，查询结果如图 4-12 所示。

```
# 查询不同区域的人数大于 1 人的记录
SELECT region,
    COUNT(*) AS user_num
FROM second_hand_house_deal
GROUP BY 1
HAVING COUNT(*) > 1;
```

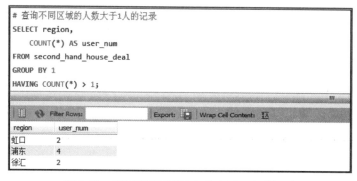

图 4-12　查询不同区域的人数大于 1 人的记录

示例 3：查询中介二手房成交表 second_hand_house_deal 中不同区域的人数大于 1 人且平均面积大于 80 平方米的记录，查询结果如图 4-13 所示。

```
# 查询不同区域的人数大于 1 人且平均面积大于 80 平方米的记录
SELECT region,
    COUNT(*) AS user_num,
    AVG(size) AS avg_size
FROM second_hand_house_deal
GROUP BY 1
HAVING (user_num> 1 AND avg_size> 80);      #HAVING 可以对别名约束，WHERE 不可以
```

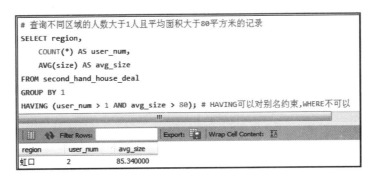

图 4-13　查询不同区域的人数大于 1 人且平均面积大于 80 平方米的记录

如图 4-13 所示，HAVING 关键字后面表达式中的 user_num 和 avg_size 都是计算字段的别名，也就是说，可以用别名代替字符较长的原始字段或计算字段，但 WHERE 关键字后面表达式中不能出现别名。

6. ORDER BY

（1）关键字作用

ORDER BY 关键字用于查询结果的排序，排序过程中可以按照某个或某些字段进行升序或降序的设置。

（2）关键字语句用法

ORDER BY 关键字后面需要写入指定排序的字段名称，多个字段之间需要用逗号隔开。默认情况是按照升序方式进行排序（ASC），如果需要以降序方式进行排序，就需要在字段名称后面加上关键字 DESC。

示例 1：查询中介二手房成交表 second_hand_house_deal 中地区为浦东的成交记录，返回字段包括 custName、sex、age、block 以及 totalPrice，返回结果按照性别升序、总价降序排列，查询结果如图 4-14 所示。

```
# 查询地区为浦东的成交记录，返回结果按照性别升序、总价降序排列
SELECT custName,sex,age,block,totalPrice
FROM second_hand_house_deal
WHERE region = '浦东'
ORDER BY sex,totalPrice DESC;      #可以写成 ORDER BY 2,5 DESC; 2、5 分别代表第 2、5 列
```

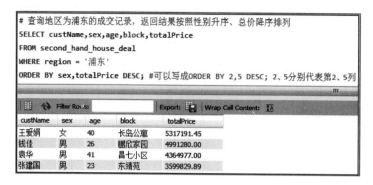

图 4-14 查询地区为浦东的成交记录，返回结果按照性别升序、总价降序排列

示例 2：查询中介二手房成交表 second_hand_house_deal 中不同性别在不同区域的平均年龄，返回结果按照性别升序、平均年龄降序排列，查询结果如图 4-15 所示。

```
# 查询不同性别在不同区域的平均年龄，返回结果按照性别升序、平均年龄降序排列
SELECT sex,
    region,
    AVG(age) AS avg_age
FROM second_hand_house_deal
    # GROUP BY 也可以写成 GROUP BY 1,2; 1、2 分别代表第 1 列、第 2 列
GROUP BY sex,region
    # ORDER BY 也可以写成 ORDER BY 1,3 DESC; 1、3 分别代表第 1 列、第 3 列
    # ORDER BY 也可以写成 ORDER BY sex,avg_age DESC;
ORDER BY sex,AVG(age) DESC;
```

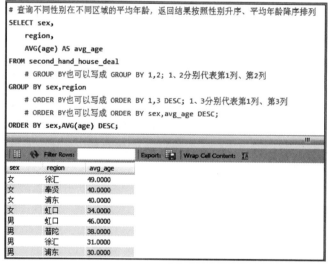

图 4-15 查询不同性别在不同区域的平均年龄，返回结果按照性别升序、平均年龄降序排列

提示：

● ORDER BY 关键字后面可以是原始字段、计算字段、别名或者数字。

- ORDER BY 关键字后面的原始字段、计算字段可以使用别名或者数字替代。数字代表 SELECT 与 FROM 之间字段的位置，也是查询结果集从左往右的列号。
- ORDER BY 关键字后面的原始字段、计算字段、别名或者数字从左往右的顺序是有意义的，放在前面的字段优先排序。例如，上面示例中的排序语句 "ORDER BY sex,avg_age DESC" 表示优先按照性别（sex）升序排列，在性别相同的情况下，按照平均年龄降序排列。
- 字段升序排列的关键字 ASC 可以省略，如果字段需要降序排列，关键字 DESC 则不能省略。

7. LIMIT

（1）关键字作用

LIMIT 关键字用于限定查询返回的记录行数，可以是前几行，也可以是中间几行，还可以是末尾几行（实际上，末尾几行与前几行是可以互相转换的，只需要修正排序方式）。

（2）关键字语句用法

LIMIT 关键字后面最多可以写入两个参数，该关键字的语法格式如下所示：

```
LIMIT offset,count
```

参数：
- offset 参数指定要返回的第一行的偏移量，第一行的偏移量为 0，而不是 1；
- count 指定要返回的最大行数。

如果 LIMIT 关键字后面只有一个参数 count，则表明仅指定了返回结果集的行数，并没有设定偏移量，此时偏移量默认为 0，语句 "LIMIT count" 相当于 "LIMIT 0,count"。

示例 1： 查询中介二手房成交表 second_hand_house_deal 中年龄从低到高排名前 5 的成交信息，返回字段包括 custName、sex、age、block 以及 totalPrice，查询结果如图 4-16 所示。

```
# 查询年龄从低到高排名前 5 的成交信息
SELECT custName,sex,age,block,totalPrice
FROM second_hand_house_deal
ORDER BY age
LIMIT 5;
```

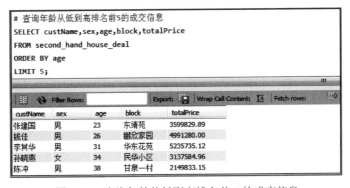

图 4-16　查询年龄从低到高排名前 5 的成交信息

示例 2：查询中介二手房成交表 second_hand_house_deal 中年龄从高到低排名第 2～4 的成交信息，返回字段包括 custName、sex、age、block 以及 totalPrice，查询结果如图 4-17 所示。

```
# 查询年龄从高到低排名第 2～4 的成交信息
SELECT custName,sex,age,block,totalPrice
FROM second_hand_house_deal
ORDER BY age DESC
LIMIT 1,3;
```

图 4-17　查询年龄从高到低排名第 2～4 的成交信息

从 LIMIT 关键字的两个示例中可以看出，LIMIT 配合 ORDER BY 可以实现获取依据某个字段排序之后的某个部分的结果集，结果集可以是排名前 N 名、倒数 N 名或者第 $M～N$ 名的数据。当然，如果在没有 ORDER BY 存在的情况下使用 LIMIT，则通常用来查看数据表的结构和存储的部分数据信息。

综上所述，单表查询中的七个核心关键字是数据查询中的基本关键字，读者一定要熟练掌握每个关键字的作用和语法。此外，在数据的查询过程中，还需要注意以下两点内容。

- 在数据查询中涉及字符型或日期时间型的值时，必须使用引号，而且引号只能是单引号。
- 七个核心关键字的顺序不能错乱，否则语句执行时会产生报错信息。

4.2 字段的处理查询

4.2.1 常量字段

常量指的是固定不变的值，例如，数字 3、字符串"abc"、日期"2022-06-01"等。SQL 语法支持在 SELECT 关键字后面直接加常量或常量的表达式，语法格式如下所示：

```
# 常量与常量计算
SELECT 3;
SELECT 3 + 5;
SELECT 3 > 5;
SELECT 'abc';
```

```
SELECT CONCAT('abc','ABC');   # CONCAT: 字符串拼接函数
SELECT "2022-06-01";
SELECT DATE_ADD("2022-06-01",INTERVAL 1 DAY);          # DATE_ADD: 日期计算函数
```

上面每一段脚本执行后的结果都是常量，那么 SQL 语法中的常量字段指的是什么呢？当 SQL 执行对数据表的查询时，SELECT 与 FROM 之间出现常量，该查询脚本的结果集就会出现常量字段。常量字段在结果集中是一列值固定不变的列，用来帮助实现标签辅助的功能，语法格式如下所示：

```
SELECT column_names,常量
FROM table_name;
```

示例 1： 查询中介二手房成交表 second_hand_house_deal 中所有女性的成交信息，返回字段包括 custName、sex、age、block 以及 totalPrice。此外，需要在查询的结果集上新增常量列，列标题为"组别"，列中的记录内容为"1 组"，查询结果如图 4-18 所示。

```
# 查询所有女性的成交信息且新增常量列字段"组别"
SELECT custName,sex,age,block,totalPrice,
    '1 组' AS 组别
FROM second_hand_house_deal
WHERE sex = '女';
```

图 4-18　查询所有女性的成交信息且新增常量列字段"组别"

示例 2： 查询中介二手房成交表 second_hand_house_deal 中所有男性的成交信息，返回字段包括 custName、sex、age、block 以及 totalPrice。此外，需要在查询的结果集上新增常量列，列标题为"男性平均年龄"，列中的记录内容为所有男性的平均年龄，查询结果如图 4-19 所示。

```
# 查询所有男性的成交信息且新增常量列字段"男性平均年龄"
SELECT custName,sex,age,block,totalPrice,
    (SELECT AVG(age)
    FROM second_hand_house_deal WHERE sex = '男') AS 男性平均年龄
FROM second_hand_house_deal
WHERE sex = '男';
```

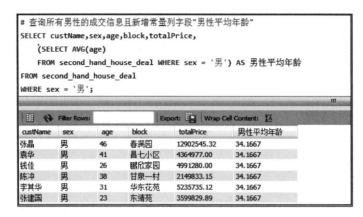

图 4-19 查询所有男性的成交信息且新增常量列字段"男性平均年龄"

从图 4-19 中可以看出，男性的平均年龄为 34.1667 岁，这里将 SELECT 子查询语句返回的结果作为常量并把它放置于 SELECT 和 FROM 这两个关键字之间。此处需要注意的是，SELECT 子查询语句返回的结果是一行，而且是一个固定不变的值。

4.2.2 字段的计算

字段的计算指的是字段内的原始数据需要进行处理才能实现查询的结果。通常基于表中的字段进行一系列处理，包括函数处理、数值计算、逻辑判断等，经过这些处理后，可以新增字段，也可以通过新增字段替代原先的字段。

示例 1：查询中介二手房成交表 second_hand_house_deal 中所有低区的成交信息，返回字段包括 custName、sex、age、block 以及 totalPrice，且新增一个字段，该字段计算的是所有房子截至 2022 年的房龄，查询结果如图 4-20 所示。

```
# 查询所有低区的成交信息且新增一个字段，该字段计算的是所有房子截至 2022 年的房龄
SELECT custName,sex,age,block,totalPrice,
    2022 - builtDate AS 截至 2022 年的房龄
FROM second_hand_house_deal
WHERE height LIKE '%低区%';
```

图 4-20 新增计算字段（所有房子截至 2022 年的房龄）

示例 2：查询中介二手房成交表 second_hand_house_deal 中所有低区的成交信息，返回字段包括 custName、sex、age、block 以及 totalPrice，且新增两个字段，第一个新增字段是给所有房子的面积加 10 平方米，第二个新增字段是对面积大小向上取整（取 10 的倍数），查询结果如图 4-21 所示。

```
# 新增两个字段，分别是给所有房子的面积加 10 平方米、对面积大小向上取整（取 10 的倍数）
SELECT custName,sex,age,block,totalPrice,
    size + 10 AS  面积加 10 平方米,
    CEILING(size / 10.0) * 10 AS  面积向上取整
FROM second_hand_house_deal
WHERE height LIKE '%低区%';
```

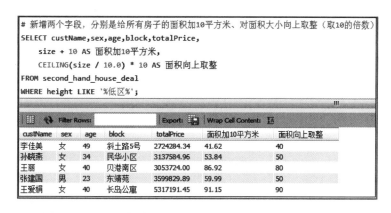

图 4-21　新增计算字段（面积加 10 平方米、面积向上取整）

4.2.3　字段的拼接

字段的拼接就是把多个字段拼接在一起，生成一个全新的字段。MySQL 中通常使用字符串拼接函数 CONCAT 来进行字段拼接。CONCAT 函数语法如下所示：

```
CONCAT(str1,str2,...)
```

参数：
● str1，必需，要拼接的第一个字符串；
● str2, ...，可选，要拼接的其他字符串。

从上面的语法格式中可以看出，该函数可以通过合并多个字符串生成一个全新的字符串。例如，CONCAT（'我'，'爱'，'中国'），结果返回字符串"我爱中国"。此外，CONCAT 函数也可以作用于字段，即对字段进行拼接。

示例 1：查询中介二手房成交表 second_hand_house_deal 中所有女性的成交信息，返回字段包括 custName、sex、age、block 以及 totalPrice，且将性别、年龄、区域拼接成一个新字段，查询结果如图 4-22 所示。

```
# 查询所有女性的成交信息且将性别、年龄、区域拼接成一个新字段
```

```
SELECT custName,sex,age,block,totalPrice,
    CONCAT(sex,age,block) AS sex_age_block
FROM second_hand_house_deal
WHERE sex ='女';
```

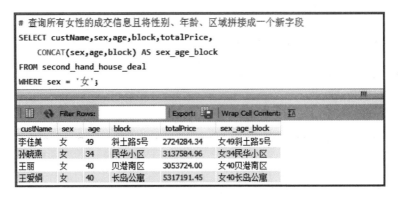

图 4-22　将性别、年龄、区域拼接成一个新字段

从图 4-22 中可以看出，CONCAT 函数将客户的性别、年龄、区域拼接成了一个新字段"sex_age_block"，但是新字段的内容区分度不是很好，尤其是当拼接的字段是同一个类型的时候，就很难区分开来。分隔符（例如，"@"符号）可用来进行字段内容的区分。增加分隔符（"@"符号）后的脚本如下所示：

```
# 查询所有女性的成交信息且将性别、年龄、区域拼接成一个新字段（使用分隔符"@"）
SELECT custName,sex,age,block,totalPrice,
    CONCAT(sex,'@',age,'@',block) AS sex_age_block
FROM second_hand_house_deal
WHERE sex ='女';
```

当然，如果需要拼接的字段较多且需要添加分隔符，CONCAT 函数就显得有点麻烦了。此时，可以用 CONCAT_WS 函数替代 CONCAT 函数来进行拼接。CONCAT_WS 函数语法如下所示：

```
CONCAT_WS(separator,str1,str2,...)
```

参数：

- separator，必需，分隔符。
- str1，必需，要拼接的第一个字符串。
- str2, ...，可选，要拼接的其他字符串。

示例 2：查询中介二手房成交表 second_hand_house_deal 中所有女性的成交信息，返回字段包括 custName、sex、age、block 以及 totalPrice，且将返回的所有字段拼接成一个新字段（使用分隔符"@"），查询结果如图 4-23 所示。

查询所有女性的成交信息且将返回的所有字段拼接成一个新字段（使用分隔符"@"）

```
SELECT custName,sex,age,block,totalPrice,
    CONCAT_WS('@',custName,sex,age,block,totalPrice) AS concat_column
FROM second_hand_house_deal
WHERE sex = '女';
```

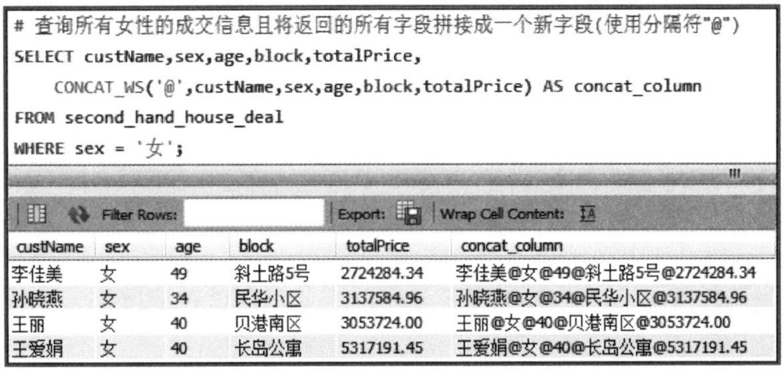

图 4-23　将返回的所有字段拼接成一个新字段

4.2.4　字段的别名

之前的章节中已提及字段别名，这里再给读者详细讲解一下。为字段起别名相当于为表中的列提供临时名称，这样做会使列名更具可读性。为字段指定别名用到的关键字是"alisa"，简写为"AS"。此外，"AS"关键字是可以省略的，但是不建议新手这样做，省略"AS"关键字可能会导致语句读起来不是很方便，容易出现混淆。

为字段指定别名的两个常见场景分别是提高脚本的简洁性和易读性、嵌套查询中指定子查询表字段别名，下面向读者详细介绍这两种使用场景。

1. 提高脚本的简洁性和易读性

一种情况是，SQL 脚本中有些字段（计算字段、拼接字段等）名称较长，可以用指定的别名简化字段名称，提高脚本的简洁性。4.1 节中曾提到过，HAVING 和 ORDER BY 关键字后面可以使用别名。另外一种情况是，SQL 查询的结果集中字段（计算字段、拼接字段等）名称较长或英文字符导致的阅读不方便，可以用指定的别名简化字段名称，提高结果集的易读性。

想要查询中介二手房成交表 second_hand_house_deal 中不同性别的客户人数以及成交的房子截至 2022 年的平均房龄，SQL 脚本中除性别（sex）字段以外，还有两个聚合字段，分别是人数"count(*)"和平均房龄"AVG(2022 - builtDate)"，查询结果如图 4-24 所示。

```
# 未指定别名
SELECT sex,
    COUNT(*),                # 可以指定别名 user_num
    AVG(2022 - builtDate)    # 可以指定别名 avg_date
FROM second_hand_house_deal
GROUP BY 1;
```

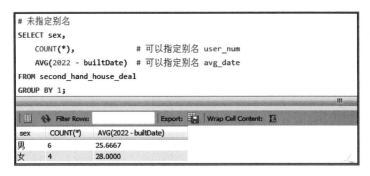

图 4-24 未指定别名的查询结果

从图 4-24 可以看出，由于查询脚本中未给聚合字段指定别名，因此导致最终展示的结果集中列标题字符串很长，阅读起来很不方便。因此，在这种情况下，需要给字段指定别名，指定别名的方法可以参照图 4-24 中的脚本注释部分。

当然，指定别名的方式可以提高脚本的简洁性。此外，由于数据库中表字段通常是英文字符，如果直接查询表中原始字段或计算后的字段，那么查询的结果集中列标题不具有易读性，可以通过"AS"关键字指定别名，该别名可以加单引号（''）或双引号（""）。例如，查询中介二手房成交表 second_hand_house_deal 中不同性别的客户人数以及成交的房子截至2022 年的平均房龄，查询结果如图 4-25 所示。

```
# 指定别名
SELECT sex AS '性别',      # 别名使用单引号（''）
    COUNT(*) AS "人数",      # 别名使用双引号（""）
    AVG(2022 - builtDate) AS 平均房龄
FROM second_hand_house_deal
GROUP BY 1;
```

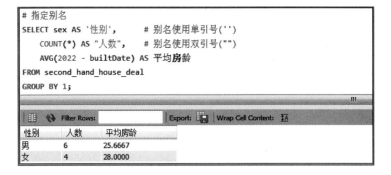

图 4-25 指定别名的查询结果

2. 嵌套查询中指定子查询表字段别名

在 SQL 嵌套查询中，需要给子查询表中的字段（常量字段、计算字段、拼接字段、聚合字段）和子查询表指定别名，除能够提高脚本的简洁性和易读性以外（同上），还能实现子查询中字段（计算字段、拼接字段等）的筛选，查询结果如图 4-26 所示。

```
# 嵌套查询中指定子查询表字段别名
SELECT tt.user_num,tt.avg_date
FROM (SELECT sex,
        COUNT(*) AS user_num,
        AVG(2022 - builtDate)    AS avg_date
    FROM second_hand_house_deal
    GROUP BY 1) AS tt;   # 子查询表指定别名，此处必须指定别名
```

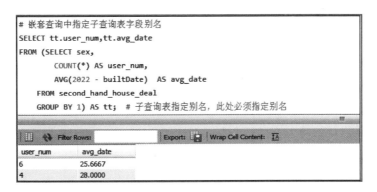

图 4-26　嵌套查询中指定子查询表字段别名

从图 4-26 中可以看出，该查询中子查询表字段指定了别名，使得外层嵌套查询时可以使用指定的别名字段"user_num"和"avg_date"，查询的结果集中列标题展示的也是指定的别名。

提示：在 MySQL 中设置别名时，如果没有特殊字符（空格、-、@等），则可以不用加引号，否则需要添加引号。例如，别名 user@num、user-num 都是不符合规范的，需要分别改成 'user@num' 'user-num'。

4.3　高级过滤字段查询

4.3.1　高级模糊匹配

在 3.1.3 节中，提到了关于 LIKE 关键字的使用方法，通过占位符百分号（"%"）和下画线（"_"）可以实现对字段内容的模糊匹配。但是，在复杂的模糊匹配场景下，LIKE 关键字的功能就显得比较薄弱了，此时，可以使用关键字 REGEXP 或 RLIKE 实现正则匹配。REGEXP 或 RLIKE 中常用的占位符有"|""^""$""[…]""[^…]""."""*""+""?""{n}""{n,}""{m,n}"，功能和用法如下。

- "|"：匹配字符串中使用"|"分隔开的字符。例如，REGEXP 'wa|al'，表示匹配的内容包含"wa"或"al"，匹配到的字符串可以是"wa""al""waves""alisa"。
- "^"：匹配字符串开头。例如，REGEXP '^c'，表示要以"c"开头，后面可以匹配任意字符，匹配到的字符串可以是"china""chen""cc""c"等。

- "$"：匹配字符串结尾。例如，REGEXP 'h$'，表示要以"h"结尾，前面可以匹配任意字符，匹配到的可以是"h""ah""mh""math"等。
- "[…]"：匹配"[ ]"内列出的任意字符。例如，REGEXP '^[cme]'，表示要以"c""m"或"e"开头，匹配到的可以是"c""chinese""math""english"等。
- "[^…]"：匹配"[ ]"内未列出的任意字符。例如，REGEXP '^[^cme]'，表示不要以"c""m"或"e"开头，匹配到的可以是"alisa""book""nick""jack"等。
- "."：匹配任意单个字符。例如，REGEXP 'a.k'，表示匹配的内容包含以"a"开头、以"k"结尾的字符串，匹配到的可以是"abk""afk""ajk""bajk"等。
- "*"：匹配前面的元素 0 次或多次。例如，REGEXP 'ac*k'，表示匹配的内容中字符"c"出现 0 次或多次，匹配到的可以是"ak""ack""acck""bacck"等。
- "+"：匹配前面的元素 1 次或多次。例如，REGEXP 'ac+k'，表示匹配的内容中字符"c"出现 1 次或多次，匹配到的可以是"ack""acck""accck""baccck"等。
- "?"：匹配前面的元素 0 次或 1 次。例如，REGEXP 'ac?k'，表示匹配的内容中字符"c"出现 0 次或 1 次，匹配到的可以是"ak""ack""back"等。
- "{n}"：匹配前面的元素 n 次。例如，REGEXP 'ac{2}k'，表示匹配的内容中字符"c"出现两次，匹配到的可以是"acck""bacck""jacck"等。
- "{n,}"：匹配前面的元素不少于 n 次。例如，REGEXP 'ac{2,}k'，表示匹配的内容中字符"c"出现至少两次，匹配到的可以是"acck""accck""jaccck"等。
- "{n,m}"：匹配前面的元素 n~m 次。例如，REGEXP 'ac{2,3}k'，表示匹配的内容中字符"c"出现至少 2 次，最多 3 次，匹配到的可以是"acck""jacck""accck""faccck"等。

下面以二手房成交表 second_hand_house_deal 为例，查询客户姓张、李、王，且房屋总价以奇数开头、偶数结尾的成交信息，返回字段包括 custName、sex、age、block 以及 totalPrice，查询结果如图 4-27 所示。

```
# 查询客户姓张、李、王，且房屋总价以奇数开头、偶数结尾的成交信息
SELECT custName,sex,age,block,totalPrice
FROM second_hand_house_deal
WHERE custName REGEXP '^[张李王]'
AND totalPrice REGEXP '^[13579].*[02468]$';
```

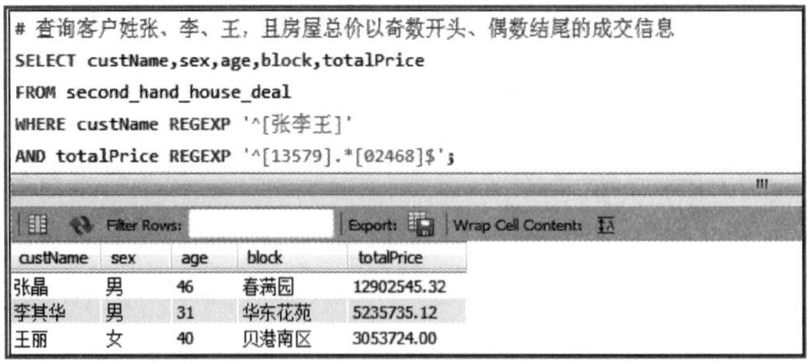

图 4-27　查询客户姓张、李、王，且房屋总价以奇数开头、偶数结尾的成交信息

4.3.2　多字段过滤查询

WHERE 关键字的知识点在 3.1 节和 4.1 节中都有提及，这里做一次全面的总结。WHERE 作为 SQL 查询中的高频关键字，是一个约束声明，用于约束数据，主要是在返回结果集之前起过滤作用。

WHERE 关键字后面跟的都是针对表中字段的约束条件，首先基于算术运算符（+、-、*、/、%）和比较运算符（>、<、<>、BETWEEN…AND、IN、LIKE、REGEXP、EXISTS 等）组合成逻辑表达式，再结合逻辑运算符（NOT、AND、OR）形成多个条件判断，实现对查询结果集的过滤操作。WHERE 的语法格式如下所示：

```
SELECT column_names
FROM table_name1
WHERE condition1    # condition 中可以使用算术运算符、比较运算符，也可以使用子查询语句
AND (condition2 OR condition3)
AND EXISTS (SELECT *
            FROM table_name2
            WHERE conditions)
…;
```

从上面的语法中可以看出，每一个 condition 都是一个独立的逻辑表达式，通常使用比较运算符进行逻辑表达式的判断。逻辑表达式主要分为以下 3 个类型。

- 范围筛选：比较运算符（>、<、<>、BETWEEN…AND、IN）主要用于字段的范围筛选。
- 子查询筛选：比较运算符（>、<、<>、BETWEEN…AND、IN）可以结合子查询语句，将子查询语句返回的数值内容作为关键字 IN 的筛选条件。详细示例见第 5 章中的嵌套查询。
- 关联筛选：比较运算符 EXISTS 可以作为连接相关子查询的关键字，用于判断查询子句是否有记录，如果有一条或多条记录存在，则返回 True，否则返回 False。详细示例见 3.1.3 节中的谓词。

此外，逻辑运算符（NOT、AND、OR）可以在 condition 的基础上进行组合判断，AND 关键字用于求交集，OR 关键字用于求并集，NOT 关键字用于求反集。依据多条件判断，可实现对表的多字段过滤查询。下面以二手房成交表 second_hand_house_deal 为例，查询男性客户姓张、李、王，且房屋总价以奇数开头、偶数结尾的成交信息或全部女性的成交信息，且年龄必须低于平均年龄，返回字段包括 custName、sex、age、block 以及 totalPrice，查询结果如图 4-28 所示。

```
/*** 查询男性客户姓张、李、王，且房屋总价以奇数开头、偶数结尾的成交信息
    或全部女性的成交信息，且年龄必须低于平均年龄
***/
SELECT custName,sex,age,block,totalPrice
FROM second_hand_house_deal
WHERE ((custName REGEXP '^[张李王]'
```

```
    AND totalPrice REGEXP '^[13579].*[02468]$'
    AND sex = '男')
  OR sex = '女')
AND age < (SELECT AVG(age) FROM second_hand_house_deal);
```

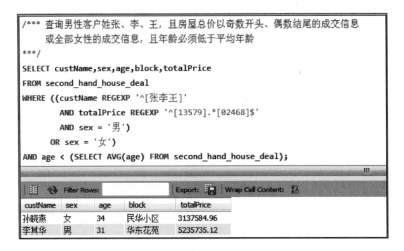

图 4-28　多字段过滤查询

　　从图 4-28 中可以看出，所有人的平均年龄为 36.8 岁，SELECT 子查询语句返回的平均年龄作为常量值可以放置于 SELECT 与 FROM 关键字之间，同时该子查询语句返回的结果作为常量值也可以放置于 WHERE 关键字后面的逻辑表达式中进行比较和筛选。

第 **5** 章

玩转 **SQL** 函数与语法——数据的
高级查询

为了帮助用户快速、高效地处理数据，数据库内置了很多函数，用户可以通过调用函数的方法实现数据的处理。不同数据库的函数有一定的差别，但总体差别不大，基本都涵盖了数值函数、字符串函数、日期和时间函数、格式类型转换函数、条件判断函数、非空处理函数等。本书使用的 MySQL 也涉及这几类常用函数。

本章用到的两张数据表都是门店电器零售相关的，分别为门店电器用户信息表 store_appliance_userinfo、门店电器零售交易表 store_appliance_order。门店电器用户信息表中的字段包含客户 ID、客户姓名、性别、年龄、城市和省份，门店电器零售交易表中的字段包含订单 ID、订单日期、客户 ID、产品 ID、产品名称、订单数量、单价和总价，字段解释分别见表 5-1 和表 5-2。

表 5-1　门店电器用户信息表的字段解释

字段名称	字段类型	字段解释
custID	INT	客户 ID
custName	VARCHAR(100)	客户姓名
sex	VARCHAR(100)	性别
age	INT	年龄
city	VARCHAR(100)	城市
province	VARCHAR(100)	省份

表 5-2　门店电器零售交易表的字段解释

字段名称	字段类型	字段解释
orderID	INT	订单 ID
orderDate	DATE	订单日期

字段名称	字段类型	字段解释
custID	INT	客户 ID
prodD	INT	产品 ID
prodName	VARCHAR(100)	产品名称
num	INT	订单数量
unitPrice	DECIMAL(10,2)	单价
totalPrice	DECIMAL(10,2)	总价

门店电器用户信息表 store_appliance_userinfo、门店电器零售交易表 store_appliance_order 的表结构创建以及数据记录插入的 SQL 脚本如下所示：

```
# 创建门店电器用户信息表
CREATE TABLE store_appliance_userinfo(
    custID INT,
    custNameVARCHAR(100),
    sex VARCHAR(100),
    age INT,
    city VARCHAR(100),
    province VARCHAR(100)
);
# 创建门店电器零售交易表
CREATE TABLE store_appliance_order(
    orderID INT,
    orderDate DATE,
    custID INT,
    prodD INT,
    prodName VARCHAR(100),
    num INT,
    unitPrice DECIMAL(10,2),
    totalPrice DECIMAL(10,2)
);
# 插入数据
INSERT INTO store_appliance_userinfo
VALUES (1001,'刘飞','男',34,'上海','上海'),
    (1002,'史坚利','男',26,'北京','北京'),
    (1003,'邓畅','女',48,'苏州','江苏'),
    (1004,'陈进','男',36,'上海','上海'),
    (1005,'张强','男',50,'杭州','浙江'),
    (1006,'吕红','女',33,'无锡','江苏'),
    (1007,'孙萍','女',22,'苏州','江苏'),
    (1008,'赵远洋','男',36,'上海','上海');
INSERT INTO store_appliance_order
    VALUES (200010,'2018-02-02',1001,3001,'电风扇',2,159,318),
    (200011,'2018-04-29',1001,3002,'电视机',2,3999,7998),
    (200012,'2018-07-19',1001,3003,'空调',3,1889.8,5669.4),
    (200013,'2018-10-03',1003,3004,'冰箱',2,2359.9,4719.8),
```

```
(200014,'2019-01-30',1003,3001,'电风扇',1,159,159),
(200015,'2019-04-08',1007,3002,'电视机',1,3999,3999),
(200016,'2019-08-17',1008,3004,'冰箱',1,2359.9,2359.9),
(200017,'2020-01-14',1009,3001,'电风扇',2,159,318);
```

5.1 SQL 常用函数

5.1.1 数值函数

数值函数是用来对数值进行处理的函数，主要包括随机函数 RAND，数学运算函数 ABS、MOD、POWER，四舍五入、向上向下取整的 CEILING、FLOOR、ROUND、TRUNCATE 等。对于日常工作中的数值模拟或样本随机分配，可以选择使用随机函数 RAND 来进行处理。对于用户年龄分段、金额分段，可以选择 CEILING、FLOOR 函数来进行处理。下面通过示例对常用的数值函数进行说明。

1．ABS

功能：返回数字的绝对值。

语法：ABS(number)

参数：number 是必需的，需要计算其绝对值的实数。

示例：计算数值-5、0、5 的绝对值。

在执行查询窗口输入以下 SQL 查询语句：

```
SELECT ABS(-5),
    ABS(0),
    ABS(5);
```

执行结果如图 5-1 所示。

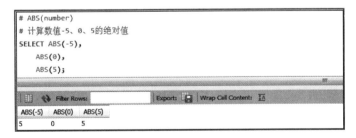

图 5-1 ABS 函数

2．MOD

功能：返回两数相除的余数。

语法：MOD(number, divisor)

参数：

● number，必需，要计算余数的被除数；

● divisor，必需，作为除数。

示例：计算 10 除以 3 的余数。

在执行查询窗口输入以下 SQL 查询语句：

```
SELECT MOD(10,3),
    10 % 3,
    10 MOD 3;
```

执行结果如图 5-2 所示。

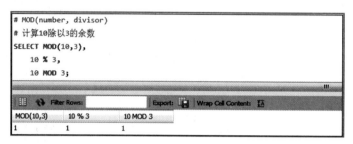

图 5-2　MOD 函数

3. POWER、POW

功能：返回数字乘幂的结果。

语法：

● POWER(number, power)

● POW(number, power)

参数：

● number，必需，作为基数；

● power，必需，基数乘幂运算的指数。

示例：计算 2 的 3 次幂。

在执行查询窗口输入以下 SQL 查询语句：

```
SELECT POWER(2,3),
    POW(2,3);
```

执行结果如图 5-3 所示。

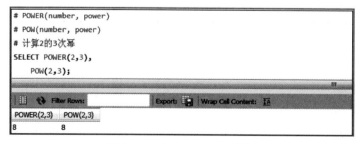

图 5-3　POWER、POW 函数

提示：POWER 函数的功能与 POW 函数一样。

4．CEIL、CEILING

功能：将参数 number 向上舍入为最接近的整数。

语法：

- CEIL(number)
- CEILING(number)

参数：number 是必需的，是要舍入的值。

示例：将-2.5、2.5 向上舍入为最接近的整数，将 25、38 向上舍入为最接近的 10 的倍数。

在执行查询窗口输入以下 SQL 查询语句：

```
SELECT CEIL(-2.5),
    CEIL(2.5),
    CEILING(-2.5),
    CEILING(2.5),
    CEILING(25/10.0)*10,
    CEILING(38/10.0)*10;
```

执行结果如图 5-4 所示。

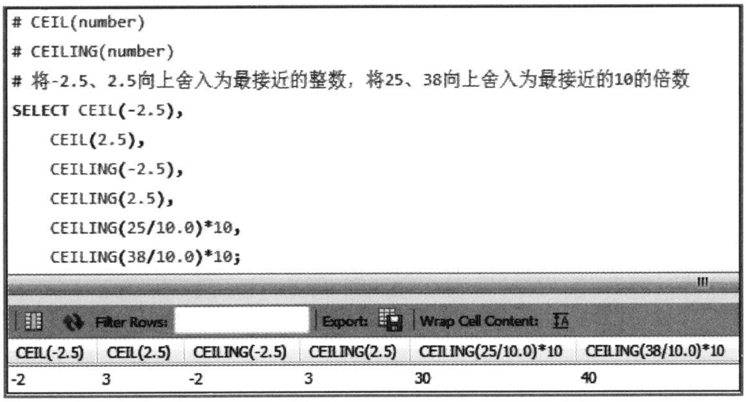

图 5-4　CEIL、CEILING 函数

提示：CEIL 函数的功能与 CEILING 函数一样。

5．FLOOR

功能：将参数 number 向下舍入为最接近的整数。

语法：FLOOR(number)

参数：number 是必需的，是要舍入的值。

示例：将-2.5、2.5 向下舍入为最接近的整数，将 25、38 向下舍入为最接近的 10 的倍数。

在执行查询窗口输入以下 SQL 查询语句：

```
SELECT FLOOR(-2.5),
    FLOOR(2.5),
    FLOOR(25/10.0)*10,
    FLOOR(38/10.0)*10;
```

执行结果如图 5-5 所示。

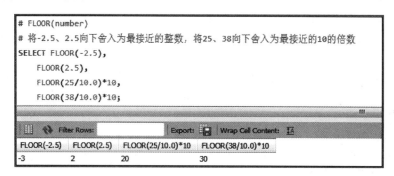

图 5-5　FLOOR 函数

6．RAND

功能：RAND 返回一个大于或等于 0 且小于 1 的平均分布的随机实数。每次计算都会返回一个新的随机实数。

语法：RAND()

参数：无参数。

示例：随机生成一个 0~1 之间的实数，随机生成一个 1~100 之间的实数。

在执行查询窗口输入以下 SQL 查询语句：

```
SELECT RAND(),
    RAND()*100;
```

执行结果如图 5-6 所示。

图 5-6　RAND 函数

7．ROUND

功能：ROUND 将数字四舍五入到指定的位数。

语法：ROUND(number, num_digits)

参数：

● number，必需，是要四舍五入的数字；

● num_digits，必需，是要进行四舍五入运算的位数。

示例：将 354.159 四舍五入到两个小数位数、0 个小数位数，以及在小数点左侧两位进行四舍五入。

在执行查询窗口输入以下 SQL 查询语句：

```
SELECT ROUND(354.159,2),
    ROUND(354.159,0),
    ROUND(354.159,-2);
```

执行结果如图 5-7 所示。

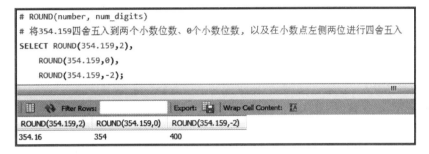

图 5-7　ROUND 函数

提示：

● 如果 num_digits 大于 0，则将数字四舍五入到指定的小数位数;

● 如果 num_digits 等于 0，则将数字四舍五入到最接近的整数;

● 如果 num_digits 小于 0，则将数字四舍五入到小数点左边的相应位数（如-2 表示取整到百位数）。

8．TRUNCATE

功能：TRUNCATE 将数字截取到指定的位数。

语法：TRUNCATE(number, num_digits)

参数：

● number，必需，是要截取的数字；

● num_digits，必需，是要进行截取运算的位数。

示例：将 354.159 截取到两个小数位数、0 个小数位数、小数点左侧两位。

在执行查询窗口输入以下 SQL 查询语句：

```
SELECT TRUNCATE(354.159,2),
    TRUNCATE(354.159,0),
    TRUNCATE(354.159,-2);
```

执行结果如图 5-8 所示。

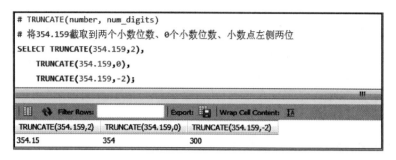

图 5-8　TRUNCATE 函数

提示：

● 如果 num_digits 大于 0，则将数字截取到指定的小数位数；

● 如果 num_digits 等于 0，则将数字截取到整数；

● 如果 num_digits 小于 0，则将数字截取到小数点左边的相应位数。

5.1.2　字符串函数

字符串函数是用来对字符串进行处理的函数，主要包括长度计算函数 LENGTH，字母大小转换函数 UPPER、LOWER，字符串拼接函数 CONCAT、CONCAT_WS，字符串截取函数 LEFT、RIGHT、SUBSTRING，字符串替换函数 REPLACE、INSERT，字符串查找函数 INSTR、POSITION、LOCATE，字符串移除函数 TRIM，字符串反转函数 REVERSE。日常工作中会经常用到字符串拼接、截取、查找、替换等函数。下面通过示例对常用的字符串函数进行说明。

1. LENGTH

功能：LENGTH 返回字符串的字节长度。

语法：LENGTH(str)

参数：str，必需，要计算字节长度的字符串。

示例：计算字符串 'alisa''wave''数据' 的字节长度。

在执行查询窗口输入以下 SQL 查询语句：

```
SELECT LENGTH('alisa'),
    LENGTH('wave'),
    LENGTH('数据');
```

执行结果如图 5-9 所示。

提示：

● 英文字符的个数和所占的字节数相同，一个字符占 1 个字节；

● 中文字符的个数和所占的字节数不同，一个字符占 3 个字节。

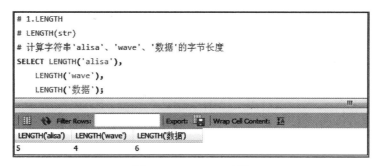

图 5-9　LENGTH 函数

2．UPPER、LOWER、UCASE、LCASE

功能：

● UPPER、UCASE 将字符串转换为大写字母；

● LOWER、LCASE 将字符串转换为小写字母。

语法：

● UPPER(str)

● LOWER(str)

● UCASE(str)

● LCASE(str)

参数： str，必需，要转换为大写或小写字母的字符串。

示例： 将字符串'Data Analysis'中的字母转换为大写字母或小写字母。

在执行查询窗口输入以下 SQL 查询语句：

```
SELECT UPPER('Data Analysis'),
    LOWER('Data Analysis'),
    UCASE('Data Analysis'), # 同 UPPER
    LCASE('Data Analysis'); # 同 LOWER
```

执行结果如图 5-10 所示。

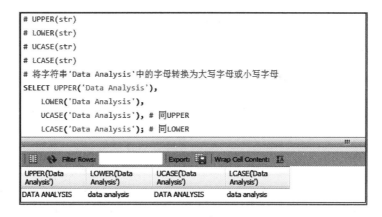

图 5-10　UPPER、LOWER、UCASE 和 LCASE 函数

3．CONCAT、CONCAT_WS

功能：

- CONCAT 将两个或多个字符串连接为一个字符串；
- CONCAT_WS 通过分隔符将两个或多个字符串连接为一个字符串。

语法：

- CONCAT(str1,str2,...)
- CONCAT_WS(str1,str2,...)

参数：

- str1，必需，要连接的第一个字符串；
- str2，可选，要连接的其他字符串。

示例：

1）将'我''爱''分析'连接成一个字符串；

2）将'I''Like''Analysis'连接成一个字符串，各子字符串之间用空格隔开。

在执行查询窗口输入以下 SQL 查询语句：

```
SELECT CONCAT('我','爱','分析'),
    CONCAT_WS(' ','I','Like','Analysis');
```

执行结果如图 5-11 所示。

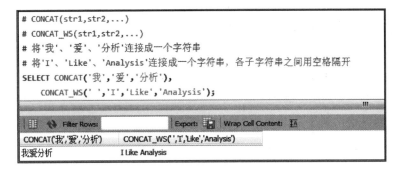

图 5-11　CONCAT、CONCAT_WS 函数

4．LEFT、RIGHT

功能：

- LEFT 从字符串的第一个字符开始返回指定个数的字符；
- RIGHT 根据指定的字符数返回字符串中最后一个或多个字符。

语法：

- LEFT(str,len)
- RIGHT(str,len)

参数：

- str，必需，要提取字符的字符串；

● len，必需，指定提取的字符数量。

示例：截取字符串'Analysis'的前 3 个字符、最后 3 个字符。

在执行查询窗口输入以下 SQL 查询语句：

```
SELECT  LEFT('Analysis',3),
    RIGHT('Analysis',3);
```

执行结果如图 5-12 所示。

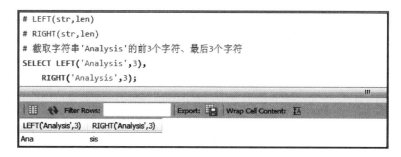

图 5-12　LEFT、RIGHT 函数

5．SUBSTRING

功能：SUBSTRING 返回字符串中从指定位置开始的特定数目的字符。

语法：

● SUBSTRING(str,pos)

● SUBSTRING(str FROM pos)

● SUBSTRING(str,pos,len)

● SUBSTRING(str FROM pos FOR len)

参数：

● str，必需，要提取字符的字符串；

● pos，必需，字符串中要提取字符串的起始位置；

● len，可选，字符串中要截取的字符个数。

示例：

1）截取字符串'#数据#分析#'中的'分析#'；

2）截取字符串'#数据#分析#'中的'分析'。

在执行查询窗口输入以下 SQL 查询语句：

```
SELECT SUBSTRING('#数据#分析#',5),
    SUBSTRING('#数据#分析#',-3),
    SUBSTRING('#数据#分析#' FROM -3),
    # 截取'分析'
    SUBSTRING('#数据#分析#',5,2),
    SUBSTRING('#数据#分析#',-3,2),
    SUBSTRING('#数据#分析#' FROM -3 FOR 2);
```

执行结果如图 5-13 所示。

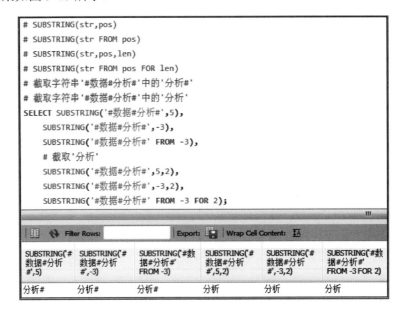

图 5-13　SUBSTRING 函数

提示：

● 参数 pos 可以为负值，负值表示从右往左的顺序，例如，pos = -3，表示起始位置是字符串从右往左的第 3 个位置，也就是倒数第 3 个字符；

● 参数 len 可以省略，如果省略，则表示从 pos 起始位置向右的字符串全部都要提取。

6．REPLACE

功能：REPLACE 用于在某一字符串中替换指定的字符串，将 from_str 替换成 to_str。

语法：REPLACE(str,from_str,to_str)

参数：

● str，必需，要替换其中字符的字符串；

● from_str，必需，要替换的字符串；

● to_str，必需，替换 from_str 的字符串。

示例：

1）将字符串'#数据#分析#'中的'数据'替换为'Data'；

2）将字符串'#数据#分析#'中的'#'替换为'@'。

在执行查询窗口输入以下 SQL 查询语句：

```
SELECT REPLACE('#数据#分析#','数据','Data'),
    REPLACE('#数据#分析#','#','@');
```

执行结果如图 5-14 所示。

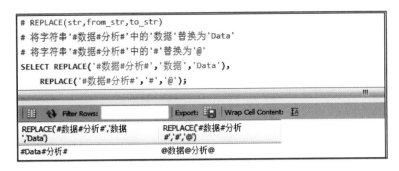

图 5-14　REPLACE 函数

7. INSERT

功能：根据指定字符数，INSERT 将部分字符串替换为不同的字符串。

语法：INSERT(str,pos,len,newstr)

参数：

● str，必需，要替换其中字符的字符串；

● pos，必需，str 中要替换为 newstr 的字符起始位置；

● len，必需，使用 newstr 来进行替换的字符数；

● newstr，必需，替换 str 中字符的字符串。

示例：

1）将字符串'#数据#分析#'中的'数据'替换为'Data'；

2）将手机号码'11813813888'中间的五位数字替换为'*****'。

在执行查询窗口输入以下 SQL 查询语句：

```
SELECT INSERT('#数据#分析#',2,2,'Data'),
    INSERT('11813813888',4,5,'*****');
```

执行结果如图 5-15 所示。

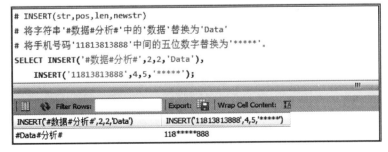

图 5-15　INSERT 函数

提示：

● REPLACE 与 INSERT 都有字符串替换功能，二者的区别：REPLACE 通过查找字符串进行替换，而 INSERT 根据指定位置和字符长度进行替换；

● INSERT 除作为替换函数以外，还可以结合 INTO 组成 INSERT INTO 关键字，向数据表中插入数据。

8．INSTR、POSITION、LOCATE

功能：在字符串中查找子字符串的位置。

语法：

● INSTR(str,substr)
● POSITION(substr IN str)
● LOCATE(substr,str,[pos])

参数：

● str，必需，包含要查找子字符串的字符串；
● substr，必需，要查找的子字符串；
● pos，可选，指定开始进行查找的字符的位置，如果省略，则默认为1。

示例：找出字符串'#数据#分析#'中'数据'、第一个'#'、第二个'#'的位置。

在执行查询窗口输入以下 SQL 查询语句：

```
SELECT INSTR('#数据#分析#','数据'),
    POSITION('#' IN '#数据#分析#'),   # 查找第一个'#'位置
    LOCATE('#','#数据#分析#'),        # 查找第一个'#'位置
    LOCATE('#','#数据#分析#',2);      # 查找第二个'#'位置
```

执行结果如图 5-16 所示。

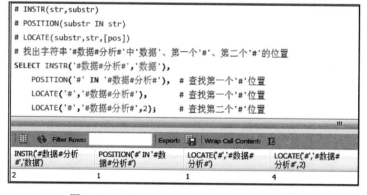

图 5-16　INSTR、POSITION、LOCATE 函数

提示：INSTR、POSITION、LOCATE 都有查找字符串位置的功能，但 LOCATE 可以增加 pos 参数，指定开始进行查找的字符的位置。

9．TRIM

功能：根据指定参数，移除字符串左侧、右侧、两端的空格或指定字符串。

语法：

● TRIM([remstr FROM] str)

● TRIM([{BOTH | LEADING | TRAILING} [remstr] FROM] str)

参数：

● str，必需，要从中移除空格或指定字符串的字符串；

● BOTH，可选，指定移除两端空格或字符串；

● LEADING，可选，指定移除左侧空格或字符串；

● TRAILING，可选，指定移除右侧空格或字符串。

示例：

1）将字符串 ' 数据 分析 数据 ' 中两端空格字符去掉；

2）将字符串 ' 数据 分析 数据 ' 中所有空格字符去掉；

3）将字符串 '数据分析数据' 中的 '数据' 去掉。

在执行查询窗口输入以下 SQL 查询语句：

```
SELECT TRIM(' 数据 分析 数据 '),              # 去掉两端空格
    REPLACE(' 数据 分析 数据 ',' ',''),          # 去掉所有空格
    TRIM(BOTH '数据' FROM '数据分析数据'),
    TRIM(LEADING '数据' FROM '数据分析数据'),
    TRIM(TRAILING '数据' FROM '数据分析数据');
```

执行结果如图 5-17 所示。

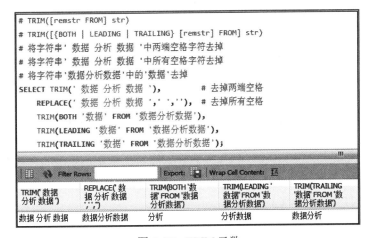

图 5-17　TRIM 函数

提示：

● TRIM 可以移除左侧、右侧、两端的空格或指定字符串，但不能移除字符串中间的空格或字符串，如果需要移除字符串中间的空格或字符串，则需要使用 REPLACE 函数；

● TRIM 中仅有一个参数 str，代表移除字符串两端的空格。

10．REVERSE

功能：将字符串中的字符反转，返回与原始字符串顺序相反的字符串。

语法：REVERSE(str)

参数：str，必需，要反转的字符串。

示例：将字符串'#数据#分析#'、'Analysis'中字符顺序反转。

在执行查询窗口输入以下 SQL 查询语句：

```
SELECT REVERSE('#数据#分析#'),
    REVERSE('Analysis');
```

执行结果如图 5-18 所示。

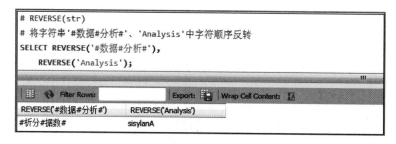

图 5-18　REVERSE 函数

5.1.3　日期和时间函数

日期和时间函数是用来对日期和时间进行处理的函数，主要包括获取当前日期和时间的 CURRENT_DATE、CURRENT_TIME 函数，返回日期的年份、月份、天数的 YEAR、MONTH、DAY 函数，返回时间的小时、分钟、秒数的 HOUR、MINUTE、SECOND 函数，返回星期几的 WEEKDAY 函数，返回一年中第几周的 WEEK、WEEKOFYEAR 函数，返回向日期加上指定时间间隔的 TIMESTAMPADD 函数，返回两个日期间隔的年份、月份、天数的 TIMESTAMPDIFF 函数等。在日常工作中涉及日期和时间处理的时候，就需要使用这些日期和时间函数对数据进行快速处理。下面通过示例对常用的日期和时间函数进行说明。

1．CURRENT_DATE、CURDATE

功能：返回系统当前日期。

语法：

- CURRENT_DATE
- CURRENT_DATE()
- CURDATE()

参数：无参数。

示例：返回系统当前日期。

在执行查询窗口输入以下 SQL 查询语句：

```
SELECT CURRENT_DATE,
    CURRENT_DATE(),
```

```
CURDATE();
```

执行结果如图 5-19 所示。

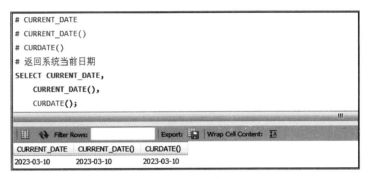

图 5-19　CURRENT_DATE、CURDATE 函数

提示：CURRENT_DATE 可以带括号，也可以不带括号，两种形式都能返回系统当前日期。

2．CURRENT_TIME、CURTIME

功能：返回系统当前时间。

语法：

- CURRENT_TIME
- CURRENT_TIME()
- CURTIME()

参数：无参数。

示例：返回系统当前时间。

在执行查询窗口输入以下 SQL 查询语句：

```
SELECT CURRENT_TIME,
    CURRENT_TIME(),
    CURTIME();
```

执行结果如图 5-20 所示。

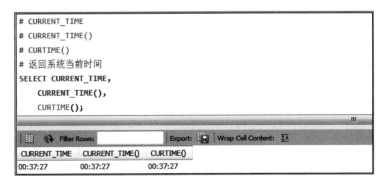

图 5-20　CURRENT_TIME、CURTIME 函数

提示：CURRENT_TIME 可以带括号，也可以不带括号，两种形式都能返回系统当前时间。

3. NOW、CURRENT_TIMESTAMP、SYSDATE

功能：返回系统当前的日期和时间。

语法：

- NOW()
- CURRENT_TIMESTAMP
- CURRENT_TIMESTAMP()
- SYSDATE()

参数：无参数。

示例：返回当前系统时间。

在执行查询窗口输入以下 SQL 查询语句：

```
SELECT NOW(),                   # SQL 开始执行时间
    CURRENT_TIMESTAMP,          # SQL 开始执行时间
    CURRENT_TIMESTAMP(),        # SQL 开始执行时间
    SYSDATE();                  # 该函数执行时间
```

执行结果如图 5-21 所示。

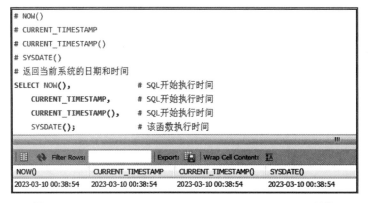

图 5-21　NOW、CURRENT_TIMESTAMP、SYSDATE 函数

提示：

- CURRENT_TIMESTAMP 可以带括号，也可以不带括号，两种形式都能返回系统当前日期和时间。
- NOW、CURRENT_TIMESTAMP 返回的是 SQL 开始执行的时间，而 SYSDATE 返回的是该函数执行时间。

4. YEAR、QUARTER、MONTH、DAY

功能：YEAR 返回日期对应的年份；QUARTER 返回日期在一年中对应的季度，季度是 1～4 之间的整数；MONTH 返回日期在一年中的月份，月份是 1～12 之间的整数；DAY 返回以序列数表示的某日期的天数，天数是 1～31 之间的整数。

语法：

- YEAR(date)
- QUARTER(date)
- MONTH(date)
- DAY(date)

参数：date，必需，用于计算年份、季度、月份、天数对应的日期。

示例：计算日期 2022 年 6 月 1 日对应的年、季、月、日。

在执行查询窗口输入以下 SQL 查询语句：

```
SELECT YEAR('2022-06-01'),
    QUARTER('2022-06-01'),
    MONTH('2022-06-01'),
    DAY('2022-06-01');
```

执行结果如图 5-22 所示。

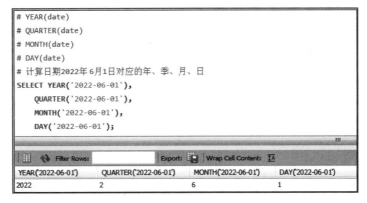

图 5-22　YEAR、QUARTER、MONTH、DAY 函数

5．HOUR、MINUTE、SECOND

功能：HOUR 返回时间对应的小时数，小时数是 0～23 之间的整数；MINUTE 返回时间对应的分钟数，分钟数是一个 0～59 之间的整数；SECOND 返回时间对应的秒数，秒数是 0～59 范围内的整数。

语法：

- HOUR(time)
- MINUTE(time)
- SECOND(time)

参数：time，必需，用于计算小时数、分钟数、秒数的时间。

示例：计算时间 10 点 55 分 30 秒对应的时、分、秒。

在执行查询窗口输入以下 SQL 查询语句：

```
SELECT HOUR('10:55:30'),
    MINUTE('10:55:30'),
```

SECOND('10:55:30');

执行结果如图 5-23 所示。

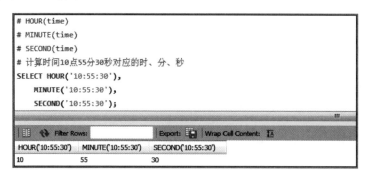

图 5-23　HOUR、MINUTE、SECOND 函数

6．DAYOFWEEK、DAYOFMONTH、DAYOFYEAR

功能：DAYOFWEEK 返回日期在一周中天的索引（位置）；DAYOFMONTH 返回日期在一个月中是第几天，值是 1～31 之间的整数；DAYOFYEAR 返回日期在一年中是第几天，值是 1～366 之间的整数。

语法：

- DAYOFWEEK(date)
- DAYOFMONTH(date)
- DAYOFYEAR(date)

参数：date，必需，用于计算在周度、月度、年度中天的索引（位置）的日期。

示例：计算日期 2022 年 6 月 1 日在周度、月度、年度中天的索引（位置）。

在执行查询窗口输入以下 SQL 查询语句：

```
SELECT DAYOFWEEK('2022-06-01'),
    DAYOFMONTH('2022-06-01'),
    DAYOFYEAR('2022-06-01');
```

执行结果如图 5-24 所示。

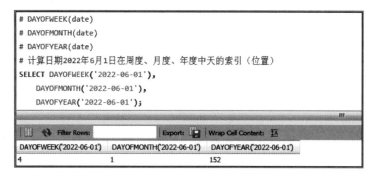

图 5-24　DAYOFWEEK、DAYOFMONTH、DAYOFYEAR 函数

提示：

● DAYOFWEEK 返回日期在一周中天的索引（位置），1 代表周日，2 代表周一……7 代表周六，2022 年 6 月 1 日是周三，因此使用 DAYOFWEEK 时返回的结果是 4；

● DAYOFMONTH 与 DAY 功能相同，都是用来返回日期在一个月中是第几天，值是 1～31 之间的整数。

7．WEEK、WEEKOFYEAR

功能：返回日期在一年中是第几周，值是 0～53 或 1～53 之间的整数。

语法：

● WEEK(date,[mode])

● WEEKOFYEAR(date)

参数：

● date，必需，用于计算在一年中周的索引（位置）的日期；

● mode，可选，用来确定周数计算的逻辑，可以指定本周是从星期一还是星期日开始，返回的周数在 0～53 或 1～53 之间。

mode 参数可以省略，此时 WEEK 函数将使用 default_week_format 系统变量的值。如果要获取 default_week_format 变量的当前值，则可以使用语句 SHOW VARIABLES LIKE 'default_week_format'，通常默认为 0。mode 的每个值表示的含义见表 5-3。

表 5-3　参数 mode 的值及其含义

模式	一周的第一天	范围	含义
0	星期日	0～53	从本年的第一个星期日开始，视为第一周
1	星期一	0～53	第一周能超过 3 天，那么视为本年的第一周
2	星期日	1～53	从本年的第一个星期日开始，视为第一周
3	星期一	1～53	第一周能超过 3 天，那么视为本年的第一周
4	星期日	0～53	第一周能超过 3 天，那么视为本年的第一周
5	星期一	0～53	从本年的第一个星期一开始，视为第一周
6	星期日	1～53	第一周能超过 3 天，那么视为本年的第一周
7	星期一	1～53	从本年的第一个星期一开始，视为第一周

示例：计算日期 2022 年 1 月 1 日在一年中周的索引（位置）。

在执行查询窗口输入以下 SQL 查询语句：

```
SELECT WEEK('2022-01-01') AS mode_default,
    WEEK('2022-01-01',0) AS mode_0,
    WEEK('2022-01-01',1) AS mode_1,
    WEEK('2022-01-01',2) AS mode_2,
    WEEK('2022-01-01',3) AS mode_3,
    WEEK('2022-01-01',4) AS mode_4,
    WEEK('2022-01-01',5) AS mode_5,
    WEEK('2022-01-01',6) AS mode_6,
```

WEEK('2022-01-01',7) AS mode_7,
WEEKOFYEAR('2022-01-01') as weekofyear;

执行结果如图 5-25 所示。

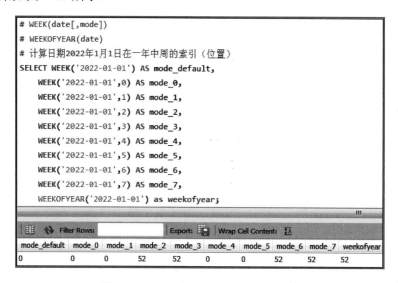

图 5-25　WEEK、WEEKOFYEAR 函数

提示：WEEKOFYEAR 的功能与 WEEK(date,3) 相同，二者返回的结果一致。

8．WEEKDAY

功能：返回日期在一周中天的索引（位置）。

语法：WEEKDAY(date)

参数：date，必需，用于计算在一周中天的索引（位置）的日期。

示例：计算日期 2022 年 6 月 1 日在一周中天的索引（位置）。

在执行查询窗口输入以下 SQL 查询语句：

```
SELECT WEEKDAY('2022-06-01'),
    DAYOFWEEK('2022-06-01');
```

执行结果如图 5-26 所示。

图 5-26　WEEKDAY 函数

提示：

● WEEKDAY 返回日期在一周中天的索引（位置），0 代表周一，1 代表周二……6 代表周日，2022 年 6 月 1 日是周三，因此使用 WEEKDAY 时返回的结果是 2;

● WEEKDAY 的功能与 DAYOFWEEK 相似，都是用来返回日期在一周中天的索引（位置），但二者的索引编号不一致。

9．MONTHNAME、DAYNAME

功能： MONTHNAME 返回日期对应的月份的英文名称；DAYNAME 返回日期对应的星期几的英文名称。

语法：

● MONTHNAME(date)

● DAYNAME(date)

参数： date，必需，用于计算月份、星期几的英文名称的日期。

示例： 计算日期 2022 年 6 月 1 日对应的月份、星期几的英文名称。

在执行查询窗口输入以下 SQL 查询语句：

```
SELECT MONTHNAME('2022-06-01'),
    DAYNAME('2022-06-01');
```

执行结果如图 5-27 所示。

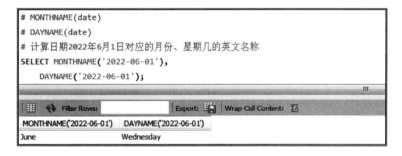

图 5-27　MONTHNAME、DAYNAME 函数

10．DATE_ADD、ADDDATE

功能： 返回向日期加上指定时间间隔后的时间。

语法：

● DATE_ADD(date,INTERVAL expr unit)

● ADDDATE(date,INTERVAL expr unit)

● ADDDATE(expr,days)

参数：

● date，必需，用于加上指定时间间隔的日期或时间；

● expr，必需，指定向开始日期加上的时间间隔值，可以为负值；

● unit，必需，表达式的单位，其值表示的含义见表 5-4。

表 5-4 参数 unit 的值及其含义

unit 的值	含义
MICROSECOND	微秒
SECOND	秒
MINUTE	分钟
HOUR	小时
DAY	天
WEEK	周
MONTH	月
QUARTER	季度
YEAR	年
SECOND_MICROSECOND	秒_微秒
MINUTE_MICROSECOND	分钟_微秒
MINUTE_SECOND	分钟_秒
HOUR_MICROSECOND	小时_微秒
HOUR_SECOND	小时_秒
HOUR_MINUTE	小时_分钟
DAY_MICROSECOND	天_微秒
DAY_SECOND	天_秒
DAY_MINUTE	天_分钟
DAY_HOUR	天_小时
YEAR_MONTH	年_月

示例：计算向时间'2022-06-01 10:00:00'分别加上 1 年、1 月、1 天、1 小时、1 分、1 秒、1 分 1 秒后的时间。

在执行查询窗口输入以下 SQL 查询语句：

```
SELECT DATE_ADD('2022-06-01 10:00:00', INTERVAL 1 YEAR) AS DATE_ADD_YEAR,
    DATE_ADD('2022-06-01 10:00:00', INTERVAL 1 MONTH) AS DATE_ADD_MONTH,
    DATE_ADD('2022-06-01 10:00:00', INTERVAL 1 DAY) AS DATE_ADD_DAY,
    DATE_ADD('2022-06-01 10:00:00', INTERVAL 1 HOUR) AS DATE_ADD_HOUR,
    DATE_ADD('2022-06-01 10:00:00', INTERVAL 1 MINUTE) AS DATE_ADD_MINUTE,
    DATE_ADD('2022-06-01 10:00:00', INTERVAL 1 SECOND) AS DATE_ADD_SECOND,
    DATE_ADD('2022-06-01 10:00:00', INTERVAL '1:1' MINUTE_SECOND)
                        AS DATE_ADD_MINUTE_SECOND
UNION ALL   # 合并行数据
SELECT ADDDATE('2022-06-01 10:00:00', INTERVAL 1 YEAR),
    ADDDATE('2022-06-01 10:00:00', INTERVAL 1 MONTH),
    ADDDATE('2022-06-01 10:00:00', INTERVAL 1 DAY),
    ADDDATE('2022-06-01 10:00:00', INTERVAL 1 HOUR),
    ADDDATE('2022-06-01 10:00:00', INTERVAL 1 MINUTE),
    ADDDATE('2022-06-01 10:00:00', INTERVAL 1 SECOND),
    ADDDATE('2022-06-01 10:00:00', INTERVAL '1:1' MINUTE_SECOND);
```

执行结果如图 5-28 所示。

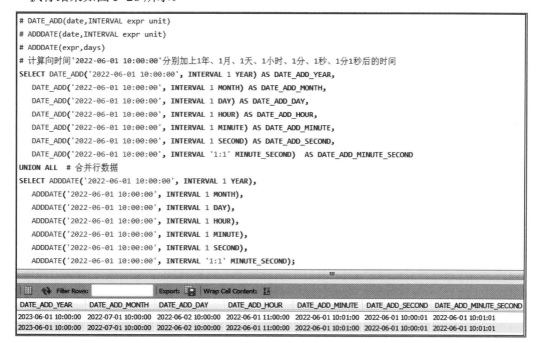

图 5-28　DATE_ADD、ADDDATE 函数

提示：参数 expr 可以为负值，负值表示在开始日期的基础上减去指定的时间间隔值。例如，DATE_ADD('2022-06-01 10:00:00', INTERVAL -1 YEAR)表示在时间 '2022-06-01 10:00:00' 的基础上减去 1 年，返回的时间为 '2021-06-01 10:00:00'。

11．DATE_SUB、SUBDATE

功能：返回从日期减去指定时间间隔后的时间。

语法：

- DATE_SUB(date,INTERVAL expr unit)
- SUBDATE(date,INTERVAL expr unit)
- SUBDATE(expr,days)

参数：

- date，必需，用于减去指定时间间隔的日期或时间；
- expr，必需，指定从开始日期减去的时间间隔值，可以为负值；
- unit，必需，表达式的单位，unit 每个值表示的含义见表 5-4。

示例：计算从时间 '2022-06-01 10:00:00' 分别减去 1 年、1 月、1 天、1 小时、1 分、1 秒、1 分 1 秒后的时间。

在执行查询窗口输入以下 SQL 查询语句：

SELECT DATE_SUB('2022-06-01 10:00:00', INTERVAL 1 YEAR) AS DATE_SUB_YEAR,
　　DATE_SUB('2022-06-01 10:00:00', INTERVAL 1 MONTH) AS DATE_SUB_MONTH,

```
        DATE_SUB('2022-06-01 10:00:00', INTERVAL 1 DAY) AS DATE_SUB_DAY,
        DATE_SUB('2022-06-01 10:00:00', INTERVAL 1 HOUR) AS DATE_SUB_HOUR,
        DATE_SUB('2022-06-01 10:00:00', INTERVAL 1 MINUTE) AS DATE_SUB_MINUTE,
        DATE_SUB('2022-06-01 10:00:00', INTERVAL 1 SECOND) AS DATE_SUB_SECOND,
        DATE_SUB('2022-06-01 10:00:00', INTERVAL '1:1' MINUTE_SECOND)
                    AS DATE_SUB_MINUTE_SECOND
UNION ALL    # 合并行数据
SELECT SUBDATE('2022-06-01 10:00:00', INTERVAL 1 YEAR),
        SUBDATE('2022-06-01 10:00:00', INTERVAL 1 MONTH),
        SUBDATE('2022-06-01 10:00:00', INTERVAL 1 DAY),
        SUBDATE('2022-06-01 10:00:00', INTERVAL 1 HOUR),
        SUBDATE('2022-06-01 10:00:00', INTERVAL 1 MINUTE),
        SUBDATE('2022-06-01 10:00:00', INTERVAL 1 SECOND),
        SUBDATE('2022-06-01 10:00:00', INTERVAL '1:1' MINUTE_SECOND);
```

执行结果如图 5-29 所示。

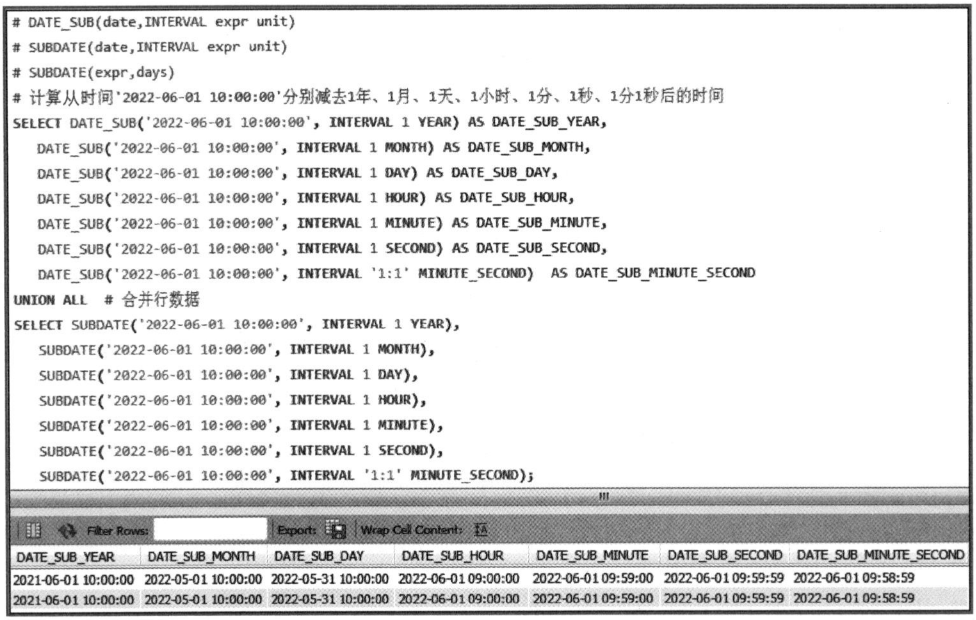

图 5-29　DATE_SUB、SUBDATE 函数

　　提示：参数 expr 可以为负值，负值表示在开始日期的基础上减去指定的时间间隔值。例如，DATE_SUB('2022-06-01 10:00:00', INTERVAL -1 YEAR)表示在时间 '2022-06-01 10:00:00' 的基础上减去 1 年，返回的时间为 '2021-06-01 10:00:00'。

12. TIMESTAMPADD

功能：返回向日期加上指定时间间隔后的时间。

语法：

● TIMESTAMPADD(unit,interval,datetime_expr)

● MICROSECOND(microseconds),SECOND,MINUTE,HOUR,DAY,WEEK,MONTH,

QUARTER,or YEAR

参数：

- datetime_expr，必需，要加上指定时间间隔的日期或时间；
- interval，必需，指定向开始日期加上的时间间隔值，可以为负值；
- unit，必需，表达式的单位，其值包括：MICROSECOND（microseconds）、SECOND、MINUTE、HOUR、DAY、WEEK、MONTH、QUARTER、YEAR。

示例： 计算在时间'2022-06-01 10:00:00'的基础上分别加上（或减去）1 年、1 月、1 天、1 小时、1 分、1 秒、1 微秒后的时间。

在执行查询窗口输入以下 SQL 查询语句：

```
SELECT TIMESTAMPADD(YEAR,1,'2022-06-01 10:00:00') AS TIMESTAMPADD_YEAR,
    TIMESTAMPADD(MONTH,1,'2022-06-01 10:00:00') AS TIMESTAMPADD_MONTH,
    TIMESTAMPADD(DAY,1,'2022-06-01 10:00:00') AS TIMESTAMPADD_DAY,
    TIMESTAMPADD(HOUR,1,'2022-06-01 10:00:00') AS TIMESTAMPADD_HOUR,
    TIMESTAMPADD(MINUTE,1,'2022-06-01 10:00:00') AS TIMESTAMPADD_MINUTE,
    TIMESTAMPADD(SECOND,1,'2022-06-01 10:00:00') AS TIMESTAMPADD_SECOND,
    TIMESTAMPADD(MICROSECOND,1,'2022-06-01 10:00:00')
                                    AS TIMESTAMPADD_MICROSECOND
UNION ALL
SELECT TIMESTAMPADD(YEAR,-1,'2022-06-01 10:00:00'),
    TIMESTAMPADD(MONTH,-1,'2022-06-01 10:00:00'),
    TIMESTAMPADD(DAY,-1,'2022-06-01 10:00:00'),
    TIMESTAMPADD(HOUR,-1,'2022-06-01 10:00:00'),
    TIMESTAMPADD(MINUTE,-1,'2022-06-01 10:00:00'),
    TIMESTAMPADD(SECOND,-1,'2022-06-01 10:00:00'),
    TIMESTAMPADD(MICROSECOND,-1,'2022-06-01 10:00:00');
```

执行结果如图 5-30 所示。

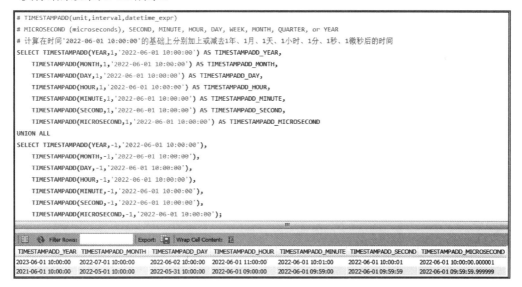

图 5-30　TIMESTAMPADD 函数

提示：参数 interval 可以为负值，负值表示在开始日期的基础上减去指定的时间间隔值。

13．ADDTIME、SUBTIME

功能：ADDTIME 返回向时间加上指定时间后的时间；SUBTIME 返回从时间减去指定时间后的时间。

语法：

- ADDTIME(expr1,expr2)
- SUBTIME(expr1,expr2)

参数：

- expr1，必需，要加上或减去指定时间的时间；
- expr2，必需，指定从开始时间加上或减去的时间。

示例：计算在时间'10:00:00'的基础上分别加上'00:15:30'和减去'00:15:30'后的时间。

在执行查询窗口输入以下 SQL 查询语句：

```
SELECT ADDTIME('10:00:00', '00:15:30'),
    SUBTIME('10:00:00', '00:15:30');
```

执行结果如图 5-31 所示。

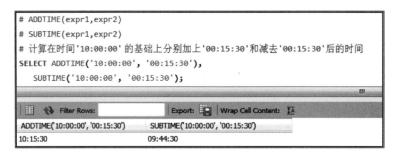

图 5-31　ADDTIME、SUBTIME 函数

14．DATEDIFF、TIMEDIFF

功能：DATEDIFF 返回 expr1 减去 expr2 的天数；TIMEDIFF 返回 expr1 减去 expr2 的时间值。

语法：

- DATEDIFF(expr1,expr2)
- TIMEDIFF(expr1,expr2)

参数：

- expr1，必需，被减数对应的时间（结束时间）；
- expr2，必需，减数对应的时间（开始时间）。

示例：

1）计算开始时间'2022-05-01 08:30:50'与结束时间'2022-06-01 10:00:00'的间隔天数；

2）计算开始时间‘2022-06-01 08:30:50’与结束时间‘2022-06-01 10:00:00’的时间差值。

在执行查询窗口输入以下 SQL 查询语句：

```
SELECT DATEDIFF('2022-06-01 10:00:00','2022-05-01 08:30:50'),
    TIMEDIFF('2022-06-01 10:00:00','2022-06-01 08:30:50');
```

执行结果如图 5-32 所示。

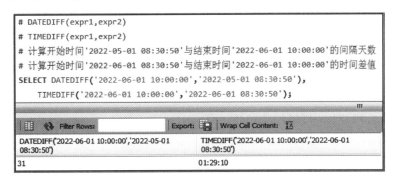

图 5-32　DATEDIFF、TIMEDIFF 函数

15．TIMESTAMPDIFF

功能：TIMESTAMPDIFF 返回 datetime_expr2 减去 datetime_expr1 的结果，结果的单位（整数）由参数 unit 决定，参数 datetime_expr1 和 datetime_expr2 可以是 DATE 或者 DATETIME 表达式。

语法：TIMESTAMPDIFF(unit,datetime_expr1,datetime_expr2)

参数：

- datetime_expr1，必需，减数对应的时间（开始时间）；
- datetime_expr2，必需，被减数对应的时间（结束时间）；
- unit，必需，表达式的单位，其值包括：MICROSECOND（microseconds）、SECOND、MINUTE、HOUR、DAY、WEEK、MONTH、QUARTER、YEAR。

示例：计算开始时间‘2022-05-01 08:30:50’与结束时间‘2022-06-01 10:00:00’之间的间隔年份数、月份数、天数、小时数、分钟数、秒数。

在执行查询窗口输入以下 SQL 查询语句：

```
SELECT TIMESTAMPDIFF(YEAR,'2022-05-01 08:30:50','2022-06-01 10:00:00') AS
    TIMESTAMPDIFF_YEAR,
    TIMESTAMPDIFF(MONTH,'2022-05-01 08:30:50','2022-06-01 10:00:00') AS TIMESTAMPDIFF_MONTH,
    TIMESTAMPDIFF(DAY,'2022-05-01 08:30:50','2022-06-01 10:00:00') AS TIMESTAMPDIFF_DAY,
    TIMESTAMPDIFF(HOUR,'2022-05-01 08:30:50','2022-06-01 10:00:00') AS TIMESTAMPDIFF_HOUR,
    TIMESTAMPDIFF(MINUTE,'2022-05-01 08:30:50','2022-06-01 10:00:00') AS TIMESTAMPDIFF_MINUTE,
    TIMESTAMPDIFF(SECOND,'2022-05-01 08:30:50','2022-06-01 10:00:00') AS
    TIMESTAMPDIFF_SECOND;
```

执行结果如图 5-33 所示。

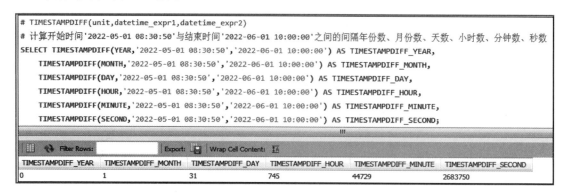

```
# TIMESTAMPDIFF(unit,datetime_expr1,datetime_expr2)
# 计算开始时间'2022-05-01 08:30:50'与结束时间'2022-06-01 10:00:00'之间的间隔年份数、月份数、天数、小时数、分钟数、秒数
SELECT TIMESTAMPDIFF(YEAR,'2022-05-01 08:30:50','2022-06-01 10:00:00') AS TIMESTAMPDIFF_YEAR,
    TIMESTAMPDIFF(MONTH,'2022-05-01 08:30:50','2022-06-01 10:00:00') AS TIMESTAMPDIFF_MONTH,
    TIMESTAMPDIFF(DAY,'2022-05-01 08:30:50','2022-06-01 10:00:00') AS TIMESTAMPDIFF_DAY,
    TIMESTAMPDIFF(HOUR,'2022-05-01 08:30:50','2022-06-01 10:00:00') AS TIMESTAMPDIFF_HOUR,
    TIMESTAMPDIFF(MINUTE,'2022-05-01 08:30:50','2022-06-01 10:00:00') AS TIMESTAMPDIFF_MINUTE,
    TIMESTAMPDIFF(SECOND,'2022-05-01 08:30:50','2022-06-01 10:00:00') AS TIMESTAMPDIFF_SECOND;
```

TIMESTAMPDIFF_YEAR	TIMESTAMPDIFF_MONTH	TIMESTAMPDIFF_DAY	TIMESTAMPDIFF_HOUR	TIMESTAMPDIFF_MINUTE	TIMESTAMPDIFF_SECOND
0	1	31	745	44729	2683750

图 5-33　TIMESTAMPDIFF 函数

16．DATE、TIME、TIMESTAMP

功能：DATE 返回日期或日期和时间表达式的日期部分；TIME 返回日期或日期和时间表达式的时间部分；TIMESTAMP 返回日期或日期和时间表达式的日期和时间部分。TIMESTAMP 的另外一种用法是返回向时间加上指定时间后的时间，此时函数功能与 ADDTIME 一致。

语法：
- DATE(expr)
- TIME(expr)
- TIMESTAMP(expr)
- TIMESTAMP(expr1,expr2)

参数：
- expr，必需，要处理的日期或日期和时间；
- expr1，必需，要加上指定时间的时间；
- expr2，必需，指定向开始时间加上的时间，可以为负值。

示例：

1）计算时间'2022-06-01 10:00:00'的日期部分、时间部分、日期和时间部分；

2）计算在时间'2022-06-01 10:00:00'的基础上分别加上'00:00:20'和减去'00:00:20'后的时间。

在执行查询窗口输入以下 SQL 查询语句：

```
SELECT DATE('2022-06-01 10:00:00'),
    TIME('2022-06-01 10:00:00'),
    TIMESTAMP('2022-06-01 10:00:00'),
    TIMESTAMP('2022-06-01 10:00:00','00:00:20'),
    TIMESTAMP('2022-06-01 10:00:00','-00:00:20');
```

执行结果如图 5-34 所示。

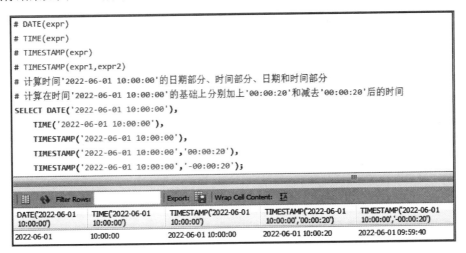

图 5-34　DATE、TIME、TIMESTAMP 函数

17．DATE_FORMAT、TIME_FORMAT

功能：返回根据格式说明符（format）格式化后的日期、时间或日期和时间。

语法：

- DATE_FORMAT(date,format)
- TIME_FORMAT(time,format)

参数：

- date，必需，要格式化的日期或日期和时间；
- time，必需，要格式化的时间；
- format，必需，格式说明符，其中有一个百分比字符（%），其值表示的含义见表 5-5。

表 5-5　格式说明符及其含义

格式说明符	含义
%a	工作日的缩写名称（Sun…Sat）
%b	月份的缩写名称（Jan…Dec）
%c	月份，数字形式（0…12）
%D	带有英语后缀的该月日期（0th,2st,3nd,…）
%d	该月日期，数字形式（00…31）
%e	该月日期，数字形式（0…31）
%f	微秒（000000…999999）
%H	以两位数表示 24 小时（00…23）
%h,%I	以两位数表示 12 小时（01…12）
%i	分钟，数字形式（00…59）

（续）

格式说明符	含义
%j	一年中的天数（001…366）
%k	以 24 小时（0…23）表示
%l	以 12 小时（1…12）表示
%M	月份名称（January…December）
%m	月份，数字形式（00…12）
%p	上午（AM）或下午（PM）
%r	时间，12 小时制[小时（hh）:分钟（mm）:秒（ss）后加 AM 或 PM]
%S,%s	以两位数形式表示秒（00…59）
%T	时间，24 小时制[小时（hh）:分钟（mm）:秒（ss）]
%U	周（00…53），其中周日为每周的第一天
%u	周（00…53），其中周一为每周的第一天
%V	周（01…53），其中周日为每周的第一天，和%X 同时使用
%v	周（01…53），其中周一为每周的第一天，和%x 同时使用
%W	星期标识（周日、周一、周二……周六）
%w	一周中的每日（0=周日……6=周六）
%X	该周的年份，其中周日为每周的第一天，数字形式，4 位数，和%V 同时使用
%x	该周的年份，其中周一为每周的第一天，数字形式，4 位数，和%v 同时使用
%Y	4 位数形式表示年份
%y	两位数形式表示年份
%%	%一个文字字符

示例：

1）将字符串'20220601'转换成 DATE 格式；

2）将字符串'20220601100000'转换成 TIMESTAMP 格式；

3）将日期和时间'2022-06-01 10:00:00'转换成字符串格式；

4）将字符串'100000'转换成 TIME 格式；

5）将时间'10:00:00'转换成字符串格式。

在执行查询窗口输入以下 SQL 查询语句：

```
SELECT DATE_FORMAT('20220601','%Y-%m-%d') AS format1,
    DATE_FORMAT('20220601100000','%Y-%m-%d %H:%i:%s') AS format2,
    DATE_FORMAT('2022-06-01 10:00:00','%Y%m%d%H%i%s') AS format3,
    TIME_FORMAT('100000','%H:%i:%s') AS format4,
    TIME_FORMAT('10:00:00','%H%i%s') AS format5;
```

执行结果如图 5-35 所示。

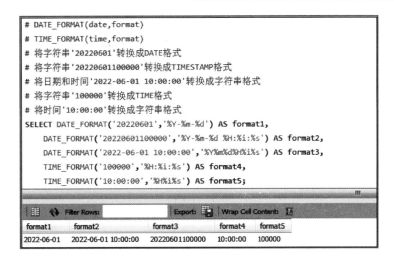

图 5-35　DATE_FORMAT、TIME_FORMAT 函数

18．UNIX_TIMESTAMP、FROM_UNIXTIME

功能：UNIX_TIMESTAMP 返回一个以 UNIX 时间戳为基础的无符号整数；FROM_UNIXTIME 将 UNIX 时间戳转换为时间格式，它与 UNIX_TIMESTAMP 互为反函数。

语法：

- UNIX_TIMESTAMP([date])
- FROM_UNIXTIME(unix_timestamp, [format])

参数：

- date，可选，要转换成 UNIX 时间戳的日期或日期和时间；
- unix_timestamp，必需，要转换成时间格式的 UNIX 时间戳；
- format，可选，格式说明符，其中有一个百分比字符（%），其值表示的含义见表 5-5。

示例：

1）将系统当前时间转换成 UNIX 格式的时间戳；

2）将时间 '2022-06-01 10:00:00' 转换成 UNIX 格式的时间戳；

3）将 UNIX 时间戳 1654048800 转换成普通格式时间。

在执行查询窗口输入以下 SQL 查询语句：

```
SELECT UNIX_TIMESTAMP(),
    UNIX_TIMESTAMP(NOW()),
    UNIX_TIMESTAMP('2022-06-01 10:00:00'),
    FROM_UNIXTIME(1654048800),
    FROM_UNIXTIME(1654048800,'%Y %D %M %h:%i:%s %x');
```

执行结果如图 5-36 所示。

提示：

- UNIX_TIMESTAMP 的参数可以为空，参数为空、NOW()、CURRENT_TIME()时返回的结果是一样的，都是返回系统当前时间的 UNIX 时间戳；

● FROM_UNIXTIME 中的参数 format 可以省略，如果省略，则返回标准日期和时间格式。

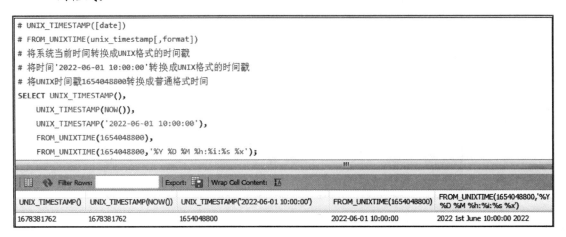

```
# UNIX_TIMESTAMP([date])
# FROM_UNIXTIME(unix_timestamp[,format])
# 将系统当前时间转换成UNIX格式的时间戳
# 将时间'2022-06-01 10:00:00'转换成UNIX格式的时间戳
# 将UNIX时间戳1654048800转换成普通格式时间
SELECT UNIX_TIMESTAMP(),
    UNIX_TIMESTAMP(NOW()),
    UNIX_TIMESTAMP('2022-06-01 10:00:00'),
    FROM_UNIXTIME(1654048800),
    FROM_UNIXTIME(1654048800,'%Y %D %M %h:%i:%s %x');
```

UNIX_TIMESTAMP()	UNIX_TIMESTAMP(NOW())	UNIX_TIMESTAMP('2022-06-01 10:00:00')	FROM_UNIXTIME(1654048800)	FROM_UNIXTIME(1654048800,'%Y %D %M %h:%i:%s %x')
1678381762	1678381762	1654048800	2022-06-01 10:00:00	2022 1st June 10:00:00 2022

图 5-36　UNIX_TIMESTAMP、FROM_UNIXTIME 函数

5.1.4　其他函数

日常工作中的 SQL 查询除经常使用上面提到的数值函数、字符串函数、日期函数以外，还会用到一些格式类型转换函数（CAST、CONVERT）、条件判断函数（IF、CASE）、空值处理函数（IFNULL、COALESCE、NULLIF、ISNULL）等。下面通过示例对常用的其他函数进行说明。

1. CAST

功能：返回具有指定类型的值，该函数实现将数据的类型转换为新类型。

语法：CAST(expr AS type [ARRAY])

参数：

● expr，必需，要转换类型的表达式；

● type，必需，要转换成的新类型。

示例：

1）将时间 '2022-06-01 10:00:00' 分别转换成 CHAR(10)、DATE、DATETIME、TIME；

2）将字符串 '20220601100000' 转换成 DATETIME 格式；

3）将 10/3 的结果转换成 DECIMAL、SIGNED 格式。

在执行查询窗口输入以下 SQL 查询语句：

```
SELECT CAST('2022-06-01 10:00:00' AS CHAR(10)),
    CAST('2022-06-01 10:00:00' AS DATE),
    CAST('2022-06-01 10:00:00' AS DATETIME),
    CAST('2022-06-01 10:00:00' AS TIME),
    CAST('20220601100000' AS DATETIME),
```

```
CAST(10/3 AS DECIMAL(10,3)),
CAST(10/3 AS SIGNED);
```

执行结果如图 5-37 所示。

图 5-37　CAST 函数

2．CONVERT

功能：返回具有指定类型的值，该函数实现将数据的类型转换为新类型。CONVERT 的功能与 CAST 类似。

语法：CONVERT(expr, type)

参数：

● expr，必需，要转换类型的表达式；

● type，必需，要转换成的新类型。

示例：

1）将时间'2022-06-01 10:00:00'分别转换成 CHAR(10)、DATE、DATETIME、TIME；

2）将字符串'20220601100000'转换成 DATETIME 格式；

3）将 10/3 的结果转换成 DECIMAL、SIGNED 格式。

在执行查询窗口输入以下 SQL 查询语句：

```
SELECT CONVERT('2022-06-01 10:00:00' , CHAR(10)),
    CONVERT('2022-06-01 10:00:00' , DATE),
    CONVERT('2022-06-01 10:00:00' , DATETIME),
    CONVERT('2022-06-01 10:00:00' , TIME),
    CONVERT('20220601100000' , DATETIME),
    CONVERT(10/3 , DECIMAL(10,3)),
    CONVERT(10/3 , SIGNED);
```

执行结果如图 5-38 所示。

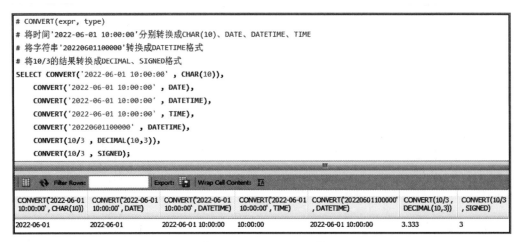

图 5-38　CONVERT 函数

3. IF

功能：判断表达式 expr1 是否满足某个条件，如果满足，则返回一个值 expr2，如果不满足，则返回另外一个值 expr3。

语法：IF(expr1,expr2,expr3)

参数：

● expr1，必需，可以为数值或逻辑表达式；

● expr2，必需，当 expr1 为 True 时返回的结果；

● expr3，必需，当 expr1 为 False 时返回的结果。

示例：

1）判断数值 5 与 3 的大小，如果 5 大于 3，则返回 'yes'，否则返回 'no'；

2）判断小张分数（65 分）的等级，如果大于或等于 85 分，则返回 '优秀'，如果大于或等于 60 分，则返回 '及格'，否则返回 '不及格'。

在执行查询窗口输入以下 SQL 查询语句：

```
SELECT IF(5 > 3,'yes','no'),
    IF(65 >= 85,'优秀',IF(65 >= 60,'及格','不及格'));
```

执行结果如图 5-39 所示。

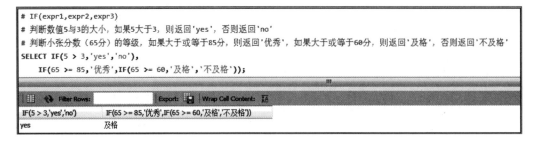

图 5-39　IF 函数

提示：IF 的第一个参数 expr1 可以为表达式，也可以为数值，数值 0 代表 False，数值非 0 代表 True。例如，IF(0,3,5)返回 5，因为第一个参数 expr1 为 0，代表 False，结果返回第三个参数 expr3。

4. CASE

功能：多条件判断语句。CASE 表示开始，END 表示结束。如果 condition1 或 compare_value1 成立，则返回 result1；如果 condition2 或 compare_value2 成立，则返回 result2；当全部不成立时，返回 result3；而当有一个条件表达式或比较的结果成立之后，后面的判断语句就不执行了。

语法：
- CASE WHEN condition1 THEN result1 [WHEN condition2 THEN result2 ...] [ELSE result3] END
- CASE value WHEN compare_value1 THEN result1 [WHEN compare_value2 THEN result2 ...] [ELSE result3] END

参数：
- condition1，必需，条件表达式，结果返回 True 或 False。
- condition2,condition3,…，可选，条件表达式，结果返回 True 或 False。
- result1，必需，出现在关键字 THEN 或 ELSE 之后，是比较后返回的结果。
- result2,result3,…，可选，出现在关键字 THEN 或 ELSE 之后，是比较后返回的结果。
- value，必需，要比较的值。
- compare_value1，必需，与 value 进行比较的值。
- compare_value2,compare_value3,…，可选，与 value 进行比较的值。

示例：
1）判断 2022 年 6 月 1 日属于第几季度。
2）判断 2022 年 6 月 1 日属于星期几。
在执行查询窗口输入以下 SQL 查询语句：

```sql
SELECT '2022 年 06 月 01 日属于第几季度' AS ques,
    CASE QUARTER('2022-06-01')
        WHEN 1 THEN '第一季度'
        WHEN 2 THEN '第二季度'
        WHEN 3 THEN '第三季度'
            ELSE '第四季度' END AS ans
UNION ALL #  合并行数据
SELECT '2022 年 06 月 01 日属于星期几' AS ques,
    CASE WHEN WEEKDAY('2022-06-01') = 0 THEN '星期一'
        WHEN WEEKDAY('2022-06-01') = 1 THEN '星期二'
        WHEN WEEKDAY('2022-06-01') = 2 THEN '星期三'
        WHEN WEEKDAY('2022-06-01') = 3 THEN '星期四'
        WHEN WEEKDAY('2022-06-01') = 4 THEN '星期五'
```

WHEN WEEKDAY('2022-06-01') = 5 THEN '星期六'
ELSE '星期天' END AS ans;

执行结果如图 5-40 所示。

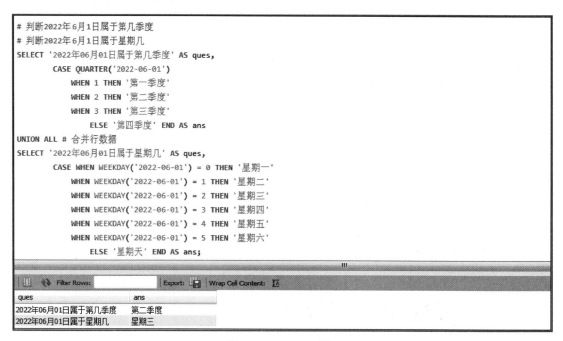

```
# 判断2022年6月1日属于第几季度
# 判断2022年6月1日属于星期几
SELECT '2022年06月01日属于第几季度' AS ques,
        CASE QUARTER('2022-06-01')
            WHEN 1 THEN '第一季度'
            WHEN 2 THEN '第二季度'
            WHEN 3 THEN '第三季度'
                ELSE '第四季度' END AS ans
UNION ALL # 合并行数据
SELECT '2022年06月01日属于星期几' AS ques,
        CASE WHEN WEEKDAY('2022-06-01') = 0 THEN '星期一'
            WHEN WEEKDAY('2022-06-01') = 1 THEN '星期二'
            WHEN WEEKDAY('2022-06-01') = 2 THEN '星期三'
            WHEN WEEKDAY('2022-06-01') = 3 THEN '星期四'
            WHEN WEEKDAY('2022-06-01') = 4 THEN '星期五'
            WHEN WEEKDAY('2022-06-01') = 5 THEN '星期六'
                ELSE '星期天' END AS ans;
```

ques	ans
2022年06月01日属于第几季度	第二季度
2022年06月01日属于星期几	星期三

图 5-40　CASE 函数

5. IFNULL、COALESCE

功能：

● 如果 IFNULL 中第一个表达式 expr1 不为 NULL，则返回 expr1，否则返回 expr2。

● COALESCE 返回列表中的第一个非 NULL 值，如果没有非 NULL 值，则返回 NULL。

语法：

● IFNULL(expr1,expr2)

● COALESCE(value1,value2,...)

参数：

● expr1，必需，要判断是否为 NULL，如果不为 NULL，则返回 expr1 表达式。

● expr2，必需，如果 expr1 为 NULL，则返回 expr2 表达式。

● value1,value2,...，必需，从左往右依次判断是否为 NULL，结果返回第一个非 NULL 值。

示例：利用 IFNULL、COALESCE 分别处理 0、NULL、1/0。

在执行查询窗口输入以下 SQL 查询语句：

SELECT IFNULL(0,1),

```
IFNULL(NULL,2),
IFNULL(1/0,3),
COALESCE(0,1),
COALESCE(NULL,2),
COALESCE(1/0,3),
COALESCE(1/0,NULL,4);
```

执行结果如图 5-41 所示。

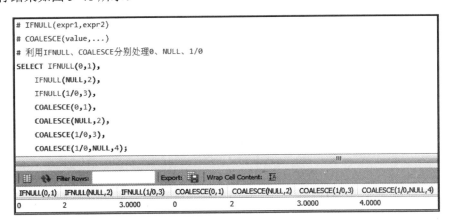

图 5-41　IFNULL、COALESCE 函数

提示：IFNULL、COALESCE 都可以对 NULL 进行处理，二者的区别：IFNULL 只有两个参数，而 COALESCE 可以有多个参数。

6．NULLIF

功能：如果表达式 expr1 等于 expr2，则返回 NULL，否则返回 expr1。

语法：NULLIF(expr1,expr2)

参数：

● expr1，必需，要进行比较的第一个表达式。

● expr2，必需，要进行比较的第二个表达式。

示例：利用 NULLIF 分别比较 0 与 0、NULL 与 NULL、NULL 与 1、1 与 NULL。

在执行查询窗口输入以下 SQL 查询语句：

```
SELECT NULLIF(0,0),
    NULLIF(NULL,NULL),
    NULLIF(NULL,1),
    NULLIF(1,NULL);
```

执行结果如图 5-42 所示。

提示：NULLIF 与 IFNULL 函数看上去相似，但功能完全不一样。NULLIF 用来比较两个表达式是否一致，而 IFNULL 用来对 NULL 进行处理，IFNULL 的功能和 COALESCE 是一致的。

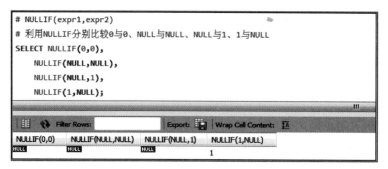

图 5-42　NULLIF 函数

7. ISNULL

功能：如果表达式 expr 为 NULL，则返回 1，否则返回 0。

语法：ISNULL(expr)

参数：expr，必需，要判断是否为 NULL 的表达式。

示例：利用 ISNULL 分别判断 0、NULL、1/0。

在执行查询窗口输入以下 SQL 查询语句：

```
SELECT ISNULL(0),
    ISNULL(NULL),
    ISNULL(1/0);
```

执行结果如图 5-43 所示。

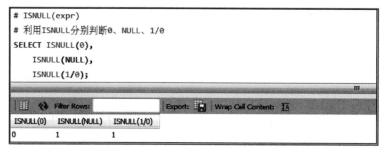

图 5-43　ISNULL 函数

5.2　去重查询

当从数据表中查询出来的行数据（单列或多列）出现重复时，可以使用 DISTINCT 关键字进行去重查询，针对重复的行数据，仅保留其中一条。DISTINCT 语法格式如下所示：

```
SELECT DISTINCT column_names
FROM table_name
WHERE conditions;
```

从上面的语法可以看出，使用 DISTINCT 关键字时需要注意以下几点：

- DISTINCT 关键字位于 SELECT 关键字之后；
- DISTINCT 关键字位于字段（单字段或多字段）之前；
- DISTINCT 关键字对多字段进行去重时，需要将多个字段组合起来一起去重。

示例 1：查询门店电器用户信息表 store_appliance_userinfo 中所有客户的不同省份，查询结果如图 5-44 所示。

```
# 查询所有客户的不同省份
SELECT DISTINCT province
FROM store_appliance_userinfo;
```

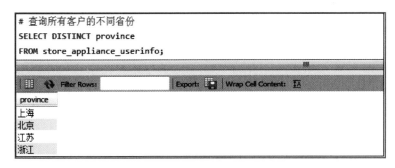

图 5-44　查询所有客户的不同省份

示例 2：查询门店电器用户信息表 store_appliance_userinfo 中所有客户的不同性别，查询结果如图 5-45 所示。

```
# 查询所有客户的不同性别
SELECT DISTINCT sex
FROM store_appliance_userinfo;
```

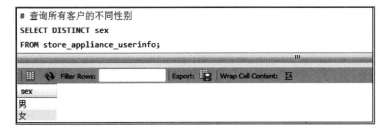

图 5-45　查询所有客户的不同性别

示例 3：查询门店电器用户信息表 store_appliance_userinfo 中所有客户的不同省份和性别，查询结果如图 5-46 所示。

```
# 查询所有客户的不同省份和性别
SELECT DISTINCT province,sex
FROM store_appliance_userinfo;
```

图 5-46　查询所有客户的不同省份和性别

示例 4：查询门店电器用户信息表 store_appliance_userinfo 中所有字段组合起来不重复的行数据，查询结果如图 5-47 所示。

```
# 查询所有字段组合起来不重复的行数据
SELECT DISTINCT *
FROM store_appliance_userinfo;
```

```
# 查询所有字段组合起来不重复的行数据
SELECT DISTINCT *
FROM store_appliance_userinfo;
```

custID	custName	sex	age	city	province
1001	刘飞	男	34	上海	上海
1002	史坚利	男	26	北京	北京
1003	邓畅	女	48	苏州	江苏
1004	陈进	男	36	上海	上海
1005	张强	男	50	杭州	浙江
1006	吕红	女	33	无锡	江苏
1007	孙萍	女	22	苏州	江苏
1008	赵远洋	男	36	上海	上海

图 5-47　查询所有字段组合起来不重复的行数据

此外，DISTINCT 关键字可以结合 COUNT 函数一起使用，用来查询某个字段不重复的数量，实际工作中经常用来检查某个字段是否有重复值。当 COUNT(column_name)等于 COUNT(DISTINCT column_name)的时候，代表该字段无重复数据。当 COUNT(column_name)大于 COUNT(DISTINCT column_name)的时候，代表该字段有重复数据。

示例 5：查询门店电器用户信息表 store_appliance_userinfo 中不同省份的数量、不同性别的数量以及表的总行数，查询结果如图 5-48 所示。

```
# 查询不同省份的数量、不同性别的数量以及表的总行数
SELECT COUNT(DISTINCT province) AS 不同省份的数量,
    COUNT(DISTINCT sex) AS 不同性别的数量,
    COUNT(province) AS 总行数   # 也可以写为 COUNT(sex) 或 COUNT(*)
FROM store_appliance_userinfo;
```

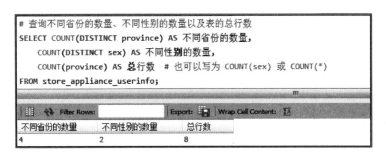

图 5-48　查询不同省份的数量、不同性别的数量以及表的总行数

从上面的示例可以看出，不同省份的数量、不同性别的数量都小于表的总行数，因此，省份字段 province 和性别字段 sex 中都是有重复数据的。

注意：上面使用省份字段 province 和性别字段 sex 来计算表的总行数，需要确保计算字段没有 NULL 值。如果字段存在 NULL 值，则统计表的总行数需要使用 COUNT(*)或者 COUNT(非空字段)。

5.3　嵌套查询

在一段 SQL 查询脚本中，嵌套了一个或多个查询，嵌套的查询语句通常称为子查询语句。子查询语句可以分为两种类型，一种类型是相关子查询，另一种类型是不相关子查询。这两种类型在 3.1.3 节中都已经进行了简单描述。EXISTS 关键字构造的 SQL 查询语句是典型的相关子查询，而比较运算符（">""=""<"和 IN 等）构造的 SQL 查询语句是典型的不相关子查询。不相关子查询按照查询结果嵌入 SQL 脚本中的功能可以分为常量值的子查询和表的子查询两种类型。

常量值的子查询按照返回结果的行数和列数通常可以分为：单行单列常量值的子查询、多行单列常量值的子查询。常量值的子查询可以与比较运算符（">""=""<"和 IN 等）一起组成筛选条件并放在 WHERE 关键字后面，也可以放在 SELECT...FROM 语句之间，作为常量字段。

表的子查询就是将返回的结果集作为一张全新的子表来进行操作，针对子表的查询方式和数据库中已存在表一致。如果查询出来的子表字段包含聚合字段、拼接字段等，则建议给这些新创建的字段赋予别名，后面可以通过字段别名对这些新创建的字段进行操作。此外，在对子表进行嵌套使用时，需要两端加括号，并且建议给子表取别名，后面可以通过表别名对子表进行操作。

本节主要针对不相关子查询的两种类型分别进行详细讲解。

5.3.1　常量值的子查询

如果子查询语句返回的是单行单列的记录，就相当于一个值，它的数据类型可以是数值、字符串或日期。该值可以与比较运算符（">""=""<"和 IN 等）一起组成筛选条件并

放在 WHERE 关键字后面。

示例 1：查询门店电器用户信息表 store_appliance_userinfo 中年龄高于所有人平均年龄的客户的信息，查询结果如图 5-49 所示。

```
# 查询年龄高于所有人平均年龄的客户的信息
SELECT *
FROM store_appliance_userinfo
WHERE age > (SELECT AVG(age) FROM store_appliance_userinfo) ;
```

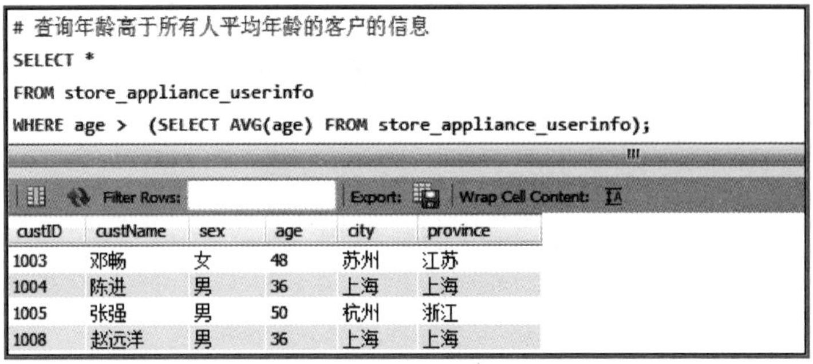

```
# 查询年龄高于所有人平均年龄的客户的信息
SELECT *
FROM store_appliance_userinfo
WHERE age > (SELECT AVG(age) FROM store_appliance_userinfo);
```

custID	custName	sex	age	city	province
1003	邓畅	女	48	苏州	江苏
1004	陈进	男	36	上海	上海
1005	张强	男	50	杭州	浙江
1008	赵远洋	男	36	上海	上海

图 5-49 查询年龄高于所有人平均年龄的客户的信息

上面一段 SQL 语句就是先把所有客户的平均年龄计算出来，然后将这个返回的结果与每个客户的年龄进行比较，最终筛选出符合条件的客户信息。但是，从查询结果上还是无法看出参与比较的平均年龄。此时，可以使用 4.2.1 节讲到的常量字段的处理方法，将平均年龄作为常量字段放置于 SELECT…FROM 语句之间，查询语法如下所示：

```
SELECT *,
    age AS "年龄",
    (SELECT AVG(age) FROM store_appliance_userinfo) AS "平均年龄"
FROM store_appliance_userinfo
WHERE age >(SELECT AVG(age) FROM store_appliance_userinfo);
```

上段 SQL 脚本查询结果如图 5-50 所示。

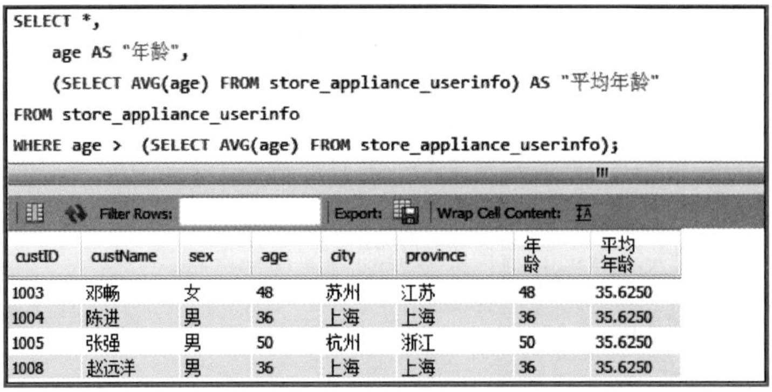

```
SELECT *,
    age AS "年龄",
    (SELECT AVG(age) FROM store_appliance_userinfo) AS "平均年龄"
FROM store_appliance_userinfo
WHERE age > (SELECT AVG(age) FROM store_appliance_userinfo);
```

custID	custName	sex	age	city	province	年龄	平均年龄
1003	邓畅	女	48	苏州	江苏	48	35.6250
1004	陈进	男	36	上海	上海	36	35.6250
1005	张强	男	50	杭州	浙江	50	35.6250
1008	赵远洋	男	36	上海	上海	36	35.6250

图 5-50 查询年龄高于所有人平均年龄的客户的信息（含平均年龄字段）

如果子查询语句返回的是多行单列的记录，就相当于一列值，它的数据类型可以是数值、字符串或日期。该列值同样可以与比较运算符（">""=""<"和 IN 等）一起组成筛选条件并放在 WHERE 关键字后面。

示例 2：查询门店电器用户信息表 store_appliance_userinfo 中购买过电风扇的客户的信息，查询结果如图 5-51 所示。

```
# 查询购买过电风扇的客户的信息
SELECT *
FROM store_appliance_userinfo
WHERE custID IN (SELECT custID
                    FROM store_appliance_order WHERE prodName = '电风扇');
# 或者
SELECT *
FROM store_appliance_userinfo
WHERE custID = ANY (SELECT custID
                    FROM store_appliance_order WHERE prodName = '电风扇');
```

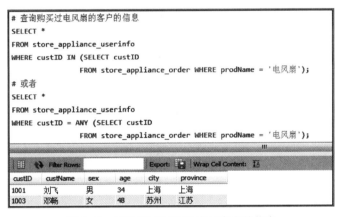

图 5-51　查询购买过电风扇的客户的信息

从上面的查询语句中可以看出，关键字 ANY 的约束效果与 IN 一致，相当于将购买过电风扇的每一个客户的 custID 作为条件进行筛选，最终结果返回查询到的 custID 对应的客户信息。

5.3.2　表的子查询

将返回的结果集作为一张全新的子表来进行操作，称为表的子查询。返回的结果集可以是一行一列、一行多列、多行一列或多行多列，都可以作为子表来进行操作。既然返回的结果集是一张子表，那么不适合用比较运算符（">""=""<"和 IN 等）来进行组合筛选，而是应把它当成一张全新的子表来进行操作，语法如下所示：

```
SELECT column_names
FROM (SELECT * FROM table_name WHERE conditions) AS new_table_name
WHERE conditions;
```

示例 1：查询门店电器用户信息表 store_appliance_userinfo 中人数大于或等于 2 时对应的省份的数量，查询结果如图 5-52 所示。

```
# 查询人数大于或等于 2 时对应的省份的数量
SELECT COUNT(*) AS count_num
FROM (SELECT province,
        COUNT(*) AS user_num
    FROM store_appliance_userinfo
    GROUP BY 1
    HAVING COUNT(*) >= 2) tt;
```

图 5-52　查询人数大于或等于 2 时对应的省份的数量

提示：首先将不同省份的人数计算出来并约束人数大于或等于 2，然后将计算出来的结果集作为一张子表，在此基础上计算省份的数量。

示例 2：查询门店电器零售交易表 store_appliance_order 中至少购买过两件产品的人数，查询结果如图 5-53 所示。

```
# 查询至少购买过两件产品的人数
SELECT COUNT(*) AS user_num
FROM (SELECT custID,
        COUNT(*) AS count_num
    FROM store_appliance_order
    GROUP BY 1
    HAVING COUNT(*) >= 2) tt;
```

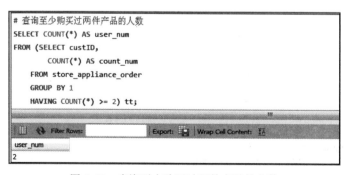

图 5-53　查询至少购买过两件产品的人数

提示：首先将每个客户购买过的产品数量计算出来并约束数量大于或等于 2，然后将计算出来的结果集作为一张子表，在此基础上计算客户的人数。

5.4　关联查询

在实际工作的场景中，单表查询返回的字段可能无法满足业务需求，此时需要进行关联查询。关联查询指的是将两个或两个以上的表连接起来进行查询，多表通过连接进行列合并，生成一张总表，连接后的总表可以作为一张全新的表来查询。因此，实际工作中按照业务需求选择对应的表进行关联，然后对返回的结果字段进行筛选、加工、查询等操作。

关联查询的核心本质是笛卡儿积，就是将一张表的每一行与另外一张表的每一行进行匹配，在这一点上，SQL 的关联查询的优势比 Excel 中的 VLOOKUP 函数明显。例如，A 表有 m 行记录，B 表有 n 行记录，A 表关联 B 表查询，经过笛卡儿积计算后得到 $m \times n$ 行记录。因此，表的记录数越多，关联的表数量越多，运算的次数和时长就会显著增加。在实际应用中，关联查询时应注意对表的约束，防止数据量较大造成内存的溢出。

MySQL 中的关联查询主要分为三种类型，分别是：内关联（INNER JOIN）、左关联（LEFT JOIN）、右关联（RIGHT JOIN）。三种关联的语法基本一致，语法格式如下所示：

```
SELECT t1.column_names,
    t2.column_names
FROM table_name1 AS t1
    [INNER JOIN|LEFT JOIN|RIGHT JOIN] table_name2 AS t2
    ON t1.column_name = t2.column_name;
```

不同的关联类型作用于表的效果是不一样的，返回的结果也是有差异的。如图 5-54 所示，内关联返回 A 表与 B 表的交叉记录，左关联返回 A 表的全部记录（B 表匹配不到的用 NULL 值表示），右关联返回 B 表的全部记录（A 表匹配不到的用 NULL 值表示）。左关联与右关联分别以左表和右表作为参照，它们的关联方式是等价的。例如，A LEFT JOIN B 等价于 B RIGHT JOIN A，两种写法返回的结果是一致的。

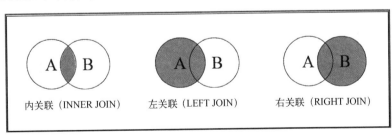

内关联（INNER JOIN）　　左关联（LEFT JOIN）　　右关联（RIGHT JOIN）

图 5-54　关联查询的三种类型

除上面三种关联查询类型以外，关联查询还有四种衍生类型。如图 5-55 所示，左关联返回 A 表的部分记录（不含交叉记录），右关联返回 B 表的部分记录（不含交叉记录），左右关联 1（也称为全关联）返回 A 表与 B 表的全部记录（含交叉记录），左右关联 2 返回 A

表与 B 表的部分记录（不含交叉记录）。下面分别列出这四种关联查询的语法：

```
# 左关联返回 A 表的部分记录（不含交叉记录）
SELECT t1.column_names,
    t2.column_names
FROM table_name1 AS t1
    LEFT JOIN table_name2 AS t2 ON t1.column_name = t2.column_name
                                AND t2.column_name IS NULL;
# 右关联返回 B 表的部分记录（不含交叉记录）
SELECT t1.column_names,
    t2.column_names
FROM table_name1 AS t1
    RIGHT JOIN table_name2 AS t2 ON t1.column_name = t2.column_name
                                AND t1.column_name IS NULL;
# 左右关联 1 返回 A 表与 B 表的全部记录（含交叉记录）
SELECT t1.column_names,
    t2.column_names
FROM table_name1 AS t1
    LEFT JOIN table_name2 AS t2 ON t1.column_name = t2.column_name
UNION
SELECT t1.column_names,
    t2.column_names
FROM table_name1 AS t1
    RIGHT JOIN table_name2 AS t2 ON t1.column_name = t2.column_name ;
# 左右关联 2 返回 A 表与 B 表的部分记录（不含交叉记录）
SELECT t1.column_names,
    t2.column_names
FROM table_name1 AS t1
    LEFT JOIN table_name2 AS t2 ON t1.column_name = t2.column_name
                                AND t2.column_name IS NULL
UNION
SELECT t1.column_names,
    t2.column_names
FROM table_name1 AS t1
    RIGHT JOIN table_name2 AS t2 ON t1.column_name = t2.column_name
                                AND t1.column_name IS NULL;
```

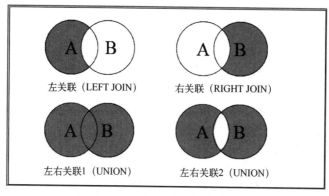

图 5-55　关联查询的四种衍生类型

下面以门店电器用户信息表 store_appliance_userinfo、门店电器零售交易表 store_appliance_order 为例，分别演示上面的几种关联查询方式，包括内关联、左关联、右关联、全关联。

5.4.1 内关联

内关联使用的关键字是 INNER JOIN 或 JOIN，在实际使用中，INNER 关键字可以省略。例如，门店电器用户信息表 store_appliance_userinfo 与门店电器零售交易表 store_appliance_order 进行内关联，关联字段为 custID，返回字段包括 custID、custName、sex、age、province、prodName 以及 totalPrice，查询结果如图 5-56 所示。

```
# JOIN 关联查询
SELECT 'JOIN' AS type,
    t1.custID,t1.custName,t1.sex,t1.age,
    t1.province,t2.prodName,t2.totalPrice
FROM store_appliance_userinfo t1
    JOIN store_appliance_order t2 ON t1.custID = t2.custID;
```

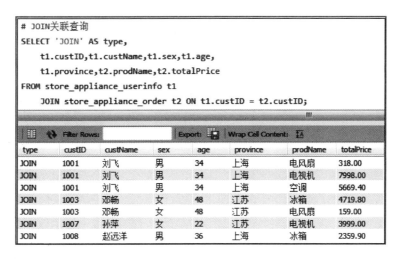

图 5-56　JOIN 关联查询

MySQL 中还有两种方式可以进行内关联，分别是逗号（"，"）和 CROSS JOIN。逗号（"，"）的写法是一种隐式的内关联，而 CROSS JOIN 的本质是交叉关联，虽然标准的 SQL 查询中执行的是纯粹的笛卡儿积，但是在 MySQL 中，逗号（"，"）、JOIN、INNER JOIN 和 CROSS JOIN 这四者是等效的。以下面一段 SQL 脚本为例，查询结果如图 5-57 所示。

```
# 四种内关联查询
SELECT '逗号' AS type,
    t1.*,t2.*
FROM store_appliance_userinfo t1 ,store_appliance_order t2
WHERE t1.custID = t2.custID
    UNION ALL
SELECT 'JOIN' AS type,
```

```
        t1.*,t2.*
    FROM store_appliance_userinfo t1
        JOIN store_appliance_order t2 ON t1.custID = t2.custID
        UNION ALL
    SELECT 'INNER JOIN' AS type,
        t1.*,t2.*
    FROM store_appliance_userinfo t1
        INNER JOIN store_appliance_order t2 ON t1.custID = t2.custID
        UNION ALL
    SELECT 'CROSS JOIN' AS type,
        t1.*,t2.*
    FROM store_appliance_userinfo t1
        CROSS JOIN store_appliance_order t2 ON t1.custID = t2.custID;
```

type	custID	custName	sex	age	city	province	orderID	orderDate	custID	prodD	prodName	num	unitPrice	totalPrice
逗号	1001	刘飞	男	34	上海	上海	200010	2018-02-02	1001	3001	电风扇	2	159.00	318.00
逗号	1001	刘飞	男	34	上海	上海	200011	2018-04-29	1001	3002	电视机	2	3999.00	7998.00
逗号	1001	刘飞	男	34	上海	上海	200012	2018-07-19	1001	3003	空调	3	1889.80	5669.40
逗号	1003	邓畅	女	48	苏州	江苏	200013	2018-10-03	1003	3004	冰箱	2	2359.90	4719.80
逗号	1003	邓畅	女	48	苏州	江苏	200014	2019-01-30	1003	3001	电风扇	1	159.00	159.00
逗号	1007	孙萍	女	22	苏州	江苏	200015	2019-04-08	1007	3002	电视机	1	3999.00	3999.00
逗号	1008	赵远洋	男	36	上海	上海	200016	2019-08-17	1008	3004	冰箱	1	2359.90	2359.90
JOIN	1001	刘飞	男	34	上海	上海	200010	2018-02-02	1001	3001	电风扇	2	159.00	318.00
JOIN	1001	刘飞	男	34	上海	上海	200011	2018-04-29	1001	3002	电视机	2	3999.00	7998.00
JOIN	1001	刘飞	男	34	上海	上海	200012	2018-07-19	1001	3003	空调	3	1889.80	5669.40
JOIN	1003	邓畅	女	48	苏州	江苏	200013	2018-10-03	1003	3004	冰箱	2	2359.90	4719.80
JOIN	1003	邓畅	女	48	苏州	江苏	200014	2019-01-30	1003	3001	电风扇	1	159.00	159.00
JOIN	1007	孙萍	女	22	苏州	江苏	200015	2019-04-08	1007	3002	电视机	1	3999.00	3999.00
JOIN	1008	赵远洋	男	36	上海	上海	200016	2019-08-17	1008	3004	冰箱	1	2359.90	2359.90
INNER JOIN	1001	刘飞	男	34	上海	上海	200010	2018-02-02	1001	3001	电风扇	2	159.00	318.00
INNER JOIN	1001	刘飞	男	34	上海	上海	200011	2018-04-29	1001	3002	电视机	2	3999.00	7998.00
INNER JOIN	1001	刘飞	男	34	上海	上海	200012	2018-07-19	1001	3003	空调	3	1889.80	5669.40
INNER JOIN	1003	邓畅	女	48	苏州	江苏	200013	2018-10-03	1003	3004	冰箱	2	2359.90	4719.80
INNER JOIN	1003	邓畅	女	48	苏州	江苏	200014	2019-01-30	1003	3001	电风扇	1	159.00	159.00
INNER JOIN	1007	孙萍	女	22	苏州	江苏	200015	2019-04-08	1007	3002	电视机	1	3999.00	3999.00
INNER JOIN	1008	赵远洋	男	36	上海	上海	200016	2019-08-17	1008	3004	冰箱	1	2359.90	2359.90
CROSS JOIN	1001	刘飞	男	34	上海	上海	200010	2018-02-02	1001	3001	电风扇	2	159.00	318.00
CROSS JOIN	1001	刘飞	男	34	上海	上海	200011	2018-04-29	1001	3002	电视机	2	3999.00	7998.00
CROSS JOIN	1001	刘飞	男	34	上海	上海	200012	2018-07-19	1001	3003	空调	3	1889.80	5669.40
CROSS JOIN	1003	邓畅	女	48	苏州	江苏	200013	2018-10-03	1003	3004	冰箱	2	2359.90	4719.80
CROSS JOIN	1003	邓畅	女	48	苏州	江苏	200014	2019-01-30	1003	3001	电风扇	1	159.00	159.00
CROSS JOIN	1007	孙萍	女	22	苏州	江苏	200015	2019-04-08	1007	3002	电视机	1	3999.00	3999.00
CROSS JOIN	1008	赵远洋	男	36	上海	上海	200016	2019-08-17	1008	3004	冰箱	1	2359.90	2359.90

图 5-57　四种内关联查询

内关联的逻辑是通过关联字段进行匹配查询，关联字段的值在左右关联表中同时出现，该条记录才能返回。例如，上面脚本中左边的门店电器用户信息表 store_appliance_userinfo 与右边的门店电器零售交易表 store_appliance_order 中同时出现的 custID 包括 1001、1003、1007、1008。客户 1001 购买了 3 件产品，内关联后返回 3 条记录，客户 1003 购买了两件产品，内关联后返回两条记录，客户 1007、1008 都仅购买了 1 件产品，内关联后各返回 1 条记录，内关联示意图如图 5-58 所示。综上所述，两张表进行内关联之后总计返回了 7 条记录。

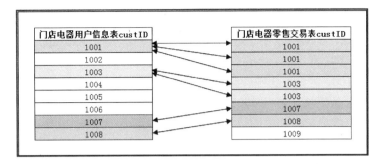

图 5-58　内关联示意图

当然，如果上面这段脚本中没有 WHERE 约束，那么返回的结果是两张表的笛卡儿积，就是将门店电器用户信息表 store_appliance_userinfo 的每条记录与门店电器零售交易表 store_appliance_order 的每条记录进行连接，最终查询返回的结果行数就是门店电器用户信息表 store_appliance_userinfo 的总行数乘以门店电器零售交易表 store_appliance_order 的总行数。

5.4.2　左关联

左关联使用的关键字是 LEFT OUTER JOIN 或 LEFT JOIN，即实际使用中 OUTER 关键字可以省略。例如，门店电器用户信息表 store_appliance_userinfo 与门店电器零售交易表 store_appliance_order 进行左关联，关联字段为 custID，返回字段包括 custID、custName、sex、age、province、prodName 以及 totalPrice，查询结果如图 5-59 所示。

```
# 左关联查询
SELECT t1.custID,t1.custName,t1.sex,t1.age,
    t1.province,t2.prodName,t2.totalPrice
FROM store_appliance_userinfo t1
    LEFT JOIN store_appliance_order t2 ON t1.custID = t2.custID;
```

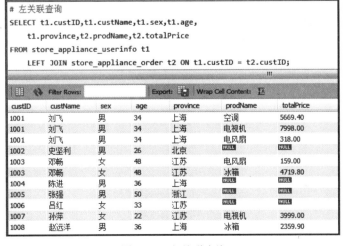

图 5-59　左关联查询

左关联的逻辑是通过关联字段进行匹配查询，左边表的记录全部返回，右边表匹配不到的返回 NULL。例如，上面脚本中左边的门店电器用户信息表 store_appliance_userinfo 与右边的门店电器零售交易表 store_appliance_order 中同时出现的 custID 包括 1001、1003、1007、1008。客户 1001 购买了 3 件产品，左关联后返回 3 条记录，客户 1003 购买了两件产品，左关联后返回两条记录，客户 1007、1008 都仅购买了 1 件产品，左关联后各返回 1 条记录。此外，由于左关联中左边表的记录需要全部返回，因此客户 1002、1004、1005、1006 各返回 1 条记录，右边表匹配 NULL 值，左关联示意图如图 5-60 所示。综上所述，两张表进行左关联之后总计返回 11 条记录。

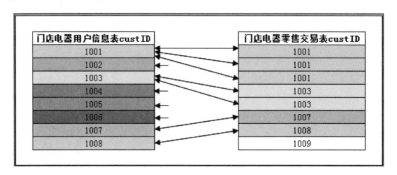

图 5-60 左关联示意图

5.4.3 右关联

右关联使用的关键字是 RIGHT OUTER JOIN 或 RIGHT JOIN，即实际使用中 OUTER 关键字可以省略。例如，将门店电器用户信息表 store_appliance_userinfo 与门店电器零售交易表 store_appliance_order 进行右关联，关联字段为 custID，返回字段包括 custID、custName、sex、age、province、prodName 以及 totalPrice，查询结果如图 5-61 所示。

```
# 右关联查询
SELECT t1.custID,t1.custName,t1.sex,t1.age,
    t1.province,t2.prodName,t2.totalPrice
FROM store_appliance_userinfo t1
    RIGHT JOIN store_appliance_order t2 ON t1.custID = t2.custID;
```

右关联的逻辑是通过关联字段进行匹配查询，右边表的记录全部返回，左边表匹配不到的返回 NULL。例如，上面脚本中左边的门店电器用户信息表 store_appliance_userinfo 与右边的门店电器零售交易表 store_appliance_order 中同时出现的 custID 包括 1001、1003、1007、1008。客户 1001 购买了 3 件产品，右关联后返回 3 条记录，客户 1003 购买了两件产品，右关联后返回两条记录，客户 1007、1008 都仅购买了 1 件产品，右关联后各返回 1 条记录。此外，由于右关联中右边表的记录需要全部返回，因此客户 1009 返回 1 条记录，左边表匹配 NULL 值，右关联示意图如图 5-62 所示。综上所述，两张表进行右关联之后总计返回 8 条记录。

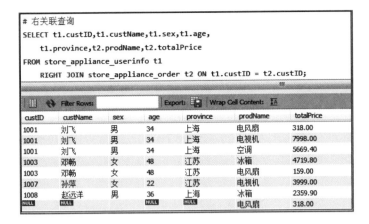

图 5-61　右关联查询

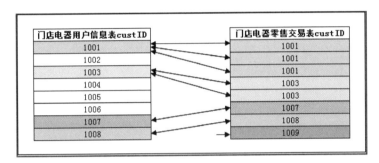

图 5-62　右关联示意图

5.4.4　全关联

什么是全关联呢？全关联指的是返回左边表的全部记录与右边表的全部记录的合集，也就是说，除关联字段的笛卡儿积计算后的记录以外，还要加上左边表有但右边表无的记录以及右边表有但左边表无的记录。Oracle、SQL Server 等数据库中的全关联使用的关键字是 FULL OUTER JOIN 或 FULL JOIN。截至 8.0 版本，MySQL 数据库不支持全关联，但可以通过"左关联 UNION 右关联"来实现全关联的效果。例如，将门店电器用户信息表 store_appliance_userinfo 与门店电器零售交易表 store_appliance_order 进行全关联，关联字段为 custID，返回字段包括 custID、custName、sex、age、province、prodName 以及 totalPrice，查询结果如图 5-63 所示。

```
# 全关联查询
SELECT t1.custID,t1.custName,t1.sex,t1.age,
    t1.province,t2.prodName,t2.totalPrice
FROM store_appliance_userinfo t1
    LEFT JOIN store_appliance_order t2 ON t1.custID = t2.custID
UNION
SELECT t1.custID,t1.custName,t1.sex,t1.age,
```

```
          t1.province,t2.prodName,t2.totalPrice
FROM store_appliance_userinfo t1
          RIGHT JOIN store_appliance_order t2 ON t1.custID = t2.custID;
```

```
# 全关联查询
SELECT t1.custID,t1.custName,t1.sex,t1.age,
       t1.province,t2.prodName,t2.totalPrice
FROM store_appliance_userinfo t1
       LEFT JOIN store_appliance_order t2 ON t1.custID = t2.custID
UNION
SELECT t1.custID,t1.custName,t1.sex,t1.age,
       t1.province,t2.prodName,t2.totalPrice
FROM store_appliance_userinfo t1
       RIGHT JOIN store_appliance_order t2 ON t1.custID = t2.custID;
```

custID	custName	sex	age	province	prodName	totalPrice
1001	刘飞	男	34	上海	空调	5669.40
1001	刘飞	男	34	上海	电视机	7998.00
1001	刘飞	男	34	上海	电风扇	318.00
1002	史坚利	男	26	北京	NULL	NULL
1003	邓畅	女	48	江苏	电风扇	159.00
1003	邓畅	女	48	江苏	冰箱	4719.80
1004	陈进	男	36	上海	NULL	NULL
1005	张强	男	50	浙江	NULL	NULL
1006	吕红	女	33	江苏	NULL	NULL
1007	孙萍	女	22	江苏	电视机	3999.00
1008	赵远洋	男	36	上海	冰箱	2359.90
NULL	NULL	NULL	NULL	NULL	电风扇	318.00

图 5-63 全关联查询

全关联查询的逻辑是通过关联字段进行匹配查询，左边表与右边表的记录全部返回。例如，上面脚本中左边的门店电器用户信息表 store_appliance_userinfo 与右边的门店电器零售交易表 store_appliance_order 中同时出现的 custID 包括 1001、1003、1007、1008。客户 1001 购买了 3 件产品，全关联后返回 3 条记录，客户 1003 购买了两件产品，全关联后返回两条记录，客户 1007、1008 都仅购买了 1 件产品，全关联后各返回 1 条记录。此外，由于全关联中左边表与右边表的记录需要全部返回，因此客户 1002、1004、1005、1006 各返回 1 条记录，右边表匹配 NULL 值，客户 1009 返回 1 条记录，左边表匹配 NULL 值，全关联示意图如图 5-64 所示。综上所述，两张表进行全关联之后总计返回 12 条记录。

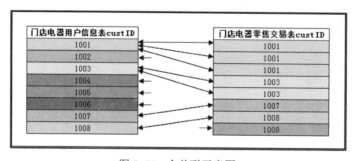

图 5-64 全关联示意图

从上面四种不同类型的关联查询可以看出，关联查询的核心都是笛卡儿积，但相互之间都是有差异的。关联查询后返回的结果是不同的，分别如下所示：

- 两张表进行内关联之后总计返回 7 条记录；
- 两张表进行左关联之后总计返回 11 条记录；
- 两张表进行右关联之后总计返回 8 条记录；
- 两张表进行全关联之后总计返回 12 条记录。

5.5　合并查询

合并查询指的是数据的行合并查询。在 SQL 语法中，通常使用 UNION 或 UNION ALL 关键字来实现数据的行合并操作，它们可以将两个或者多个 SELECT 查询语句返回的结果集在垂直方向上合并到一起。SQL 合并查询语法如下所示：

```
SELECT column_names FROM table_name1
UNION
SELECT column_names FROM table_name2;
#或者
SELECT column_names FROM table_name1
UNION ALL
SELECT column_names FROM table_name2;
```

SQL 合并查询语句需要注意以下 5 点：

- 合并的每个独立 SELECT 语句必须拥有相同数量的列；
- 合并的每个独立 SELECT 语句中的对应列的顺序必须一致；
- 合并的每个独立 SELECT 语句中的对应列的类型必须相似；
- 合并之后的结果集的列标题使用第一个 SQL 语句中的列名；
- UNION 会对合并后的结果集中相同行的数据去重，仅保留重复行的其中一条，而 UNION ALL 不会去重。

5.5.1　去重合并查询

去重合并查询使用的是 UNION 关键字，通过 UNION 将两个或者多个 SELECT 查询语句返回的结果集在垂直方向上合并到一起，并实现去重操作。

示例：查询门店电器用户信息表 store_appliance_userinfo 中男性与女性的所属省份，并将所属省份数据行合并到一起（去重），查询结果如图 5-65 所示。

```
# 将所属省份数据行合并到一起（去重）
SELECT province
FROM store_appliance_userinfo
WHERE sex = '男'
UNION
SELECT province
FROM store_appliance_userinfo
WHERE sex = '女';
```

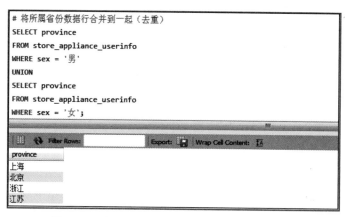

图 5-65　将所属省份数据行合并到一起（去重）

5.5.2　不去重合并查询

不去重合并查询使用的是 UNION ALL 关键字，该关键字可将两个或者多个 SELECT 查询语句返回的结果集在垂直方向上合并到一起，行合并之后的数据不会进行去重操作。

示例：查询门店电器用户信息表 store_appliance_userinfo 中男性与女性的所属省份，并将所属省份数据行合并到一起（不去重），查询结果如图 5-66 所示。

```
# 将所属省份数据行合并到一起（不去重）
SELECT province
FROM store_appliance_userinfo
WHERE sex = '男'
UNION ALL
SELECT province
FROM store_appliance_userinfo
WHERE sex = '女';
```

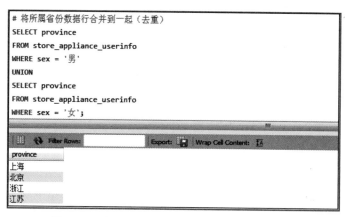

图 5-66　将所属省份数据行合并到一起（不去重）

5.6 分组排序查询

4.1 节中提到了关于字段的排序功能，基于 ORDER BY 关键字可以实现单个字段的升序和降序排列，也可以实现多个字段按照先后顺序分别进行升序和降序排列。但是，ORDER BY 关键字无法解决分组排序的问题，如不同性别内年龄的排序问题、不同产品内总价的排序问题，只要涉及维度分组后再排序的问题，就不能用 ORDER BY 解决。因此，MySQL 在 8.0 版本之后新增了几个窗口函数，可以帮助用户快速解决这些排序问题。这里涉及排序的窗口函数有 RANK、DENSE_RANK、ROW_NUMBER，下面讲解这 3 个函数的相同点与不同点。

函数的相同点：

● 基于字段分组并实现字段的排序；

● 在数据表的基础上创建新的排序字段。

函数的不同点：排序的规则有所不同。排序规则见表 5-6。

表 5-6 3 个函数的排序规则

函数	排序规则
RANK	在不同的分组内分配行号，相同值分配相同的行号（有间隙）
DENSE_RANK	在不同的分组内分配行号，相同值分配相同的行号（无间隙）
ROW_NUMBER	在不同的分组内分配行号，相同值分配不同的行号

下面以一组客户购买商品的成交总价为例，展现这三个函数在排序结果呈现上的差别，具体数据和排序结果见表 5-7。

表 5-7 客户购买商品总价和不同函数排序结果

custID	totalPrice	RANK	DENSE_RANK	ROW_NUMBER
1001	8800	1	1	1
1002	8800	1	1	2
1003	8800	1	1	3
1004	7000	4	2	4
1005	7000	4	2	5
1006	6500	6	3	6
1007	6000	7	4	7
1008	5800	8	5	8
1009	5500	9	6	9
1010	5000	10	7	10

从表 5-7 可以看出，RANK 和 DENSE_RANK 对相同的数值都分配了相同的行号，但是 RANK 分配的行号之间会出现间隙，而 DENSE_RANK 分配的行号之间无间隙。此外，ROW_NUMBER 不会出现相同的行号，函数在运行后会给所有的数值分配不同的行号进行

区分。SQL 分组排序查询函数语法如下所示：

- RANK() OVER ([PARTITION BY column_name1] ORDER BY column_name2 ASC [DESC])
- DENSE_RANK() OVER ([PARTITION BY column_name1] ORDER BY column_name2 ASC[DESC])
- ROW_NUMBER() OVER ([PARTITION BY column_name1] ORDER BY column_name2 ASC[DESC])

从上面的语法中可以看出，当仅对某一列进行排序且不需要进行分组时，PARTITION BY 可以省略；当对某一列进行排序且需要分组时，PARTITION BY 则不可以省略；此外 ORDER BY 后面可以选择升序（ASC）或者降序（DESC），省略则默认升序。

示例 1：查询门店电器用户信息表 store_appliance_userinfo 中的客户信息并对年龄从高到低排序（三种排序方式），查询结果如图 5-67 所示。

```
# 查询客户信息并对年龄从高到低排序（三种排序方式）
SELECT *,
    RANK() OVER (ORDER BY age DESC) AS rank_ranks,
    DENSE_RANK() OVER (ORDER BY age DESC) AS dense_rank_ranks,
    ROW_NUMBER() OVER (ORDER BY age DESC) AS row_number_ranks
FROM store_appliance_userinfo;
```

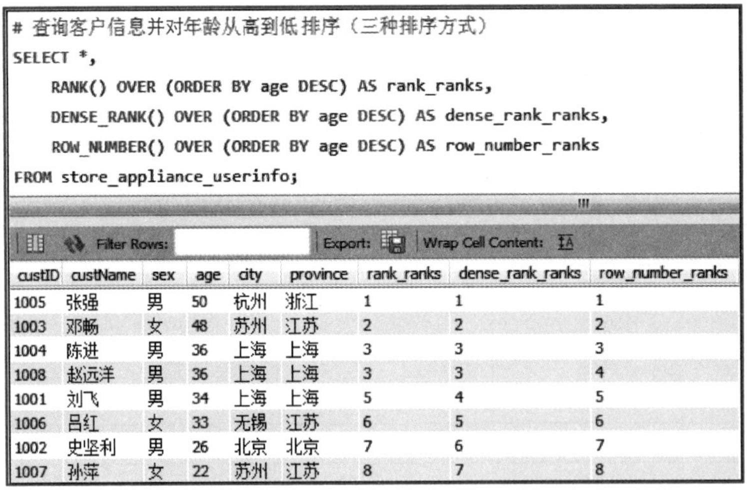

```
# 查询客户信息并对年龄从高到低排序（三种排序方式）
SELECT *,
    RANK() OVER (ORDER BY age DESC) AS rank_ranks,
    DENSE_RANK() OVER (ORDER BY age DESC) AS dense_rank_ranks,
    ROW_NUMBER() OVER (ORDER BY age DESC) AS row_number_ranks
FROM store_appliance_userinfo;
```

custID	custName	sex	age	city	province	rank_ranks	dense_rank_ranks	row_number_ranks
1005	张强	男	50	杭州	浙江	1	1	1
1003	邓畅	女	48	苏州	江苏	2	2	2
1004	陈进	男	36	上海	上海	3	3	3
1008	赵远洋	男	36	上海	上海	3	3	4
1001	刘飞	男	34	上海	上海	5	4	5
1006	吕红	女	33	无锡	江苏	6	5	6
1002	史坚利	男	26	北京	北京	7	6	7
1007	孙萍	女	22	苏州	江苏	8	7	8

图 5-67　查询客户信息并对年龄从高到低排序

当然，对于分组排序的窗口函数，可以使用一种简写的方式来书写上面一段 SQL 语句，能够达到相同的效果。简写的 SQL 语法格式如下所示：

```
# SQL 简写方式如下所示
SELECT *,
    RANK() OVER w AS rank_ranks,
    DENSE_RANK() OVER w AS dense_rank_ranks,
```

```
        ROW_NUMBER() OVER w AS row_number_ranks
FROM store_appliance_userinfo
WINDOW w AS (ORDER BY age DESC);
```

示例 2：查询门店电器用户信息表 store_appliance_userinfo 中的客户信息并在不同性别内对年龄从高到低排序（三种排序方式），查询结果如图 5-68 所示。

```
# 查询客户信息并在不同性别内对年龄从高到低排序（三种排序方式）
SELECT *,
    RANK() OVER (PARTITION BY sex ORDER BY age DESC) AS rank_ranks,
    DENSE_RANK() OVER (PARTITION BY sex ORDER BY age DESC) AS dense_rank_ranks,
    ROW_NUMBER() OVER (PARTITION BY sex ORDER BY age DESC) AS row_number_ranks
FROM store_appliance_userinfo;
```

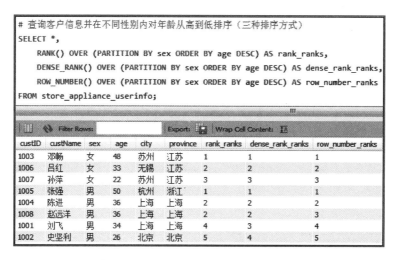

图 5-68　查询客户信息并在不同性别内对年龄从高到低排序

示例 3：查询门店电器用户信息表 store_appliance_userinfo 中不同省份的人数并对人数从低到高排序（三种排序方式），查询结果如图 5-69 所示。

```
# 查询不同省份的人数并对人数从低到高排序（三种排序方式）
SELECT province,
    COUNT(*) AS "人数",
    RANK() OVER (ORDER BY count(*)) AS rank_ranks,
    DENSE_RANK() OVER (ORDER BY count(*)) AS dense_rank_ranks,
    ROW_NUMBER() OVER (ORDER BY count(*)) AS row_number_ranks
FROM store_appliance_userinfo
GROUP BY 1;
```

提示：

● 不需要分组时可以忽略 PARTITION BY 关键字。

● ORDER BY 关键字后面可以直接跟聚合函数。

● 当字段需要升序排列时，ASC 关键字可以省略。

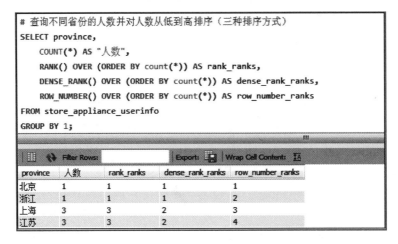

图 5-69　查询不同省份的人数并对人数从低到高排序（三种排序方式）

示例 4：查询门店电器零售交易表 store_appliance_order 中不同产品总价排名前两名的交易信息，查询结果如图 5-70 所示。

```
# 查询不同产品总价排名前两名的交易信息
SELECT *
FROM (SELECT *,
    ROW_NUMBER() OVER (PARTITION BY prodName
                            ORDER BY totalPrice DESC) AS ranks
    FROM store_appliance_order) AS tt
WHERE ranks <= 2;
```

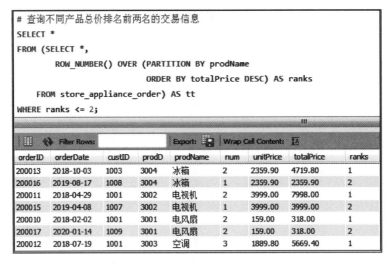

图 5-70　查询不同产品总价排名前两名的交易信息

提示：

● 此示例查询的是不同产品内总价的排名，需要使用 PARTITION BY 关键字；

- 此示例查询的是不同产品总价排名前两名的交易信息，需要对总价字段 totalPrice 降序排序（DESC）（如果查询的是倒数两名的交易信息，则需要对总价字段 totalPrice 升序排序（ASC））；
- ROW_NUMBER 函数作为新增字段，无法直接对这个字段进行约束，因此需要将含有 ROW_NUMBER 函数的语句返回的结果当成一张子表，然后在该子表的基础上进行字段约束。

5.7　转置查询

工作中有时候需要将表进行转置，将原数据中的某一列作为维度并将它转换为列标题，这种转置在 Excel 中可以轻松地使用透视表来完成。数据库中的转置查询需要借助函数来实现，Oracle 和 SQL Server 数据库中的 pivot 函数可以快速实现转置查询，而 MySQL 数据库暂无此函数。因此，MySQL 目前需要借助 CASE...WHEN、IF、聚合函数（MAX、MIN、SUM、AVG）来实现转置查询。

如图 5-71 所示，如果需要将左边表的数据转置成右边表的数据，就用到了转置操作，需要将 prodName 字段作为维度并将它转换为列标题。下面讲解如何进行转置操作的 SQL 查询。

custName	prodName	totalPrice
刘飞	电风扇	318.00
刘飞	电视机	7998.00
刘飞	空调	5669.40
邓畅	冰箱	4719.80
邓畅	电风扇	159.00
孙萍	电视机	3999.00
赵远洋	冰箱	2359.90

custName	冰箱	电风扇	电视机	空调
邓畅	4719.80	159.00		
刘飞		318.00	7998.00	5669.40
孙萍			3999.00	
赵远洋	2359.90			

图 5-71　表的转置

基于门店电器用户信息表 store_appliance_userinfo 与门店电器零售交易表 store_appliance_order 的内关联查询，返回 custName、prodName、totalPrice 这三个字段，语法如下所示：

```
SELECT t1.custName,
    t2.prodName,
    t2.totalPrice
FROM store_appliance_userinfo t1
    JOIN store_appliance_order t2 ON t1.custID = t2.custID;
```

执行完上段 SQL 语句，返回的结果如图 5-71 左边的表所示。转置查询的过程可以先使用 CASE...WHEN 关键字来实现，查询结果如图 5-72 所示。

```
# 基于 CASE...WHEN 实现转置查询（嵌套）
SELECT custName,
    MAX(CASE WHEN prodName = '冰箱' then totalPrice ELSE NULL END) AS "冰箱",
    MAX(CASE WHEN prodName = '电风扇' then totalPrice ELSE NULL END) AS "电风扇",
    MAX(CASE WHEN prodName = '电视机' then totalPrice ELSE NULL END) AS "电视机",
    MAX(CASE WHEN prodName = '空调' then totalPrice ELSE NULL END) AS "空调"
FROM (SELECT t1.custName,
        t2.prodName,
        t2.totalPrice
    FROM store_appliance_userinfo t1
        JOIN store_appliance_order t2 ON t1.custID = t2.custID) tt
GROUP BY 1;
# 基于 CASE...WHEN 实现转置查询（无嵌套）
SELECT custName,
    MAX(CASE WHEN prodName = '冰箱' then totalPrice ELSE NULL END) AS "冰箱",
    MAX(CASE WHEN prodName = '电风扇' then totalPrice ELSE NULL END) AS "电风扇",
    MAX(CASE WHEN prodName = '电视机' then totalPrice ELSE NULL END) AS "电视机",
    MAX(CASE WHEN prodName = '空调' then totalPrice ELSE NULL END) AS "空调"
FROM store_appliance_userinfo t1
    JOIN store_appliance_order t2 ON t1.custID = t2.custID
GROUP BY 1;
```

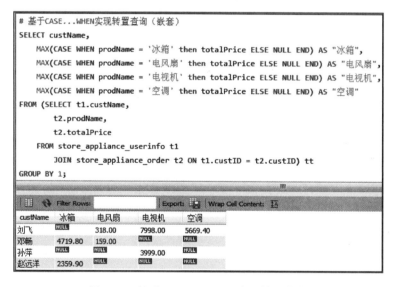

图 5-72　基于 CASE...WHEN 实现转置查询

上面两段 SQL 脚本都能实现转置查询，第一段使用了表的子查询，将两张表内关联查询的结果作为一张子表，然后在子表的基础上进行转置查询；第二段没有使用子查询，直接在两张表内关联查询的结果上使用 CASE...WHEN 进行转置查询，主要是由于两张表内关联查询后并没有对字段进行聚合处理，因此，可以在返回的结果上直接进行转置查询。

当然，转置查询的过程也可以使用 IF 关键字来实现，查询结果如图 5-73 所示。

```
# 基于 IF 实现转置查询（无嵌套）
SELECT custName,
    MAX(IF(prodName = '冰箱',totalPrice,NULL)) AS "冰箱",
    MAX(IF(prodName = '电风扇',totalPrice,NULL)) AS "电风扇",
    MAX(IF(prodName = '电视机',totalPrice,NULL)) AS "电视机",
    MAX(IF(prodName = '空调',totalPrice,NULL)) AS "空调"
FROM store_appliance_userinfo t1
    JOIN store_appliance_order t2 ON t1.custID = t2.custID
GROUP BY 1;
```

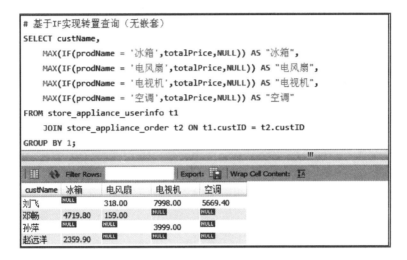

图 5-73　基于 IF 实现转置查询

无论是通过 CASE…WHEN 还是 IF 实现转置查询，上面的 SQL 脚本中仅用到了聚合函数 MAX，其实还可以使用 MIN、SUM、AVG 聚合函数来实现转置的查询。当每个客户购买的不同产品仅有一条记录时，这四个聚合函数实现的转置查询是无差别的，查询结果如图 5-74 所示。

```
# 基于不同聚合函数实现转置查询
SELECT custName,
    MAX(IF(prodName = '冰箱',totalPrice,NULL)) AS "冰箱",
    MIN(IF(prodName = '冰箱',totalPrice,NULL)) AS "冰箱",
    SUM(IF(prodName = '冰箱',totalPrice,NULL)) AS "冰箱",
    AVG(IF(prodName = '冰箱',totalPrice,NULL)) AS "冰箱",
    # COUNT 用于不同学生的考试科目计数
    COUNT(IF(prodName = '冰箱',totalPrice,NULL)) AS "冰箱"
FROM store_appliance_userinfo t1
    JOIN store_appliance_order t2 ON t1.custID = t2.custID
GROUP BY 1;
```

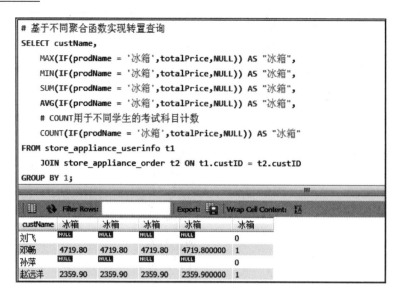

图 5-74　基于不同聚合函数实现转置查询

除 COUNT 函数之外，其他聚合函数返回的结果一致，主要是由于每个客户购买的产品仅有一条记录。如果一个客户购买某一个产品有多条记录时，不同的聚合函数返回的结果就不一致了。例如，客户刘飞购买的电风扇有两条记录，总价分别为 318.00 元和 636.00 元，转置查询使用 MAX 函数返回的是 636.00，MIN 函数返回是 318.00，SUM 函数返回的是954.00，AVG 函数返回的是 477.00，COUNT 函数返回的是 2。

## 第 6 章

封装 **SQL** 语句的表——视图的增删与查询

视图（View）是一种虚拟存在的表，但它并不实际存在于数据库中。视图也是由列和行构成，行和列的数据来自于定义视图的查询中所使用的表，并且还是在使用视图时动态生成的。

在使用视图查询数据时，数据库会从真实表中取出对应的数据。因此，可以理解为视图中存放的是一段 SQL 语句，视图查询数据的源表是真实存在于数据库中的，一旦源表中的数据发生改变，那么显示在视图中的数据也会发生改变。

视图可以对源表进行数据筛选，因此，可以根据不同用户的需求建立不同的视图，通过视图屏蔽无用的信息或敏感的信息，这样使得应用简单化，同时也保证了系统的安全。

综上所述，视图相对于普通表的优势在于以下 3 点。

- 简单。根据不同用户的需求，建立不同的视图，降低数据库的复杂程度，减少占据磁盘的冗余数据。此外，用户完全不需要关心源表的结构、关联条件、筛选条件等，操作起来相对简单、高效。
- 独立。在视图结构确定之后，可以屏蔽源表结构变化对用户的影响，源表字段的增加对视图没有影响。源表修改列名的问题，可以通过修改视图来解决，不会造成对用户的影响。
- 安全。视图可以防止未经许可的用户接触到敏感的数据信息，用户只能访问源表筛选过滤后的结果集。此外，对表的权限管理不能限制到行和列的范围，可以通过视图轻松实现对数据隐私的保护。

本章用到的两张数据表都是和 App 贷款业务相关的，分别为贷款用户信息表 loan_userinfo、贷款业务明细表 loan_details。贷款用户信息表中字段包含贷款客户的基础信息，贷款业务明细表中字段包含贷款客户 ID、贷款产品信息（包含贷款产品名称、贷款期次、贷款利率、贷款金额等）等，字段解释见表 6-1 和表 6-2。

表 6-1 贷款用户信息表的字段解释

字段名称	字段类型	字段解释
custID	INT	客户 ID
custName	VARCHAR(100)	客户姓名
sex	VARCHAR(100)	性别
age	INT	年龄
city	VARCHAR(100)	城市
province	VARCHAR(100)	省份
education	VARCHAR(100)	学历
income	DECIMAL(10,2)	年收入
is_property	INT	是否有房产
is_car	INT	是否有车

表 6-2 贷款业务明细表的字段解释

字段名称	字段类型	字段解释
orderID	INT	贷款 ID
orderDate	DATE	贷款日期
custID	INT	客户 ID
prodD	INT	贷款产品 ID
prodName	VARCHAR(100)	贷款产品名称
period	INT	贷款产品期次
rate	DECIMAL(10,4)	贷款产品费率
amount	DECIMAL(10,2)	贷款金额

贷款用户信息表 loan_userinfo、贷款业务明细表 loan_details 的表结构创建以及数据记录插入的 SQL 脚本如下所示：

```
# 创建贷款用户信息表
CREATE TABLE loan_userinfo(
    custID INT,
    custName VARCHAR(100),
    sex VARCHAR(100),
    age INT,
    city VARCHAR(100),
    province VARCHAR(100),
    education VARCHAR(100),
    income DECIMAL(10,2),
    is_property INT,
    is_car INT
);
```

```
# 创建贷款业务明细表
CREATE TABLE loan_details(
    orderID INT,
    orderDate DATE,
    custID INT,
    prodD INT,
    prodName VARCHAR(100),
    period INT,
    rate DECIMAL(10,4),
    amount DECIMAL(10,2)
);
# 插入数据
INSERT INTO loan_userinfo
VALUES (4001,'Emma','female',32,'Seattle','Washington','master',32000,1,1),
    (4002,'Kaitlyn','female',21,'Orlando','Florida','bachelor',25000,1,1),
    (4003,'Jackson','male',37,'Norfolk','Virginia','master',39000,1,0),
    (4004,'Adrian','male',20,'Portland','Maine','bachelor',30000,0,1),
    (4005,'Ava','female',27,'Dayton','Ohio','bachelor',22000,0,1),
    (4006,'Brody','male',25,'Mobile','Alabama','bachelor',21000,1,1),
    (4007,'Leah','female',28,'Miami','Florida','doctor',62000,1,1),
    (4008,'Charles','male',24,'Cleveland','Ohio','master',45000,0,1),
    (4009,'Sarah','female',28,'Richmond','Virginia','doctor',69000,1,1),
    (4010,'Luis','male',20,'Toledo','Ohio','bachelor',24000,0,0);
INSERT INTO loan_details
VALUES (650001,'2019-04-16',4001,5001,'大海鱼贷 6 月期',6,0.0823,21000),
    (650002,'2020-02-09',4003,5002,'大海鱼贷 12 月期',12,0.0626,153000),
    (650003,'2020-03-03',4005,5003,'大海鱼贷 18 月期',18,0.0665,153000),
    (650004,'2020-06-15',4005,5002,'大海鱼贷 12 月期',12,0.0706,148000),
    (650005,'2020-07-28',4006,5002,'大海鱼贷 12 月期',12,0.0515,179000),
    (650006,'2020-09-11',4006,5003,'大海鱼贷 18 月期',18,0.0975,57000),
    (650007,'2021-01-02',4006,5004,'大海鱼贷 24 月期',24,0.0591,81000),
    (650008,'2021-02-01',4010,5002,'大海鱼贷 12 月期',12,0.0858,93000);
```

6.1 视图的创建

视图的创建指的是基于数据库中的源表（单表或多表关联）而创建视图的过程，用户可以根据实际工作需求创建不同功能的视图。视图的创建可以分为单表视图的创建和多表视图的创建。视图的创建语法如下所示：

```
CREATE VIEW view_table_name
    AS
SELECT t1.column_names,
    t2.column_names
FROM table_name1 AS t1
    [INNER] JOIN|LEFT JOIN|RIGHT JOIN table_name2 AS t2
    ON t1.column_name = t2.column_name;
```

6.1.1　单表视图的创建

基于单张表的数据查询而创建视图的过程称为单表视图的创建。例如，将贷款用户信息表 loan_userinfo 作为源表来创建一张完整的视图，视图创建时，源表的字段和记录内容不做任何条件的筛选，创建语法如下所示：

```
CREATE VIEW view_loan_userinfo
    AS
SELECT *
FROM loan_userinfo;
```

执行完上面一段 SQL 脚本，数据库中就会创建成功一个名为 view_loan_userinfo 的视图。用户可以在此视图的基础进行数据查询，由于该视图的创建过程中没有进行任何条件筛选，因此用户可以查询到与源表一致的数据集。

当然，之前提到视图更为便捷、高效、安全，其原因在于可以根据不同用户的需求创建不同的视图，向不同的用户群体赋予不同的权限。例如，A 部门只能看到的客户字段信息有姓名、性别和年龄，B 部门只能看到的客户字段信息有姓名、学历和收入，C 部门只能看到地区为 Florida 且客户字段信息包括姓名、是否有房产和是否有车的信息。根据 A、B、C 部门不同的需求来创建不同的视图，创建语法如下所示：

```
# 创建视图——客户字段信息有姓名、性别和年龄
CREATE VIEW view_loan_userinfo_a
    AS
SELECT custName,sex,age
FROM loan_userinfo;

# 创建视图——客户字段信息有姓名、学历和收入
CREATE VIEW view_loan_userinfo_b
    AS
SELECT custName,education,income
FROM loan_userinfo;

# 创建视图——地区为 Florida 且客户字段信息包括姓名、是否有房产和是否有车
CREATE VIEW view_loan_userinfo_c
    AS
SELECT custName,is_property,is_car
FROM loan_userinfo
WHERE province = 'Florida';
```

执行完上面三段 SQL 脚本，数据库中就会成功创建三张视图，创建成功后的视图结构如图 6-1 所示。

如上所示，视图创建完成后可以通过 MySQL Workbench 的导航窗口看到创建后的视图名称和字段名称。除此之外，也可以通过 DESC 关键字查看视图结构，查询语法如下所示：

```
# 查询视图结构
DESC view_loan_userinfo;
```

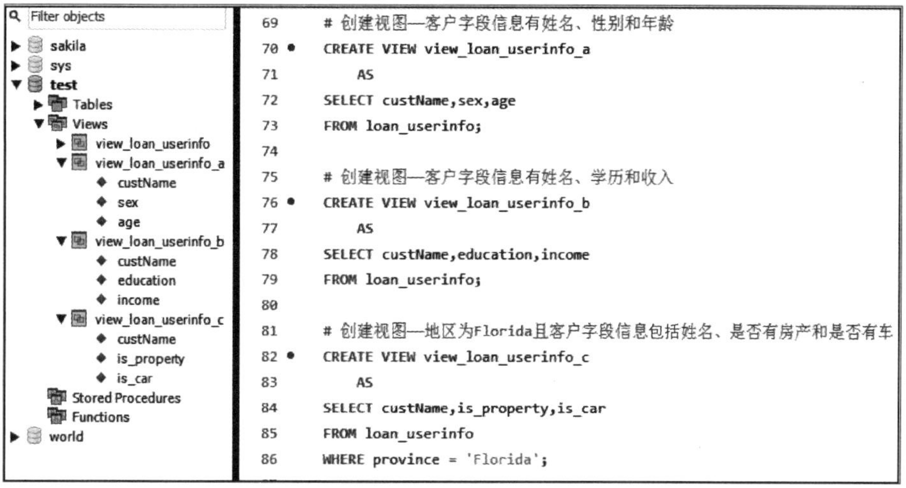

图 6-1　单表视图的创建

6.1.2　多表视图的创建

基于多张表的数据查询而创建视图的过程称为多表视图的创建。例如，将贷款用户信息表 loan_userinfo 与贷款业务明细表 loan_details 两张表作为源表来创建一张视图，创建完成后的视图字段包括 custID、custName、income、orderDate、prodName、amount，创建语法如下所示：

```
CREATE VIEW view_loan_userinfo_details
    AS
SELECT t1.custID,t1.custName,t1.income,t2.orderDate,t2.prodName,t2.amount
FROM loan_userinfo t1
    JOIN loan_details t2 ON t1.custID = t2.custID;
```

在执行完上段 SQL 脚本后，数据库中就会成功创建一张多表视图，通过关键字 DESC，可以查看视图结构，查询结果如图 6-2 所示。

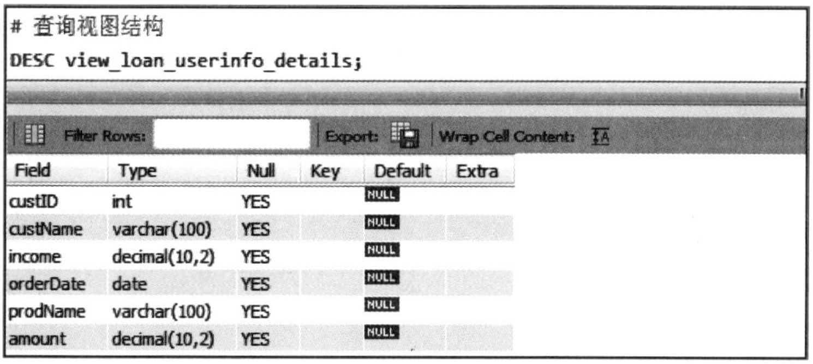

图 6-2　多表视图的结构查询

157

6.2　视图的删除

视图的删除是通过关键字 DROP VIEW 来实现的，既可以一次删除一张视图，又可以一次删除多张视图。删除视图的语法如下所示：

```
DROP VIEW IF EXISTS view_table_name1, view_table_name2,…;
```

例如，下面给读者演示一次删除一张视图 view_loan_userinfo 和一次删除三张视图 view_loan_userinfo_a、view_loan_userinfo_b、view_loan_userinfo_c 的过程，语法如下所示：

```
# 删除一张视图 view_loan_userinfo
DROP VIEW IF EXISTS view_loan_userinfo;

# 删除三张视图 view_loan_userinfo_a、view_loan_userinfo_b、view_loan_userinfo_c
DROP VIEW IF EXISTS view_loan_userinfo_a,view_loan_userinfo_b,view_loan_userinfo_c;
```

6.3　视图的修改

视图的修改可以分为两大类，一类是针对创建视图 SQL 的修改，通过修改，可以改变整个视图的查询内容，另一类是针对视图内容的增删改，通过对视图的增删改，实现对源表数据的修改。

针对创建视图 SQL 的修改可以使用关键字 ALTER VIEW 来实现，当然，也可以先使用关键字 DROP VIEW 删除视图，再使用关键字 CREATE VIEW 创建视图来实现。

```
# 针对创建视图 SQL 的修改的语法
ALTER VIEW view_table_name
    AS
SELECT t1.column_names,
    t2.column_names
FROM table_name1 AS t1
    [INNER] JOIN|LEFT JOIN|RIGHT JOIN table_name2 AS t2
    ON t1.column_name = t2.column_name;
```

示例 1：将之前创建成功的视图 view_loan_userinfo 的查询 SQL 进行修改，修改后的视图可以查询的字段信息有姓名、性别、年龄、学历和年收入，语法如下所示：

```
# 修改创建视图的 SQL
ALTER VIEW view_loan_userinfo
    AS
SELECT custName,sex,age,education,income
FROM loan_userinfo;
```

针对视图内容的增删改分别通过关键字 INSERT、DELETE、UPDATE 来实现，这类修改的语法和表的增删改的语法是一致的。由于视图是一个虚拟表，数据来自于源表，因此针对视图内容的插入、删除和修改操作，本质上是对视图所引用的源表中的数据进行的修改，语法如下所示：

```
# 针对视图内容的增删改的语法
# 视图的插入
INSERT INTO view_table_name
VALUES (value1,value2,value3,...);
# 视图的删除
DELETE FROM view_table_name
WHERE conditions;
# 视图的修改
UPDATE view_table_name
SET column_name1 = value1,column_name2 = value2,...
WHERE conditions;
```

示例 2：向视图 view_loan_userinfo_a 中插入一条客户 Alisa 的信息，查询结果分别如图 6-3、图 6-4 所示。

```
# 插入一条客户 Alisa 的信息
INSERT INTO view_loan_userinfo_a
VALUES ('Alisa','female',22);
# 查询插入数据后的视图内容
SELECT *
FROM view_loan_userinfo_a;
# 查询源表的数据
SELECT *
FROM loan_userinfo;
```

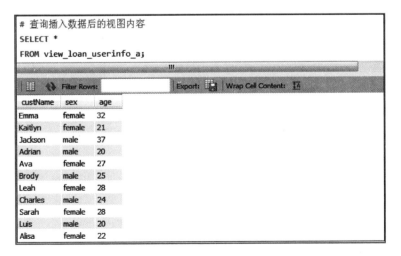

图 6-3　查询插入数据后的视图内容

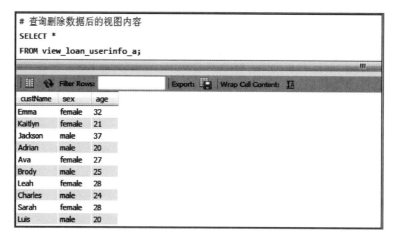

图 6-4　查询源表的数据

从上面的查询结果中可以看出，向视图 view_loan_userinfo_a 中插入一条客户 Alisa 的信息，使得源表 loan_userinfo 中也增加了一条关于客户 Alisa 的信息。

示例 3：删除示例 2 中向视图 view_loan_userinfo_a 中插入的客户 Alisa 的信息，查询结果分别如图 6-5、图 6-6 所示。

```
# 删除客户 Alisa 的信息
DELETE FROM view_loan_userinfo_a
WHERE custName = 'Alisa';
# 查询删除数据后的视图内容
SELECT *
FROM view_loan_userinfo_a;
# 查询源表的数据
SELECT *
FROM loan_userinfo;
```

图 6-5　查询删除数据后的视图内容

```
# 查询源表的数据
SELECT *
FROM loan_userinfo;
```

custID	custName	sex	age	city	province	education	income	is_property	is_car
4001	Emma	female	32	Seattle	Washington	master	32000.00	1	1
4002	Kaitlyn	female	21	Orlando	Florida	bachelor	25000.00	1	1
4003	Jackson	male	37	Norfolk	Virginia	master	39000.00	1	0
4004	Adrian	male	20	Portland	Maine	bachelor	30000.00	0	1
4005	Ava	female	27	Dayton	Ohio	bachelor	22000.00	0	1
4006	Brody	male	25	Mobile	Alabama	bachelor	21000.00	1	1
4007	Leah	female	28	Miami	Florida	doctor	62000.00	1	1
4008	Charles	male	24	Cleveland	Ohio	master	45000.00	1	0
4009	Sarah	female	28	Richmond	Virginia	doctor	69000.00	1	1
4010	Luis	male	20	Toledo	Ohio	bachelor	24000.00	0	0

图 6-6　查询源表的数据

从上面的查询结果中可以看出，删除视图 view_loan_userinfo_a 中的客户 Alisa 的信息，使得源表 loan_userinfo 中客户 Alisa 的信息也被删除。

示例 4：修改视图 view_loan_userinfo_a 中客户 Brody 的年龄为 30 岁，查询结果分别如图 6-7、图 6-8 所示。

```
# 修改客户 Brody 的年龄为 30 岁
UPDATE view_loan_userinfo_a
SET age = 30
WHERE custName = 'Brody';
# 查询修改数据后的视图内容
SELECT *
FROM view_loan_userinfo_a;
# 查询源表的数据
SELECT *
FROM loan_userinfo;
```

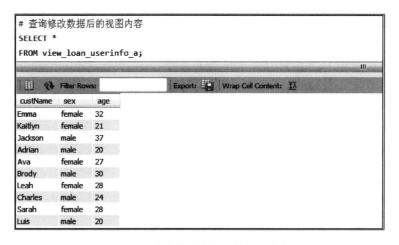

图 6-7　查询修改数据后的视图内容

```
# 查询源表的数据
SELECT *
FROM loan_userinfo;
```

custID	custName	sex	age	city	province	education	income	is_property	is_car
4001	Emma	female	32	Seattle	Washington	master	32000.00	1	1
4002	Kaitlyn	female	21	Orlando	Florida	bachelor	25000.00	1	1
4003	Jackson	male	37	Norfolk	Virginia	master	39000.00	1	0
4004	Adrian	male	20	Portland	Maine	bachelor	30000.00	0	1
4005	Ava	female	27	Dayton	Ohio	bachelor	22000.00	0	1
4006	Brody	male	30	Mobile	Alabama	bachelor	21000.00	1	1
4007	Leah	female	28	Miami	Florida	doctor	62000.00	1	1
4008	Charles	male	24	Cleveland	Ohio	master	45000.00	0	1
4009	Sarah	female	28	Richmond	Virginia	doctor	69000.00	1	1
4010	Luis	male	20	Toledo	Ohio	bachelor	24000.00	0	0

图 6-8　查询源表的数据

从上面的查询结果中可以看出，修改视图 view_loan_userinfo_a 中客户 Brody 的年龄为 30 岁，使得源表 loan_userinfo 中客户 Brody 的年龄也被修改为 30 岁。

6.4　视图的查询

视图的查询方式和表的查询方式是一致的，针对视图进行数据查询时，其实执行的是存储在视图中的 SQL 脚本。视图的查询可以分为：单视图查询、视图与视图的关联查询、视图与表的关联查询，下面通过示例分别进行说明。

示例 1：查询视图 view_loan_userinfo 中性别为男且年龄在 28 岁以上的客户的信息，查询结果如图 6-9 所示。

```
# 单视图查询
SELECT *
FROM view_loan_userinfo
WHERE sex = 'male'
AND age > 28;
```

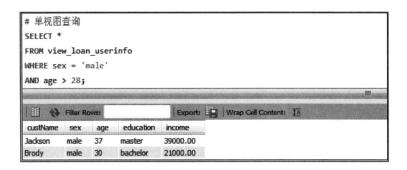

图 6-9　单视图查询

示例 2：查询视图 view_loan_userinfo_a 与视图 view_loan_userinfo_b 内关联后的结果（关联字段为 custName），并筛选性别为女且年龄在 25 岁以上的客户的信息，返回字段为 custName、sex、age、education、income，查询结果如图 6-10 所示。

```
# 视图与视图的关联查询
SELECT t1.custName,t1.sex,t1.age,t2.education,t2.income
FROM view_loan_userinfo_a t1
    JOIN view_loan_userinfo_b t2 ON t1.custName = t2.custName
WHERE sex = 'female'
AND age > 25;
```

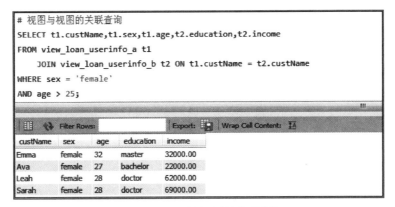

图 6-10　视图与视图的关联查询

示例 3：查询视图 view_loan_userinfo 与表 loan_userinfo 内关联后的结果（关联字段为 custName），并筛选学历为 master（硕士）的客户信息，返回字段为 custName、education、income、is_property、is_car，查询结果如图 6-11 所示。

```
# 视图与表的关联查询
SELECT t1.custName,t1.education,t1.income,t2.is_property,t2.is_car
FROM view_loan_userinfo t1
    JOIN loan_userinfo t2 ON t1.custName = t2.custName
WHERE t1.education = 'master';
```

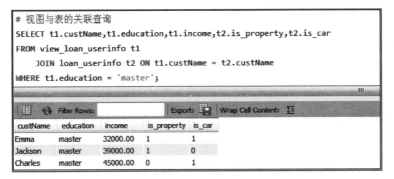

图 6-11　视图与表的关联查询

第 7 章
提高查询效率的"法宝"——索引

当 MySQL 数据库中表的数据量非常大的时候，数据的检索速度会降低，此时，索引就会变得非常有用，它可以大大提高检索速度。本章将从索引的功能与类型，常见索引类型的创建、删除，以及关于索引类型的注意事项几个方面展开讲解。

本章用到的数据表是和银行理财业务相关的，表名为银行理财明细表 bank_finance_details。银行理财明细表中字段包含客户 ID、性别、年龄、产品 ID、产品名称、投资时间、投资金额，字段解释见表 7-1。

表 7-1　银行理财明细表的字段解释

字段名称	字段类型	字段解释
custID	INT	客户 ID
sex	VARCHAR(100)	性别
age	INT	年龄
prodID	INT	产品 ID
prodName	VARCHAR(100)	产品名称
invDate	DATETIME	投资时间
amount	DECIMAL(10,2)	投资金额

7.1　索引的功能与类型介绍

MySQL 中通常使用两种方式来访问数据表中的行数据，分别是顺序访问和索引访问。顺序访问指的是对数据表进行全表扫描，这种查询方式虽然比较简单，但是，在数据量较大的情况下，查询效率就显得非常差。此时，在表的查询方式中使用索引访问就非常有必要。索引访问指的是通过建立索引的方式对数据表中的记录进行查询。索引可以被理解为字典的目录，当有了目录之后，通过目录的查询方式，可以快速定位想要查找的字。这种查找方式不但高效，而且大大缩短了查询时间。

　　数据表中添加索引的方式通常是针对表中某列添加索引，查找数据时可以直接根据该列上的索引找到对应记录行的位置，从而快捷地查找到数据。例如，在银行理财明细表中，基于银行理财客户的 custID 建立索引，相当于建立了一张索引列与实际记录之间的映射表。当需要查找银行理财用户的 custID 为 1001 的信息时，系统首先会在 custID 列上的索引中找到该记录，然后通过映射表直接找到数据行，并且返回该行数据。因为扫描索引的速度一般远远快于扫描实际数据行的速度，所以索引的方式可以快速提高数据库的工作效率。

　　从索引包含的字段个数来看，索引可分为单列索引和组合索引。单列索引指的是索引仅包含一个字段，而组合索引则可以包含多个字段。无论是单列索引还是组合索引，一张表中均可以创建多个。从索引的类型来看，索引可分为普通索引、唯一索引、主键索引、联合索引和全文索引等。下面将重点介绍常用的普通索引、唯一索引和主键索引。

7.2　常见索引类型的创建

7.2.1　普通索引

　　普通索引是一种没有任何约束的索引，它对表中字段的值不作任何限制，无论字段的值是否存在重复或是否存在缺失（即 NULL），因此，它是使用非常频繁的一种索引。该索引的创建方式和约束一样，有两种创建方式：表创建时设置、表创建后修改时设置。一张表中可以创建多个普通索引。两种创建普通索引的方法如下：

```
# 表创建时设置普通索引
CREATE TABLE table_name(
column_name1 data_type1 column_attr1,
column_name2 data_type2 column_attr2,
column_name3 data_type3 column_attr3,
...,
INDEX index_name (column_name1,column_name2, …)
);
# 表创建后修改时设置普通索引
CREATE INDEX index_name ON table_name(column_name1,column_name2, …);
#或
ALTER TABLE table_name ADD INDEX index_name(column_name1,column_name2, …);
```

　　示例 1：以银行理财明细表 bank_finance_details 为例，在无普通索引状态下查询 custID 为 800100 的银行理财客户的记录，查询结果如图 7-1 所示。

```
# 创建银行理财明细表
DROP TABLE IF EXISTS bank_finance_details;
CREATE TABLE bank_finance_details(
    custID INT,
    sex VARCHAR(100),
    age INT,
    prodID INT,
```

```
        prodName VARCHAR(100),
        invDate DATETIME,
        amount DECIMAL(10,2)
);
# 插入数据
LOAD DATA INFILE 'E:/bank_finance_details.csv'
INTO TABLE bank_finance_details
FIELDS TERMINATED BY ','
LINES TERMINATED BY '\n'
IGNORE 1 ROWS;

# 无普通索引状态下的查询结果
SELECT *
FROM bank_finance_details
WHERE custID = 800100;
```

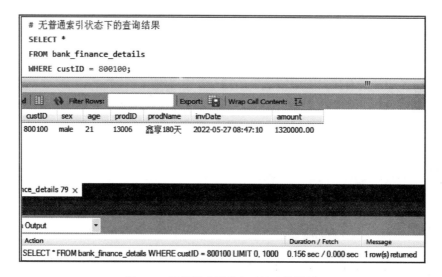

图 7-1   无普通索引状态下的查询结果

从上面的查询结果中可以看出，对于仅有 15 万行记录的数据表，查询出满足条件的记录需要 0.156 秒，从整体来看，速度已经很快了。下面在 custID 字段上创建普通索引，再来对比查询代码所消耗的时间。

示例 2： 以银行理财明细表 bank_finance_details 为例，首先基于 custID 字段创建普通索引，然后查询 custID 为 800100 的银行理财客户的记录，查询结果如图 7-2 所示。

```
# 基于 custID 字段创建普通索引
CREATE INDEX index_custID ON bank_finance_details(custID);
# 有普通索引状态下的查询结果
SELECT *
FROM bank_finance_details
WHERE custID = 800100;
```

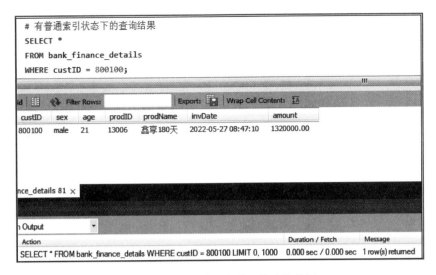

图 7-2 有普通索引状态下的查询结果

从上面的查询结果中可以看出，查询出满足条件的记录的时间接近 0.000 秒。由此可见，针对字段创建普通索引后的查询效率得到了很大的提升，而且查询速度的提升并不需要改变计算机的配置和性能，只是简单地创建普通索引。因此，索引可以称得上最廉价的提速技术之一。

7.2.2 唯一索引

唯一索引对字段或字段组合是有约束的，即必须确保字段或字段组合的每一个观测值都是唯一的，且不存在重复记录。在 MySQL 的 innodb 引擎中，该索引对字段中是否存在缺失值 NULL 并不作要求。需要注意的是，如果字段中含有多个 NULL 值，则不算重复记录，因为 NULL 本身并不代表具体的值，而是数据库中的关键字；如果字段中含有多个空白字符 ""，则算作重复记录，因为空白字符代表一种值。

单张表中可以创建多个唯一索引。基于表中的字段或字段组合创建唯一索引的语法如下所示：

```
# 表创建时设置唯一索引
CREATE TABLE table_name(
column_name1 data_type1 column_attr1,
column_name2 data_type2 column_attr2,
column_name3 data_type3 column_attr3,
...,
UNIQUE INDEX index_name (column_name1,column_name2, ...)
);
# 表创建后修改时设置唯一索引
CREATE UNIQUE INDEX index_name ON table_name(column_name1,column_name2, ...);
#或
ALTER TABLE table_name ADD UNIQUE INDEX index_name(column_name1,column_name2, ...);
```

示例 1：以银行理财明细表 bank_finance_details 为例，在无唯一索引状态下查询 custID 为 800100、800111、800222、800333 的银行理财客户购买的理财产品 ID 为 13001、13003、13006、13008 的记录，查询结果如图 7-3 所示。

```
# 创建银行理财明细表
DROP TABLE IF EXISTS bank_finance_details;
CREATE TABLE bank_finance_details(
    custID INT,
    sex VARCHAR(100),
    age INT,
    prodID INT,
    prodName VARCHAR(100),
    invDate DATETIME,
    amount DECIMAL(10,2)
);
# 插入数据
LOAD DATA INFILE 'E:/bank_finance_details.csv'
INTO TABLE bank_finance_details
FIELDS TERMINATED BY ','
LINES TERMINATED BY '\n'
IGNORE 1 ROWS;

# 无唯一索引状态下的查询结果
SELECT *
FROM bank_finance_details
WHERE custID IN (800100,800111,800222,800333)
AND prodID IN (13001,13003,13006,13008);
```

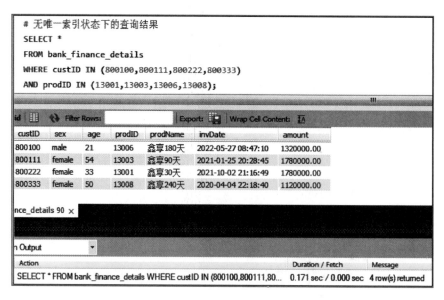

图 7-3　无唯一索引状态下的查询结果

从上面的查询结果中可以看出，查询出满足条件的记录需要 0.171 秒，从整体来看，速度已经很快了。下面在 custID 字段和 prodID 字段上创建唯一索引，再来对比查询代码所消耗的时间。

示例 2：以银行理财明细表 bank_finance_details 为例，如果字段 custID 和字段 prodID 都不唯一，但是两个字段结合在一起是唯一的，就相当于不同银行理财客户购买的不同理财产品都仅有一条记录。此时，首先基于字段 custID 和字段 prodID 的组合来创建唯一索引，然后查询 custID 为 800100、800111、800222、800333 的银行理财客户购买的理财产品 ID 为 13001、13003、13006、13008 的记录，查询结果如图 7-4 所示。

```
# 基于 custID 字段和 prodID 字段创建唯一索引
CREATE UNIQUE INDEX index_custID_prodID ON bank_finance_details(custID,prodID);
# 有唯一索引状态下的查询结果
SELECT *
FROM bank_finance_details
WHERE custID IN (800100,800111,800222,800333)
AND prodID IN (13001,13003,13006,13008);
```

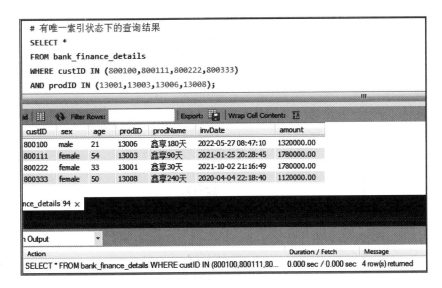

图 7-4 有唯一索引状态下的查询结果

从上面的查询结果中可以看出，查询出满足条件的记录的时间接近 0.000 秒。由此可见，针对字段 custID 和字段 prodID 的字段组合创建唯一索引后的查询效率得到了很大的提升。

7.2.3 主键索引

主键索引和唯一索引都要求字段或字段组合满足唯一性，但主键索引的要求更为严格，它要求字段或字段组合中的值既不存在重复，又不包含缺失值 NULL。此外，与普通索引和唯一索引相比，表中仅能够包含一个主键索引。主键索引的创建语法如下所示：

```
# 表创建时设置主键索引
CREATE TABLE table_name (
column_name1 data_type1 column_attr1,
column_name2 data_type2 column_attr2,
column_name3 data_type3 column_attr3,
...,
PRIMARY KEY index_name (column_name1,column_name2, ...)
);
# 表创建后修改时设置主键索引
ALTER TABLE table_name ADD PRIMARY KEY index_name(column_name1,column_name2, ...);
```

主键索引创建的语法与普通索引和唯一索引有一些区别，首先它没有用 CREATE INDEX 的方式来创建索引，其次，在 ALTER TABLE 的语法中，不需要在字段列表的括号前面加入关键字 INDEX。

示例 1：以银行理财明细表 bank_finance_details 为例，在无主键索引状态下查询 custID 为 800333、800444、800555、800666 的银行理财客户的记录，查询结果如图 7-5 所示。

```
# 创建银行理财明细表
DROP TABLE IF EXISTS bank_finance_details;
CREATE TABLE bank_finance_details(
    custID INT,
    sex VARCHAR(100),
    age INT,
    prodID INT,
    prodName VARCHAR(100),
    invDate DATETIME,
    amount DECIMAL(10,2)
);
# 插入数据
LOAD DATA INFILE 'E:/bank_finance_details.csv'
INTO TABLE bank_finance_details
FIELDS TERMINATED BY ','
LINES TERMINATED BY '\n'
IGNORE 1 ROWS;

# 无主键索引状态下的查询结果
SELECT *
FROM bank_finance_details
WHERE custID IN (800333,800444,800555,800666);
```

从上面的查询结果中可以看出，查询出满足条件的记录需要 0.156 秒，从整体来看，速度已经很快了。下面在 custID 字段上创建主键索引，再来对比查询代码所消耗的时间。

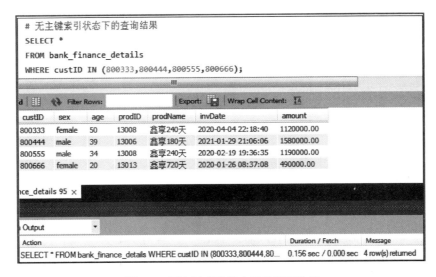

图 7-5　无主键索引状态下的查询结果

示例 2：以银行理财明细表 bank_finance_details 为例，首先基于 custID 字段创建主键索引，然后查询 custID 为 800333、800444、800555、800666 的银行理财客户的记录，查询结果如图 7-6 所示。

```
# 基于 custID 字段创建主键索引
ALTER TABLE bank_finance_details ADD PRIMARY KEY index_custID_primary(custID);
# 有主键索引状态下的查询结果
SELECT *
FROM bank_finance_details
WHERE custID IN (800333,800444,800555,800666);
```

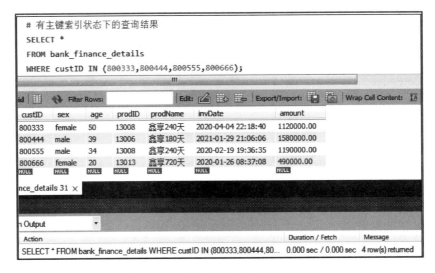

图 7-6　有主键索引状态下的查询结果

从上面的查询结果中可以看出，查询出满足条件的记录的时间接近 0.000 秒。由此可见，针对字段 custID 创建主键索引后的查询效率得到了很大的提升。

7.3 常见索引类型的删除

当数据表中的索引不再需要时，可以执行删除操作。索引的删除方式有两种，删除语法如下所示：

```
DROP INDEX index_name ON table_name;                    # 删除普通索引或唯一索引
```

或

```
ALTER TABLE table_name DROP INDEX index_name;           # 删除普通索引或唯一索引
ALTER TABLE table_name DROP PRIMARY KEY;                # 删除主键索引
```

从上面的删除语法中可以看出，MySQL 中主键索引的删除是通过 ALTER TABLE 关键字来实现的，简单明了且语法中不需要写出主键索引的名称，因为每张表有且仅有一个主键。而普通索引、唯一索引的删除可以通过 DROP INDEX 或 ALTER TABLE 关键字来实现。下面以 7.2 节中创建的普通索引、唯一索引、主键索引三种索引为例，分别执行它们的删除操作，语法如下所示：

```
# 删除普通索引
DROP INDEX index_custID ON bank_finance_details;
# 或
ALTER TABLE bank_finance_details DROP INDEX index_custID;

# 删除唯一索引
DROP INDEX index_custID_prodID ON bank_finance_details;
# 或
ALTER TABLE bank_finance_details DROP INDEX index_custID_prodID;

# 删除主键索引
ALTER TABLE bank_finance_details DROP PRIMARY KEY;
```

7.4 关于索引类型的注意事项

7.2 节提供的几个示例体现了普通索引、唯一索引和主键索引在执行速度上的优势。但是，这并不意味着可以对数据表中的所有字段创建索引，因为索引的创建会降低数据表的更新（UPDATE）、删除（DELETE）和插入（INSERT）的速度，同时还会占用一定的磁盘空间。因此，在创建和使用索引的过程中，有些方面是需要引起注意的。下面从是否适合建立索引、如何正确使用索引这两方面进行讲解。

7.4.1 是否适合建立索引

适合建立索引的场景如下。
- 经常用在 WHERE 关键字后面的字段适合创建索引，可提高条件判断速度。
- 经常用在 ORDER BY 关键字后面的字段适合创建索引，可提高排序的速度。
- 经常用在表连接 ON 关键字后面的字段适合创建索引，可提高连接的速度。

不适合建立索引的场景如下。
- 含大量 NULL 值的字段不适合创建索引，因为索引不会包含 NULL 值。
- 含大量相同取值的字段不适合创建索引，因为条件筛选可能会产生大量的数据行（如对性别字段加索引，筛选男性用户时），这就意味着数据库搜索过程中需要扫描很大比例的数据行，此时索引并不能加快扫描速度。

7.4.2 如何正确使用索引

正确使用索引才能提高数据的查询效率，反之，则会降低效率。下面列举索引使用时的 6 个注意事项，具体内容如下。
- 在 WHERE 关键字后面的条件表达式中，如果使用 IN、OR、!=或者<>，则均会导致索引无效。解决方案：可将表示不等关系的"!="或者"<>"替换为">AND<"，将表示不为空的"IS NOT NULL"替换成">=CHR(0)"。
- 在筛选或排序过程中，如果对索引列使用函数，则索引不能正常使用。
- 在筛选过程中，如果字符型的数字写成了数值型的数字，则索引无效（如筛选字符型用户 id 时，必须写成 WHERE uid='13242210'）。
- 在使用 LIKE 作模糊匹配时，通配符"%"或"_"不可以写在最前面，否则索引无效（即 LIKE 后面的通配符不可以写成'%奶粉%'，但可以写成'奶粉%'）。
- 多列的组合索引遵循左原则，例如对字段 A、B 和 C 设置索引 INDEX(A,B,C)，条件"A>100""A=1 AND B>10"或"A>=100 AND B<6 AND C>12"均可以使多列索引有效，因为最左边的 A 字段在上面的几种条件中均包含，而"B>10"或"B<6 AND C>12"均使组合索引无效。
- 在 JOIN 操作中，ON 关键字后面的字段类型必须保持一致，否则索引无效。

第8章
实现特定功能的 **SQL** 语句集——
存储过程的增删与调用

存储过程是经过编译并存储在数据库中的一段 SQL 语句的集合。我们可以将日常工作中频繁使用的或相对复杂的 SQL 语法编译好并且指定一个名称存储起来，当需要使用的时候，通过 CALL 关键字，就可以调用整段 SQL 脚本并执行，可以大大提高工作效率。

存储过程不仅可以提高数据库的访问效率，还可以提高数据库使用的安全性。存储过程的优点主要有下面 5 点。

- 封装性。存储过程可以在程序中被重复调用且不需要重新编写复杂的 SQL 语句。此外，存储过程的修改也不会影响调用它的应用程序源代码。
- 灵活性。存储过程有很强的灵活性，可以通过流程控制语句完成复杂的判断和运算。
- 高性能。存储过程在执行后产生的二进制代码驻留在缓冲区，后面的调用仅需要在缓冲区中执行二进制代码，进而提高了系统的整体效率和性能。
- 减少网络流量。存储过程的执行速度快，当用户调用存储过程时，网络中传送的是调用语句，而不是复杂的 SQL 语句，大大降低了网络负载。
- 安全性和完整性。存储过程可以作为接口提供给外部程序，使得外部程序无法直接操作数据库表，只能通过存储过程操作对应的表，提高了数据库的安全性和完整性。

当然，存储过程也有一些缺点，主要有下面 3 点。

- 开发调试难。存储过程的调试比一般 SQL 语句要复杂得多。
- 可移植性差。由于存储过程将应用程序绑定到数据库上，因此，存储过程的封装业务逻辑将限制应用程序的可移植性。
- 后期维护难。如果数据库中使用较多的存储过程，那么，随着后期用户需求的增加，会导致数据结构的变化，使得用户维护起来变得很困难。

本章用到的两张数据表都是关于旅客在线订房的数据，分别为旅客注册信息表 tourist_userinfo、在线订房明细表 online_order_details。旅客注册信息表中字段包含旅客 ID、性别、年龄等，在线订房明细表中字段包含订单 ID、订单日期、入住日期、结束日期、房间类型、单价、总价等，字段解释见表 8-1 和表 8-2。

表 8-1　旅客注册信息表的字段解释

字段名称	字段类型	字段解释
custID	INT	旅客 ID
custName	VARCHAR(100)	旅客姓名
sex	VARCHAR(100)	性别
age	INT	年龄
city	VARCHAR(100)	城市
province	VARCHAR(100)	省份

表 8-2　在线订房明细表的字段解释

字段名称	字段类型	字段解释
orderID	INT	订单 ID
orderDate	DATE	订单日期
custID	INT	旅客 ID
startDate	DATE	入住日期
endDate	DATE	结束日期
days	INT	入住天数
type	VARCHAR(100)	房间类型
price	DECIMAL(10,2)	单价
totalAmount	DECIMAL(10,2)	总价

旅客注册信息表 tourist_userinfo、在线订房明细表 online_order_details 的表结构创建以及数据记录插入的 SQL 脚本如下所示：

```
# 创建旅客注册信息表
CREATE TABLE tourist_userinfo(
    custID INT,
    custName VARCHAR(100),
    sex VARCHAR(100),
    age INT,
    city VARCHAR(100),
    province VARCHAR(100)
);
# 在线订房明细表
CREATE TABLE online_order_details(
    orderID INT,
    orderDate DATE,
```

```
        custID INT,
        startDate DATE,
        endDate DATE,
        days INT,
        type VARCHAR(100),
        price DECIMAL(10,2),
        totalAmount DECIMAL(10,2)
);
# 插入数据
INSERT INTO tourist_userinfo
VALUES (80001,'孙文','男',26,'北京','北京'),
        (80002,'张君','女',24,'上海','上海'),
        (80003,'刘丽丽','女',33,'深圳','广东'),
        (80004,'钱易','男',28,'杭州','浙江'),
        (80005,'李美丽','女',21,'苏州','江苏'),
        (80006,'张晓','男',25,'北京','北京'),
        (80007,'陆玛','女',28,'上海','上海'),
        (80008,'梅燕','女',35,'无锡','江苏'),
        (80009,'陈晨','男',27,'上海','上海'),
        (80010,'孙亚丽','女',22,'常州','江苏');
INSERT INTO online_order_details
VALUES (3000001,'2019-10-20',80001,'2019-10-25','2019-10-27',2,'高级大床房',278,556),
        (3000002,'2019-11-24',80002,'2019-11-30','2019-12-03',3,'双床房',345,1035),
        (3000003,'2019-12-26',80003,'2020-01-01','2020-01-02',1,'豪华大床房',288,288),
        (3000004,'2020-01-25',80004,'2020-01-31','2020-02-02',2,'高级大床房',268,536),
        (3000005,'2020-02-28',80005,'2020-03-03','2020-03-04',1,'双床房',342,342),
        (3000006,'2020-04-02',80006,'2020-04-07','2020-04-10',3,'豪华大床房',308,924),
        (3000007,'2020-05-09',80007,'2020-05-14','2020-05-15',1,'双床房',335,335),
        (3000008,'2020-06-09',80008,'2020-06-13','2020-06-14',1,'豪华大床房',298,298),
        (3000009,'2020-07-01',80009,'2020-07-08','2020-07-09',1,'双床房',348,348),
        (3000010,'2020-08-06',80010,'2020-08-11','2020-08-12',1,'豪华大床房',305,305);
```

8.1 存储过程的创建

存储过程的创建就是将准备好的 SQL 脚本通过固定语法封装起来，然后给该段存储过程进行命名，后期可以直接调用该名称来运行 SQL 脚本。存储过程的创建使用的是 CREATE PROCEDURE 关键字。存储过程的创建需要注意以下 4 点。

1）存储过程中的参数分为 IN、OUT、INOUT 三种类型，参数解释如下。

● IN 代表输入参数（默认情况下为 IN 参数），表示该参数的值必须由调用程序指定。

● OUT 代表输出参数，表示该参数的值经存储过程计算后，将 OUT 参数的计算结果返回给调用程序。

● INOUT 既是输入参数，又是输出参数，表示该参数的值既可由调用程序指定，又可以将 INOUT 参数的计算结果返回给调用程序。

2）存储过程中的所有语句在关键字 BEGIN 和 END 之间。

3）语法以关键字 DELIMITER\$\$开始，关键字 DELIMITER 结束。

MySQL 中的 SQL 语句通常是以分号（";"）作为语句结束标志的。为了保证 BEGIN 和 END 之间的多段 SQL 能够按照顺序全部执行，因此，使用关键字 DELIMITER 将结束命令修改为其他字符，然后再改回来。

4）声明变量使用关键字 DECLARE，变量默认赋值使用关键字 DEFAULT，定义或者改变变量值使用 SET 关键字。

```
DELIMITER $$
CREATE PROCEDURE produce_name(IN para_name1 data_type1,OUT para_name2 data_type2,…)
    BEGIN
        SELECT * FROM table_name;
    END $$
DELIMITER;
```

示例 1：以旅客注册信息表 tourist_userinfo 为例，创建一个存储过程，该存储过程不含参数，执行返回的结果为所有女性的注册信息，语法如下所示：

```
DELIMITER $$
CREATE PROCEDURE tourist_userinfo_female()
    BEGIN
        SELECT *
        FROM tourist_userinfo
        WHERE sex = '女';
    END $$
DELIMITER;
```

示例 2：以旅客注册信息表 tourist_userinfo 为例，创建一个存储过程，该存储过程含输入参数 para_sex，执行返回的结果为指定性别后的注册信息，语法如下所示：

```
DELIMITER $$
CREATE PROCEDURE tourist_userinfo_sex(IN para_sex VARCHAR(100))
    BEGIN
        SELECT *
        FROM tourist_userinfo
        WHERE sex = para_sex;
    END $$
DELIMITER;
```

示例 3：以旅客注册信息表 tourist_userinfo 为例，创建一个存储过程，该存储过程含输出参数 para_count，执行返回的结果为所有注册信息的行数，语法如下所示：

```
DELIMITER $$
CREATE PROCEDURE tourist_userinfo_count(OUT para_count INT)
    BEGIN
        SELECT COUNT(*) INTO para_count
        FROM tourist_userinfo;
```

```
        SELECT para_count;
        END $$
DELIMITER ;
```

示例 4：以旅客注册信息表 tourist_userinfo 为例，创建一个存储过程，该存储过程含输入参数 age_min、age_max，以及输出参数 para_age_count，执行返回的结果为年龄区间对应的行数，语法如下所示：

```
DELIMITER $$
CREATE PROCEDURE tourist_userinfo_age_count(IN age_min INT,IN age_max INT,OUT para_age_count INT)
    BEGIN
        SELECT COUNT(*) INTO para_age_count
        FROM tourist_userinfo
    WHERE age BETWEEN age_min AND age_max;
    SELECT para_age_count;
    END $$
DELIMITER ;
```

8.2 存储过程的删除

当 MySQL 数据库中的存储过程不再需要使用时，可以通过关键字 DROP PROCEDURE 进行删除，语法如下所示：

```
DROP PROCEDURE [IF EXISTS] produce_name;
```

例如，将 8.1 节中创建的 4 个存储过程全部删除，语法如下所示：

```
DROP PROCEDURE IF EXISTS tourist_userinfo_female;
DROP PROCEDURE IF EXISTS tourist_userinfo_sex;
DROP PROCEDURE IF EXISTS tourist_userinfo_count;
DROP PROCEDURE IF EXISTS tourist_userinfo_age_count;
```

8.3 存储过程的调用

存储过程的调用是通过关键字 CALL 来实现的。在调用指定的存储过程后，系统将按顺序执行该存储过程中关键字 BEGIN 和 AND 之间的 SQL 语句，然后返回指定的结果，语法如下所示：

```
CALL produce_name(para_name1,para_name2,...);
```

下面通过关键字 CALL 分别调用 8.1 节中创建的 4 个存储过程。

示例 1：调用存储过程 tourist_userinfo_female，语法如下所示：

```
CALL tourist_userinfo_female;
```

执行结果如图 8-1 所示。

调用存储过程tourist_userinfo_female
CALL tourist_userinfo_female;

custID	custName	sex	age	city	province
80002	张君	女	24	上海	上海
80003	刘丽丽	女	33	深圳	广东
80005	李美丽	女	21	苏州	江苏
80007	陆玛	女	28	上海	上海
80008	梅燕	女	35	无锡	江苏
80010	孙亚丽	女	22	常州	江苏

图 8-1　调用存储过程 tourist_userinfo_female

示例 2：调用存储过程 tourist_userinfo_sex，指定输入参数 para_sex 为男，语法如下所示：

CALL tourist_userinfo_sex('男');

执行结果如图 8-2 所示。

调用存储过程tourist_userinfo_sex，指定输入参数para_sex为男
CALL tourist_userinfo_sex('男');

custID	custName	sex	age	city	province
80001	孙文	男	26	北京	北京
80004	钱易	男	28	杭州	浙江
80006	张晓	男	25	北京	北京
80009	陈晨	男	27	上海	上海

图 8-2　调用存储过程 tourist_userinfo_sex

示例 3：调用存储过程 tourist_userinfo_count，指定输出参数 para_count 为@para_count，并查询@para_count 的结果，语法如下所示：

CALL tourist_userinfo_count(@para_count);
SELECT @para_count;

执行结果如图 8-3 所示。

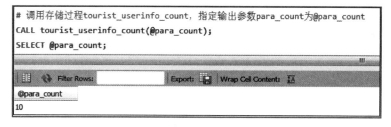

调用存储过程tourist_userinfo_count，指定输出参数para_count为@para_count
CALL tourist_userinfo_count(@para_count);
SELECT @para_count;

@para_count
10

图 8-3　调用存储过程 tourist_userinfo_count

示例 4：调用存储过程 tourist_userinfo_age_count，指定输入参数 age_min 为 20、输入参数 age_max 为 26、输出参数 para_age_count 为@para_age_count，并查询@para_age_count 的结果，语法如下所示：

```
CALL tourist_userinfo_age_count(20,26,@para_age_count);
SELECT @para_age_count;
```

执行结果如图 8-4 所示。

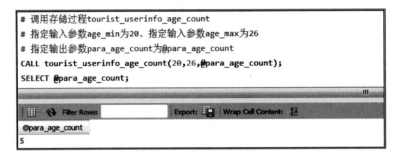

图 8-4　调用存储过程 tourist_userinfo_age_count

第9章

举一反三——SQL 查询综合实践

9.1 学生信息和选课考试成绩查询

学生信息和选课考试成绩查询类型是企业笔试环节的常见题，读者必须熟练掌握。该题通常包括 4 张表：学生信息表、教师信息表、课程信息表和考试成绩表。本节将创建这 4 张表，并基于它们进行查询实践。

9.1.1 学生信息和选课考试成绩查询相关数据表的创建

学生信息表中的字段包括学生 ID、学生姓名、出生日期、兴趣爱好、性别和手机号码，教师信息表中的字段包括教师 ID、教师姓名和性别，课程信息表中的字段包括科目 ID、科目名称和教师 ID，考试成绩表中的字段包括自增 ID、学生 ID、科目 ID 和成绩，字段解释分别见表 9-1～表 9-4。

表 9-1 学生信息表的字段解释

字段名称	字段类型	字段解释
studentID	INT	学生 ID
studentName	VARCHAR(100)	学生姓名
studentBirth	DATE	出生日期
interest	SET	兴趣爱好
sex	VARCHAR(10)	性别
tel	CHAR(11)	手机号码

表 9-2 教师信息表的字段解释

字段名称	字段类型	字段解释
teacherID	INT	教师 ID
teacherName	VARCHAR(100)	教师姓名
sex	VARCHAR(10)	性别

表 9-3　课程信息表的字段解释

字段名称	字段类型	字段解释
courseID	INT	科目 ID
courseName	VARCHAR(100)	科目名称
teacherID	INT	教师 ID

表 9-4　考试成绩表的字段解释

字段名称	字段类型	字段解释
sID	INT	自增 ID
studentID	INT	学生 ID
courseID	INT	科目 ID
score	DECIMAL(10,1)	成绩

创建这 4 张表并插入数据的 SQL 语句如下：

```
# 创建学生信息表
CREATE TABLE scs_student (
    studentID int NOT NULL,
    studentName varchar(100) DEFAULT NULL,
    studentBirth date DEFAULT '1990-01-01',
    interest set('篮球','足球','游泳','唱歌','书法','象棋') DEFAULT NULL,
    sex varchar(10) DEFAULT NULL,
    tel char(11) NOT NULL,
    PRIMARY KEY (studentID),
    UNIQUE KEY tel (tel)
);
# 创建教师信息表
CREATE TABLE scs_teacher (
    teacherID int NOT NULL,
    teacherName varchar(100) DEFAULT NULL,
    sex varchar(10) DEFAULT NULL,
    PRIMARY KEY (teacherID)
);
# 创建课程信息表
CREATE TABLE scs_course (
    courseID int NOT NULL,
    courseName varchar(100) DEFAULT NULL,
    teacherID int NOT NULL,
    PRIMARY KEY (courseID)
);
# 创建考试成绩表
CREATE TABLE scs_score (
    sID int NOT NULL AUTO_INCREMENT,
```

```
        studentID int NOT NULL,
        courseID int NOT NULL,
        score decimal(10,1) DEFAULT NULL,
        PRIMARY KEY (sID)
);

# 插入数据
# 数据导入学生信息表
LOAD DATA INFILE 'E:/scs_student.csv'
INTO TABLE scs_student
FIELDS TERMINATED BY ','
LINES TERMINATED BY '\n'
IGNORE 1 ROWS;
# 数据导入教师信息表
LOAD DATA INFILE 'E:/scs_teacher.csv'
INTO TABLE scs_teacher
FIELDS TERMINATED BY ','
LINES TERMINATED BY '\n'
IGNORE 1 ROWS;
# 数据导入课程信息表
LOAD DATA INFILE 'E:/scs_course.csv'
INTO TABLE scs_course
FIELDS TERMINATED BY ','
LINES TERMINATED BY '\n'
IGNORE 1 ROWS;
# 数据导入考试成绩表
LOAD DATA INFILE 'E:/scs_score.csv'
INTO TABLE scs_score
FIELDS TERMINATED BY ','
LINES TERMINATED BY '\n'
IGNORE 1 ROWS;
```

9.1.2　学生信息和选课考试成绩查询实践

执行上面的脚本，完成学生信息和选课考试成绩查询场景下的 4 张表的创建和数据的插入。本节以这 4 张表为例，进行业务角度下的数据查询，查询示例总计 40 个，下面分别进行详细讲解。

示例 1：统计不同性别的人数，SQL 查询脚本如下所示，查询结果如图 9-1 所示。

```
SELECT sex,
    COUNT(studentID) AS user_num1,
    COUNT(*) AS user_num2
FROM scs_student
GROUP BY 1;
```

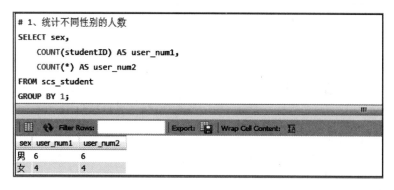

图 9-1　统计不同性别的人数

示例 2：统计截至 2022 年不同年龄的学生分布，SQL 查询脚本如下所示，查询结果如图 9-2 所示。

```
SELECT 2022 - YEAR(studentBirth) AS age,
    COUNT(studentID) AS user_num
FROM scs_student
GROUP BY 1
ORDER BY 1;
```

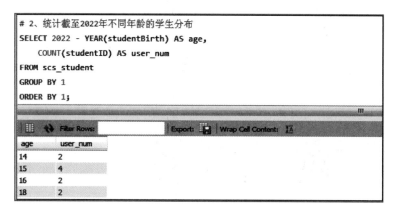

图 9-2　统计截至 2022 年不同年龄的学生分布

示例 3：统计 2007 年 9 月 1 日之后出生的学生的信息，SQL 查询脚本如下所示，查询结果如图 9-3 所示。

```
SELECT *
FROM scs_student
WHERE studentBirth>= DATE('2007-09-01');
```

示例 4：统计不同月份过生日的学生分布，SQL 查询脚本如下所示，查询结果如图 9-4 所示。

```
SELECT MONTH(studentBirth) AS month_gp,
```

```
        COUNT(studentID) AS user_num
FROM scs_student
GROUP BY 1
ORDER BY 1;
```

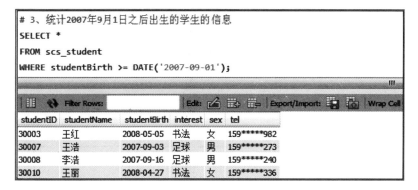

图 9-3　统计 2007 年 9 月 1 日之后出生的学生的信息

图 9-4　统计不同月份过生日的学生分布

示例 5：统计同年同月出生的学生的信息，SQL 查询脚本如下所示，查询结果如图 9-5 所示。

```
SELECT t1.*
FROM scs_student t1
    JOIN (SELECT YEAR(studentBirth) AS year_dt,
        MONTH(studentBirth) AS month_dt,
        COUNT(studentID) AS user_num
    FROM scs_student
    GROUP BY 1,2
    HAVING COUNT(studentID) > 1) t2 ON YEAR(t1.studentBirth) = t2.year_dt
                        AND MONTH(t1.studentBirth) = t2.month_dt;
```

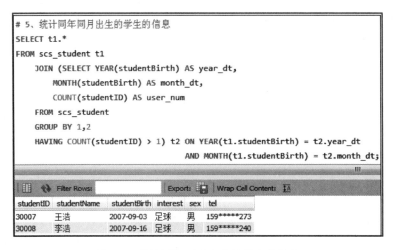

图 9-5 统计同年同月出生的学生的信息

示例 6：统计截至 2022 年的年龄最大值、最小值和差值，SQL 查询脚本如下所示，查询结果如图 9-6 所示。

```
SELECT MAX(2022 - YEAR(studentBirth)) AS max_age,
    MIN(2022 - YEAR(studentBirth)) AS min_age,
    MAX(2022 - YEAR(studentBirth)) - MIN(2022 - YEAR(studentBirth)) AS age_gap
FROM scs_student;
```

```
# 6、统计截至2022年的年龄最大值、最小值和差值
SELECT MAX(2022 - YEAR(studentBirth)) AS max_age,
    MIN(2022 - YEAR(studentBirth)) AS min_age,
    MAX(2022 - YEAR(studentBirth)) - MIN(2022 - YEAR(studentBirth)) AS age_gap
FROM scs_student;
```

max_age	min_age	age_gap
18	14	4

图 9-6 统计截至 2022 年的年龄最大值、最小值和差值

示例 7：统计不同姓氏分布（假设不含复姓），SQL 查询脚本如下所示，查询结果如图 9-7 所示。

```
SELECT LEFT(studentName,1) AS name_gp,
    COUNT(studentID) AS user_num
FROM scs_student
GROUP BY 1;
```

示例 8：统计名字长度为 3 个字符的学生的信息，SQL 查询脚本如下所示，查询结果如图 9-8 所示。

```
SELECT *
```

```
FROM scs_student
WHERE CHAR_LENGTH(studentName) = 3;
```

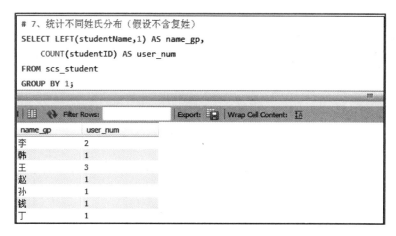

图 9-7 统计不同姓氏分布

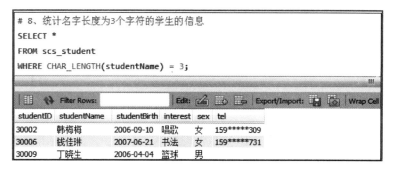

图 9-8 统计名字长度为 3 个字符的学生的信息

示例 9：统计名字中带"浩"的学生人数，SQL 查询脚本如下所示，查询结果如图 9-9 所示。

```
SELECT COUNT(studentID) AS user_num
FROM scs_student
WHERE studentName LIKE '%浩%';
```

```
# 9、统计名字中带"浩"的学生人数
SELECT COUNT(studentID) AS user_num
FROM scs_student
WHERE studentName LIKE '%浩%';
```

user_num
2

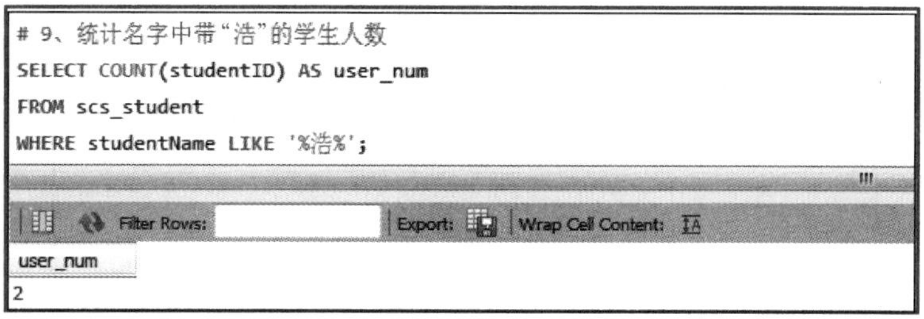

图 9-9 统计名字中带"浩"的学生人数

示例 10：统计不同科目的最高分、最低分和平均分，SQL 查询脚本如下所示，查询结果如图 9-10 所示。

```
SELECT t2.courseName,
    MAX(t1.score) AS max_score,
    MIN(t1.score) AS min_score,
    AVG(t1.score) AS avg_score
FROM scs_scoret1
    LEFT JOIN scs_course t2 ON t1.courseID = t2.courseID
GROUP BY 1;
```

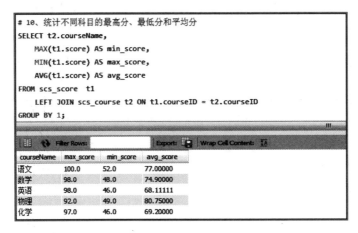

图 9-10　统计不同科目的最高分、最低分和平均分

示例 11：统计每门课的选修人数，SQL 查询脚本如下所示，查询结果如图 9-11 所示。

```
SELECT t2.courseName,
    COUNT(t1.courseID) as user_num
FROM scs_scoret1
    LEFT JOIN scs_course t2 ON t1.courseID = t2.courseID
GROUP BY 1;
```

图 9-11　统计每门课的选修人数

示例 12：统计选修全部科目的学生的信息，SQL 查询脚本如下所示，查询结果如图 9-12 所示。

```
SELECT *
FROM scs_student
WHERE studentID IN (SELECT studentID
                              ## COUNT(studentID) AS course_num
                   FROM scs_score
                   GROUP BY 1
                   HAVING COUNT(studentID) = (SELECT COUNT(courseID) FROM scs_course));
```

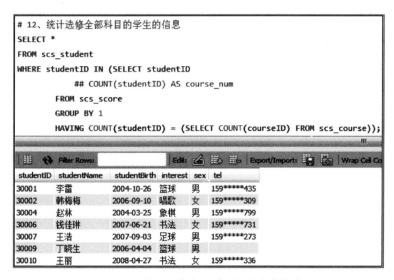

图 9-12　统计选修全部科目的学生的信息

示例 13：统计选修科目不全的学生人数，SQL 查询脚本如下所示，查询结果如图 9-13 所示。

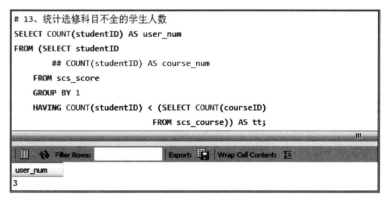

图 9-13　统计选修科目不全的学生人数

SELECT COUNT(studentID) AS user_num

```
FROM (SELECT studentID
    ## COUNT(studentID) AS course_num
FROM scs_score
GROUP BY 1
HAVING COUNT(studentID) < (SELECT COUNT(courseID)
                          FROM scs_course)) AS tt;
```

示例 14：统计选修科目最少的学生的信息，SQL 查询脚本如下所示，查询结果如图 9-14 所示。

```
SELECT *
FROM scs_student
WHERE studentID IN (SELECT studentID
        ## COUNT(studentID) AS course_num
    FROM scs_score
    GROUP BY 1
    HAVING COUNT(studentID) = (SELECT MIN(course_num)
                              FROM (SELECT studentID,
                                        COUNT(studentID) AS course_num
                                    FROM scs_score
                                    GROUP BY 1) tt));
```

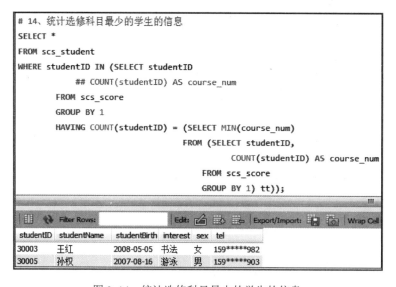

图 9-14 统计选修科目最少的学生的信息

示例 15：统计成绩优秀的学生的信息和平均分（平均分大于或等于 85），SQL 查询脚本如下所示，查询结果如图 9-15 所示。

```
SELECT t1.*,t2.avg_score
FROM scs_student t1
    JOIN (SELECT studentID,
            AVG(score) AS avg_score
```

```
FROM scs_score
GROUP BY 1
HAVING AVG(score) >= 85) t2 ON t1.studentID = t2.studentID;
```

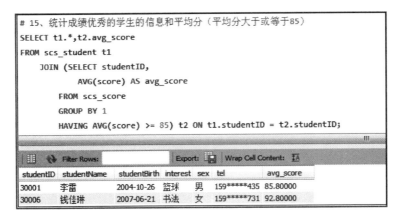

图 9-15　统计成绩优秀的学生的信息和平均分（平均分大于或等于 85）

示例 16：统计成绩差的学生的信息和平均分（平均分小于 60），SQL 查询脚本如下所示，查询结果如图 9-16 所示。

```
SELECT t1.*,t2.avg_score
FROM scs_student t1
    JOIN (SELECT studentID,
            AVG(score) AS avg_score
        FROM scs_score
        GROUP BY 1
        HAVING AVG(score) < 60) t2 ON t1.studentID = t2.studentID;
```

```
# 16、统计成绩差的学生的信息和平均分（平均分小于60）
SELECT t1.*,t2.avg_score
FROM scs_student t1
    JOIN (SELECT studentID,
            AVG(score) AS avg_score
        FROM scs_score
        GROUP BY 1
        HAVING AVG(score) < 60) t2 ON t1.studentID = t2.studentID;
```

studentID	studentName	studentBirth	interest	sex	tel	avg_score
30010	王丽	2008-04-27	书法	女	159*****336	51.60000

图 9-16　统计成绩差的学生的信息和平均分（平均分小于 60）

示例 17：统计李雷和韩梅梅选修的不同科目的成绩（行展示），SQL 查询脚本如下所示，查询结果如图 9-17 所示。

```
SELECT t1.studentName,t3.courseName,t2.score
FROM scs_student t1
    LEFT JOIN scs_score t2 ON t1.studentID = t2.studentID
    LEFT JOIN scs_course t3 ON t2.courseID = t3.courseID
WHERE t1.studentName IN ('李雷','韩梅梅');
```

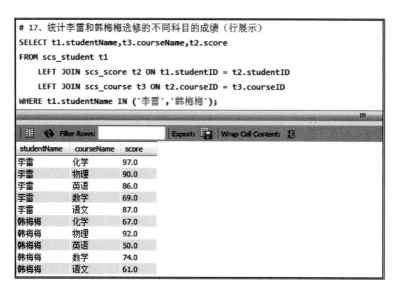

图 9-17　统计李雷和韩梅梅选修的不同科目的成绩（行展示）

示例 18：统计李雷和韩梅梅选修的不同科目的成绩（列展示），SQL 查询脚本如下所示，查询结果如图 9-18 所示。

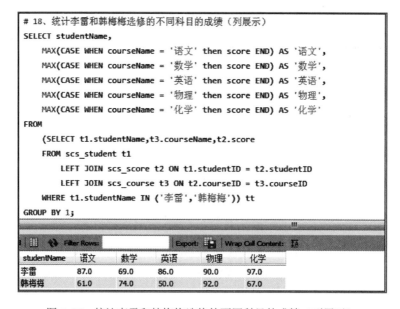

图 9-18　统计李雷和韩梅梅选修的不同科目的成绩（列展示）

```
SELECT studentName,
    MAX(CASE WHEN courseName = '语文' then score END) AS '语文',
    MAX(CASE WHEN courseName = '数学' then score END) AS '数学',
    MAX(CASE WHEN courseName = '英语' then score END) AS '英语',
    MAX(CASE WHEN courseName = '物理' then score END) AS '物理',
    MAX(CASE WHEN courseName = '化学' then score END) AS '化学'
FROM
    (SELECT t1.studentName,t3.courseName,t2.score
    FROM scs_student t1
        LEFT JOIN scs_score t2 ON t1.studentID = t2.studentID
        LEFT JOIN scs_course t3 ON t2.courseID = t3.courseID
    WHERE t1.studentName IN ('李雷','韩梅梅')) tt
GROUP BY 1;
```

示例 19：统计数学成绩段的学生人数分布（成绩按每 10 分向上取整分段统计），SQL
查询脚本如下所示，查询结果如图 9-19 所示。

```
SELECT CEILING(score/10) * 10 AS score_gp,
    COUNT(studentID) AS user_num
FROM scs_score t1
    LEFT JOIN scs_course t2 on t1.courseID = t2.courseID
WHERE t2.courseName = '数学'
GROUP BY 1
ORDER BY 1;
```

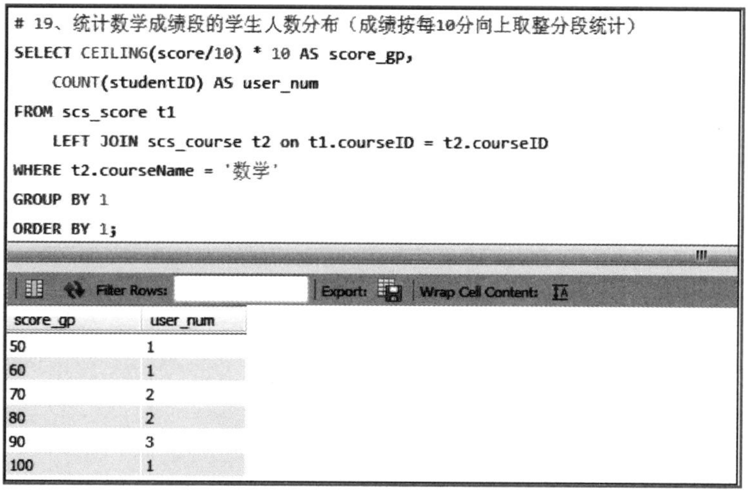

图 9-19　统计数学成绩段的学生人数分布

示例 20：统计语文成绩不及格的学生的信息和成绩，SQL 查询脚本如下所示，查询结
果如图 9-20 所示。

```
SELECT t1.*,t2.score,t3.courseName
FROM scs_student t1
```

```
LEFT JOIN scs_score t2 ON t1.studentID = t2.studentID
        LEFT JOIN scs_course t3 ON t2.courseID = t3.courseID
WHERE t3.courseName = '语文'
AND t2.score< 60;
```

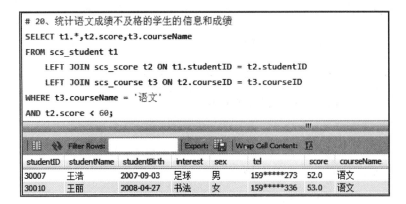

图 9-20　统计语文成绩不及格的学生的信息和成绩

示例 21：统计数学成绩高于语文成绩的学生信息和科目成绩（缺考科目算 0 分），SQL查询脚本如下所示，查询结果如图 9-21 所示。

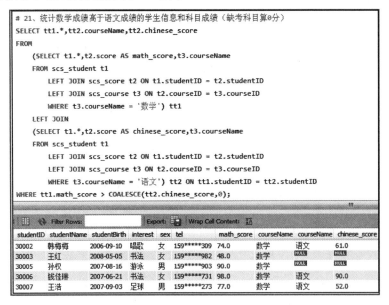

图 9-21　统计数学成绩高于语文成绩的学生信息和科目成绩

```
SELECT tt1.*,tt2.courseName,tt2.chinese_score
FROM
    (SELECT t1.*,t2.score AS math_score,t3.courseName
    FROM scs_student t1
        LEFT JOIN scs_score t2 ON t1.studentID = t2.studentID
```

```
        LEFT JOIN scs_course t3 ON t2.courseID = t3.courseID
        WHERE t3.courseName = '数学') tt1
    LEFT JOIN
    (SELECT t1.*,t2.score AS chinese_score,t3.courseName
    FROM scs_student t1
        LEFT JOIN scs_score t2 ON t1.studentID = t2.studentID
        LEFT JOIN scs_course t3 ON t2.courseID = t3.courseID
        WHERE t3.courseName = '语文') tt2 ON tt1.studentID = tt2.studentID
WHERE tt1.math_score >COALESCE(tt2.chinese_score,0);
```

示例 22：统计学校老师中人数最多的姓氏（假设不含复姓，不并列），SQL 查询脚本如下所示，查询结果如图 9-22 所示。

```
SELECT *
FROM
    (SELECT LEFT(teacherName,1) AS name_gp,
        COUNT(teacherID) AS user_num,
        ROW_NUMBER () OVER (ORDER BY COUNT(teacherID) DESC) AS ranks
    FROM scs_teacher
    GROUP BY 1) tt
WHERE tt.ranks = 1;
```

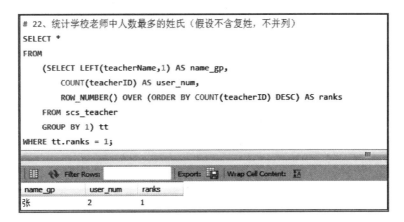

图 9-22 统计学校老师中人数最多的姓氏

示例 23：统计选修张彤老师课程的学生的信息，SQL 查询脚本如下所示，查询结果如图 9-23 所示。

```
SELECT t1.*
FROM scs_student t1
    LEFT JOIN scs_score t2 ON t1.studentID = t2.studentID
    LEFT JOIN scs_course t3 ON t2.courseID = t3.courseID
    LEFT JOIN scs_teacher t4 ON t3.teacherID = t4.teacherID
WHERE t4.teacherName = '张彤';
```

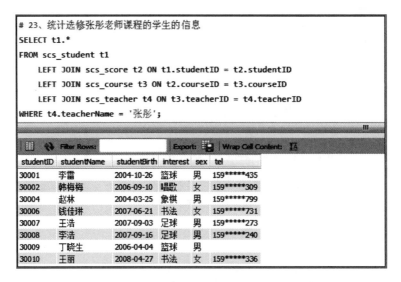

图 9-23   统计选修张彤老师课程的学生的信息

示例 24：统计选修数学且没选修语文的学生信息和该学生的科目平均分，SQL 查询脚本如下所示，查询结果如图 9-24 所示。

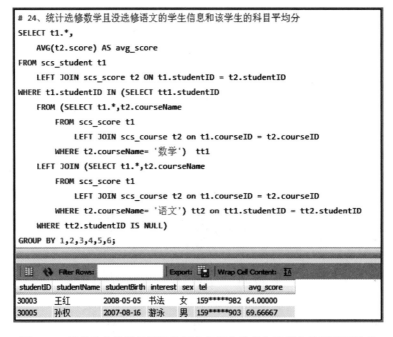

图 9-24   统计选修数学且没选修语文的学生信息和该学生的科目平均分

```
SELECT t1.*,
     AVG(t2.score) AS avg_score
FROM scs_student t1
     LEFT JOIN scs_score t2 ON t1.studentID = t2.studentID
```

```
WHERE t1.studentID IN (SELECT tt1.studentID
    FROM (SELECT t1.*,t2.courseName
        FROM scs_score t1
            LEFT JOIN scs_course t2 on t1.courseID = t2.courseID
        WHERE t2.courseName= '数学')   tt1
    LEFT JOIN (SELECT t1.*,t2.courseName
        FROM scs_score t1
            LEFT JOIN scs_course t2 on t1.courseID = t2.courseID
        WHERE t2.courseName= '语文') tt2 on tt1.studentID = tt2.studentID
    WHERE tt2.studentID IS NULL)
GROUP BY 1,2,3,4;
```

示例 25：统计选修科目与王红同学完全一致的学生信息，SQL 查询脚本如下所示，查询结果如图 9-25 所示。

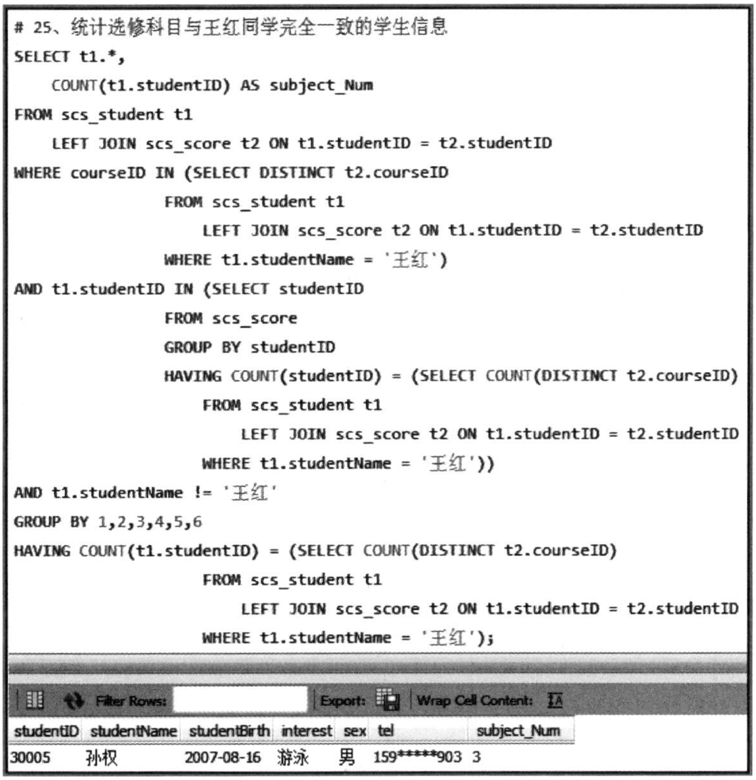

图 9-25　统计选修科目与王红同学完全一致的学生信息

```
SELECT t1.*,
    COUNT(t1.studentID) AS subject_Num
FROM scs_student t1
    LEFT JOIN scs_score t2 ON t1.studentID = t2.studentID
WHERE courseID IN (SELECT DISTINCT t2.courseID
                FROM scs_student t1
                    LEFT JOIN scs_score t2 ON t1.studentID = t2.studentID
```

```
                    WHERE t1.studentName = '王红')
AND t1.studentID IN (SELECT studentID
            FROM scs_score
            GROUP BY studentID
            HAVING COUNT(studentID) = (SELECT COUNT(DISTINCT t2.courseID)
                    FROM scs_student t1
                        LEFT JOIN scs_score t2 ON t1.studentID = t2.studentID
                    WHERE t1.studentName = '王红'))
AND t1.studentName != '王红'
GROUP BY 1,2,3,4
HAVING COUNT(t1.studentID) = (SELECT COUNT(DISTINCT t2.courseID)
            FROM scs_student t1
                LEFT JOIN scs_score t2 ON t1.studentID = t2.studentID
            WHERE t1.studentName = '王红');
```

示例 26：统计选修科目与王红同学不完全一致的学生的信息，SQL 查询脚本如下所示，查询结果如图 9-26 所示。

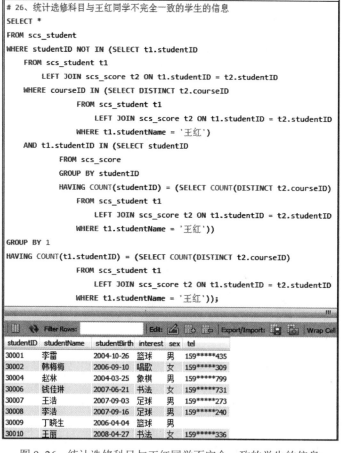

图 9-26　统计选修科目与王红同学不完全一致的学生的信息

```
SELECT *
FROM scs_student
WHERE studentID NOT IN (SELECT t1.studentID
    FROM scs_student t1
        LEFT JOIN scs_score t2 ON t1.studentID = t2.studentID
    WHERE courseID IN (SELECT DISTINCT t2.courseID
            FROM scs_student t1
                LEFT JOIN scs_score t2 ON t1.studentID = t2.studentID
            WHERE t1.studentName = '王红')
    AND t1.studentID IN (SELECT studentID
        FROM scs_score
        GROUP BY studentID
        HAVING COUNT(studentID) = (SELECT COUNT(DISTINCT t2.courseID)
            FROM scs_student t1
                LEFT JOIN scs_score t2 ON t1.studentID = t2.studentID
            WHERE t1.studentName = '王红'))
GROUP BY 1
HAVING COUNT(t1.studentID) = (SELECT COUNT(DISTINCT t2.courseID)
            FROM scs_student t1
                LEFT JOIN scs_score t2 ON t1.studentID = t2.studentID
            WHERE t1.studentName = '王红'));
```

示例 27：统计选修科目有两门及两门以上不及格的学生的信息，SQL 查询脚本如下所示，查询结果如图 9-27 所示。

```
SELECT t1.*,
    COUNT(t1.studentID) AS subject_Num
FROM scs_student t1
    LEFT JOIN scs_score t2 ON t1.studentID = t2.studentID
WHERE t2.score< 60
GROUP BY 1,2,3,4,5,6
HAVING COUNT(t1.studentID) >= 2
ORDER BY 1;
```

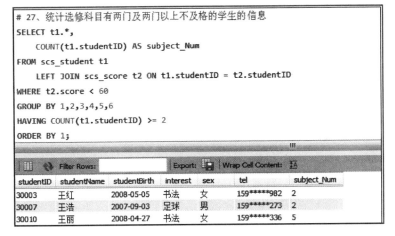

图 9-27　统计选修科目有两门及两门以上不及格的学生的信息

示例 28：统计选修科目全部不及格的学生信息，SQL 查询脚本如下所示，查询结果如图 9-28 所示。

```
SELECT t1.*,
    COUNT(t1.studentID) AS subject_Num
FROM scs_student t1
    LEFT JOIN scs_score t2 ON t1.studentID = t2.studentID
WHERE t2.score< 60
GROUP BY 1,2,3,4,5,6
HAVING COUNT(t1.studentID) = (SELECT COUNT(courseID) FROM scs_course);
```

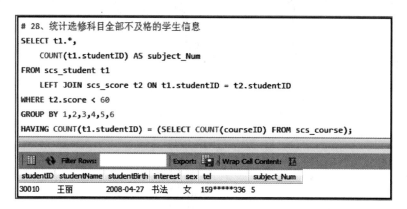

图 9-28　统计选修科目全部不及格的学生信息

示例 29：统计语文科目内不同学生的成绩排名（不并列），SQL 查询脚本如下所示，查询结果如图 9-29 所示。

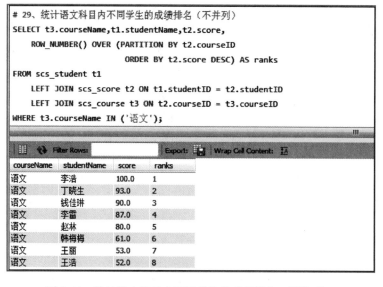

图 9-29　统计语文科目内不同学生的成绩排名（不并列）

```
SELECT t3.courseName,t1.studentName,t2.score,
    ROW_NUMBER() OVER (PARTITION BY t2.courseID
                                    ORDER BY t2.score DESC) AS ranks
FROM scs_student t1
    LEFT JOIN scs_score t2 ON t1.studentID = t2.studentID
    LEFT JOIN scs_course t3 ON t2.courseID = t3.courseID
WHERE t3.courseName IN ('语文');
```

示例 30：统计李雷在不同科目的成绩排名（不并列），SQL 查询脚本如下所示，查询结果如图 9-30 所示。

```
SELECT t1.studentName,t3.courseName,t2.score,
    ROW_NUMBER() OVER (PARTITION BY t1.studentID
                                    ORDER BY t2.score DESC) AS ranks
FROM scs_student t1
    LEFT JOIN scs_score t2 ON t1.studentID = t2.studentID
    LEFT JOIN scs_course t3 ON t2.courseID = t3.courseID
WHERE t1.studentName IN ('李雷');
```

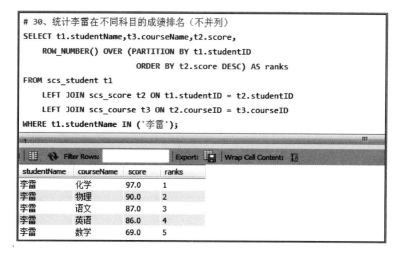

图 9-30　统计李雷在不同科目的成绩排名（不并列）

示例 31：统计不同学生的平均成绩排名（不并列），SQL 查询脚本如下所示，查询结果如图 9-31 所示。

```
SELECT t1.studentName,
    AVG(t2.score) AS avg_score,
    ROW_NUMBER() OVER (ORDER BY AVG(t2.score) DESC) AS ranks
FROM scs_student t1
    LEFT JOIN scs_score t2 ON t1.studentID = t2.studentID
    LEFT JOIN scs_course t3 ON t2.courseID = t3.courseID
GROUP BY 1;
```

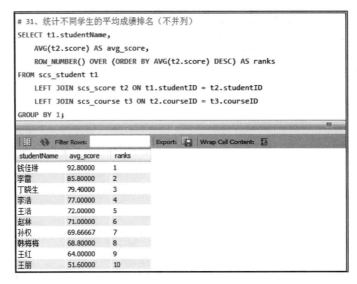

图 9-31 统计不同学生的平均成绩排名（不并列）

示例 32：统计不同老师的科目平均分排名（不并列），SQL 查询脚本如下所示，查询结果如图 9-32 所示。

```sql
SELECT t4.teacherName,
    t3.courseName,
    AVG(t2.score) AS avg_score,
    ROW_NUMBER() OVER (ORDER BY AVG(t2.score) DESC) AS ranks
FROM scs_student t1
    LEFT JOIN scs_score t2 ON t1.studentID = t2.studentID
    LEFT JOIN scs_course t3 ON t2.courseID = t3.courseID
    LEFT JOIN scs_teacher t4 ON t3.teacherID = t4.teacherID
GROUP BY 1,2;
```

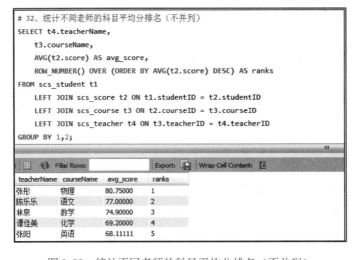

图 9-32 统计不同老师的科目平均分排名（不并列）

示例 33：统计平均分最低的选修科目（不并列），SQL 查询脚本如下所示，查询结果如图 9-33 所示。

```
SELECT *
FROM (SELECT t3.courseName,
        AVG(t2.score) AS avg_score,
        ROW_NUMBER() OVER (ORDER BY AVG(t2.score) ASC) AS ranks
    FROM scs_student t1
        LEFT JOIN scs_score t2 ON t1.studentID = t2.studentID
        LEFT JOIN scs_course t3 ON t2.courseID = t3.courseID
    GROUP BY 1) tt
    WHERE tt.ranks = 1;
```

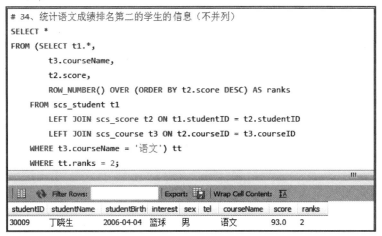

```
# 33、统计平均分最低的选修科目（不并列）
SELECT *
FROM (SELECT t3.courseName,
        AVG(t2.score) AS avg_score,
        ROW_NUMBER() OVER (ORDER BY AVG(t2.score) ASC) AS ranks
    FROM scs_student t1
        LEFT JOIN scs_score t2 ON t1.studentID = t2.studentID
        LEFT JOIN scs_course t3 ON t2.courseID = t3.courseID
    GROUP BY 1) tt
    WHERE tt.ranks = 1;
```

courseName	avg_score	ranks
英语	68.11111	1

图 9-33　统计平均分最低的选修科目（不并列）

示例 34：统计语文成绩排名第二的学生的信息（不并列），SQL 查询脚本如下所示，查询结果如图 9-34 所示。

```
# 34、统计语文成绩排名第二的学生的信息（不并列）
SELECT *
FROM (SELECT t1.*,
        t3.courseName,
        t2.score,
        ROW_NUMBER() OVER (ORDER BY t2.score DESC) AS ranks
    FROM scs_student t1
        LEFT JOIN scs_score t2 ON t1.studentID = t2.studentID
        LEFT JOIN scs_course t3 ON t2.courseID = t3.courseID
    WHERE t3.courseName = '语文') tt
    WHERE tt.ranks = 2;
```

studentID	studentName	studentBirth	interest	sex	tel	courseName	score	ranks
30009	丁晓生	2006-04-04	篮球	男		语文	93.0	2

图 9-34　统计语文成绩排名第二的学生的信息（不并列）

```
SELECT *
FROM (SELECT t1.*,
            t3.courseName,
            t2.score,
            ROW_NUMBER() OVER (ORDER BY t2.score DESC) AS ranks
      FROM scs_student t1
          LEFT JOIN scs_score t2 ON t1.studentID = t2.studentID
          LEFT JOIN scs_course t3 ON t2.courseID = t3.courseID
      WHERE t3.courseName = '语文') tt
      WHERE tt.ranks = 2;
```

示例 35：统计选修张彤老师课程且成绩排名第一的学生的信息（不并列），SQL 查询脚本如下所示，查询结果如图 9-35 所示。

```
SELECT *
FROM (SELECT t1.*,
            t3.courseName,
            t4.teacherName,
            t2.score,
            ROW_NUMBER() OVER (ORDER BY t2.score DESC) AS ranks
      FROM scs_student t1
          LEFT JOIN scs_score t2 ON t1.studentID = t2.studentID
          LEFT JOIN scs_course t3 ON t2.courseID = t3.courseID
          LEFT JOIN scs_teacher t4 ON t3.teacherID = t4.teacherID
      WHERE t4.teacherName = '张彤') tt
      WHERE tt.ranks = 1;
```

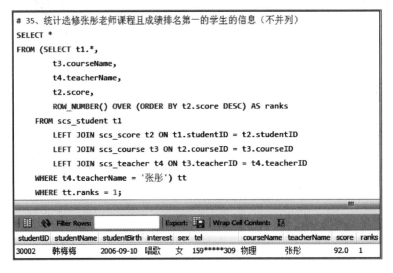

图 9-35　统计选修张彤老师课程且成绩排名第一的学生的信息（不并列）

示例 36：统计选修林泉老师课程且成绩最后一名的学生的信息（不并列），SQL 查询脚本如下所示，查询结果如图 9-36 所示。

```
SELECT *
FROM (SELECT t1.*,
           t3.courseName,
           t4.teacherName,
           t2.score,
           ROW_NUMBER() OVER (ORDER BY t2.score ASC) AS ranks
     FROM scs_student t1
        LEFT JOIN scs_score t2 ON t1.studentID = t2.studentID
        LEFT JOIN scs_course t3 ON t2.courseID = t3.courseID
        LEFT JOIN scs_teacher t4 ON t3.teacherID = t4.teacherID
     WHERE t4.teacherName = '林泉') tt
     WHERE tt.ranks = 1;
```

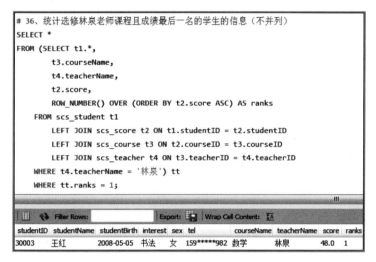

图 9-36 统计选修林泉老师课程且成绩最后一名的学生的信息（不并列）

示例 37：统计总成绩排名前三的学生信息（不并列），SQL 查询脚本如下所示，查询结果如图 9-37 所示。

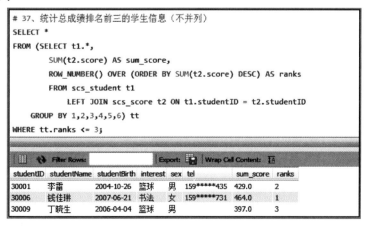

图 9-37 统计总成绩排名前三的学生信息（不并列）

205

```
SELECT *
FROM (SELECT t1.*,
            SUM(t2.score) AS sum_score,
            ROW_NUMBER() OVER (ORDER BY SUM(t2.score) DESC) AS ranks
            FROM scs_student t1
                LEFT JOIN scs_score t2 ON t1.studentID = t2.studentID
      GROUP BY 1,2,3,4,5,6) tt
WHERE tt.ranks<= 3;
```

示例 38： 统计相同选修科目内成绩相同的学生的信息和科目成绩，SQL 查询脚本如下所示，查询结果如图 9-38 所示。

```
SELECT tt1.*
FROM (SELECT t1.*,t3.courseName,t2.score
      FROM scs_student t1
            LEFT JOIN scs_score t2 ON t1.studentID = t2.studentID
            LEFT JOIN scs_course t3 ON t2.courseID = t3.courseID) tt1
JOIN (SELECT t1.*,t3.courseName,t2.score
      FROM scs_student t1
            LEFT JOIN scs_score t2 ON t1.studentID = t2.studentID
            LEFT JOIN scs_course t3 ON t2.courseID = t3.courseID) tt2
                                                    ON tt1.courseName = tt2.courseName
                                                    AND tt1.score = tt2.score
WHERE tt1.studentID != tt2.studentID;
```

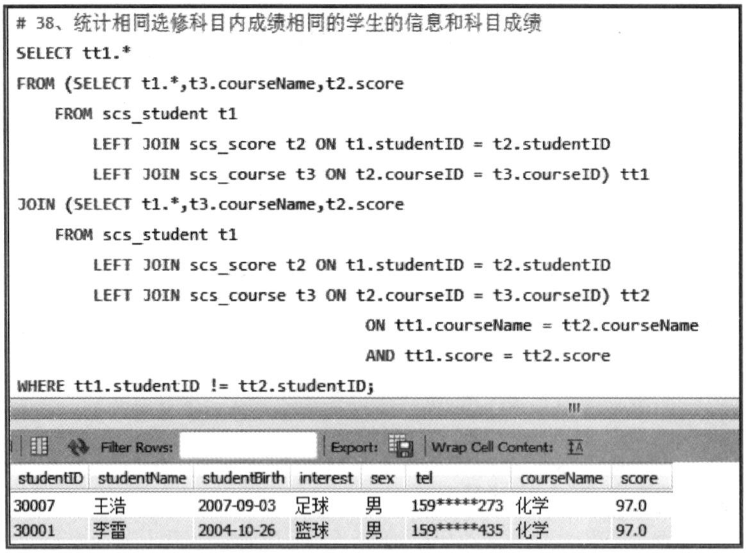

```
# 38、统计相同选修科目内成绩相同的学生的信息和科目成绩
SELECT tt1.*
FROM (SELECT t1.*,t3.courseName,t2.score
    FROM scs_student t1
        LEFT JOIN scs_score t2 ON t1.studentID = t2.studentID
        LEFT JOIN scs_course t3 ON t2.courseID = t3.courseID) tt1
JOIN (SELECT t1.*,t3.courseName,t2.score
    FROM scs_student t1
        LEFT JOIN scs_score t2 ON t1.studentID = t2.studentID
        LEFT JOIN scs_course t3 ON t2.courseID = t3.courseID) tt2
                                ON tt1.courseName = tt2.courseName
                                AND tt1.score = tt2.score
WHERE tt1.studentID != tt2.studentID;
```

Filter Rows: Export: Wrap Cell Content:

studentID	studentName	studentBirth	interest	sex	tel	courseName	score
30007	王浩	2007-09-03	足球	男	159*****273	化学	97.0
30001	李雷	2004-10-26	篮球	男	159*****435	化学	97.0

图 9-38　统计相同选修科目内成绩相同的学生的信息和科目成绩

示例 39： 统计选修人数最少的科目的名称（不并列），SQL 查询脚本如下所示，查询结果如图 9-39 所示。

```
SELECT *
FROM (SELECT t3.courseName,
        COUNT(DISTINCT t2.studentID) AS user_num,
        ROW_NUMBER() OVER (ORDER BY
                COUNT(DISTINCT t2.studentID) ASC) AS ranks
    FROM scs_student t1
        LEFT JOIN scs_score t2 ON t1.studentID = t2.studentID
        LEFT JOIN scs_course t3 ON t2.courseID = t3.courseID
    GROUP BY 1) tt
    WHERE tt.ranks = 1;
```

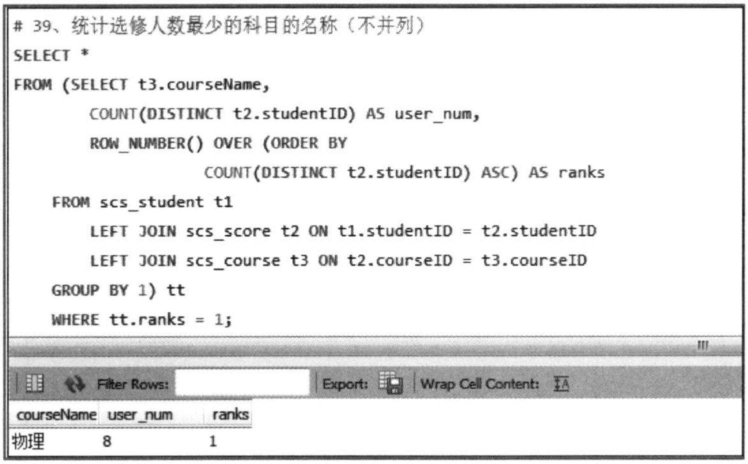

图 9-39 统计选修人数最少的科目的名称（不并列）

示例 40：统计选修科目中及格人数最多和最少的科目的名称（不并列），SQL 查询脚本如下所示，查询结果如图 9-40 所示。

```
SELECT *
FROM (SELECT t3.courseName,
        COUNT(DISTINCT t2.studentID) AS user_num,
        ROW_NUMBER() OVER (ORDER BY
                COUNT(DISTINCT t2.studentID) DESC) AS ranks
    FROM scs_student t1
        LEFT JOIN scs_score t2 ON t1.studentID = t2.studentID
        LEFT JOIN scs_course t3 ON t2.courseID = t3.courseID
    WHERE t2.score>= 60
    GROUP BY 1) tt
    WHERE tt.ranks = 1
UNION ALL
SELECT *
FROM (SELECT t3.courseName,
        COUNT(DISTINCT t2.studentID) AS user_num,
        ROW_NUMBER() OVER (ORDER BY
                COUNT(DISTINCT t2.studentID) ASC) AS ranks
```

```
    FROM scs_student t1
        LEFT JOIN scs_score t2 ON t1.studentID = t2.studentID
        LEFT JOIN scs_course t3 ON t2.courseID = t3.courseID
    WHERE t2.score>= 60
    GROUP BY 1) tt
    WHERE tt.ranks = 1;
```

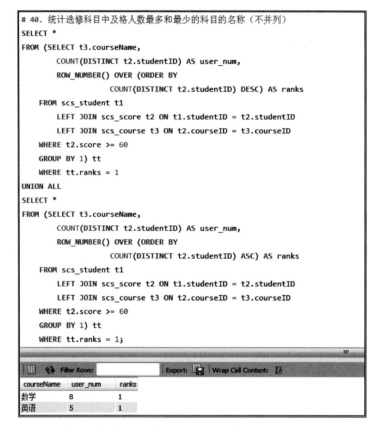

图 9-40　统计选修科目中及格人数最多和最少的科目的名称（不并列）

9.2　电商零售数据查询

电商零售场景主要是指客户通过 App 端或 PC 端进行商品的购买，这里涉及的表通常包括商品订单总表、商品订单明细表、用户信息表、用户登录表和产品信息表。本节将创建这 5 张表，并根据这 5 张表进行电商零售数据查询的实践。

9.2.1　电商零售数据查询相关数据表的创建

商品订单总表中的字段包括客户 ID、订单 ID、订单日期和订单数量，商品订单明细表中的字段包括明细 ID、订单 ID、产品 ID、订单数量，用户信息表中的字段包括客户 ID、客户姓名、注册时间、省份、城市、性别和年龄，用户登录表中的字段包括客户 ID、登录日期、登录次数和登录时长/秒，产品信息表中的字段包括产品 ID、产品名称和单价，字段解释分别见表 9-5～表 9-9。

表 9-5　商品订单总表的字段解释

字段名称	字段类型	字段解释
custID	INT	客户 ID
orderID	INT	订单 ID
orderDate	DATE	订单日期
num	INT	订单数量

表 9-6　商品订单明细表的字段解释

字段名称	字段类型	字段解释
detailID	BIGINT	明细 ID
orderID	INT	订单 ID
prodID	VARCHAR(100)	产品 ID
num	INT	订单数量

表 9-7　用户信息表的字段解释

字段名称	字段类型	字段解释
custID	INT	客户 ID
custName	VARCHAR(100)	客户姓名
registDate	DATE	注册时间
province	VARCHAR(100)	省份
city	VARCHAR(100)	城市
sex	VARCHAR(100)	性别
age	INT	年龄

表 9-8　用户登录表的字段解释

字段名称	字段类型	字段解释
custID	INT	客户 ID
loginDate	Date	登录日期
loginNum	INT	登录次数
loginLength	INT	登录时长/秒

表 9-9　产品信息表的字段解释

字段名称	字段类型	字段解释
prodID	VARCHAR(100)	产品 ID
prodName	VARCHAR(100)	产品名称
price	DECIMAL(10,2)	单价

创建这 5 张表并插入数据的 SQL 语句如下：

```
# 创建商品订单总表
CREATE TABLE ec_orders_t (
    custID INT NOT NULL,
    orderID INT NOT NULL,
    orderDate DATE NULL,
    num INT NULL
);
# 创建商品订单明细表
CREATE TABLE ec_orders_detail (
    detailID BIGINT NOT NULL,
    orderID INT NOT NULL,
    prodID VARCHAR(100) NULL,
    num INT NULL
);
# 创建用户信息表
CREATE TABLE ec_user_info (
    custID INT NOT NULL,
    custName VARCHAR(100) NULL,
    registDate DATE NULL,
    province VARCHAR(100) NULL,
    city VARCHAR(100) NULL,
    sex VARCHAR(100) NULL,
    age INT NULL
);
# 创建用户登录表
CREATE TABLE ec_user_login (
    custID INT NOT NULL,
    loginDate Date NULL,
    loginNum INT NULL,
    loginLength INT NULL
);
# 创建产品信息表
CREATE TABLE ec_product_info (
    prodID VARCHAR(100) NOT NULL,
    prodName VARCHAR(100) NULL,
    price DECIMAL(10,2) NULL
);

# 插入数据
# 数据导入商品订单总表
```

```
LOAD DATA INFILE 'E:/ec_orders_t.csv'
INTO TABLE ec_orders_t
FIELDS TERMINATED BY ','
LINES TERMINATED BY '\n'
IGNORE 1 ROWS;
# 数据导入商品订单明细表
LOAD DATA INFILE 'E:/ec_orders_detail.csv'
INTO TABLE ec_orders_detail
FIELDS TERMINATED BY ','
LINES TERMINATED BY '\n'
IGNORE 1 ROWS;
# 数据导入用户信息表
LOAD DATA INFILE 'E:/ec_user_info.csv'
INTO TABLE ec_user_info
FIELDS TERMINATED BY ','
LINES TERMINATED BY '\n'
IGNORE 1 ROWS;
# 数据导入用户登录表
LOAD DATA INFILE 'E:/ec_user_login.csv'
INTO TABLE ec_user_login
FIELDS TERMINATED BY ','
LINES TERMINATED BY '\n'
IGNORE 1 ROWS;
# 数据导入产品信息表
LOAD DATA INFILE 'E:/ec_product_info.csv'
INTO TABLE ec_product_info
FIELDS TERMINATED BY ','
LINES TERMINATED BY '\n'
IGNORE 1 ROWS;
```

9.2.2 电商零售数据查询实践

执行上面的脚本，完成电商零售场景中 5 张表的创建和数据的插入。本节以这 5 张表为例，进行业务角度下的数据查询，查询实践示例总计 30 个，下面分别进行详细讲解。

示例 1：统计不同年份注册用户的分布，SQL 查询脚本如下所示，查询结果如图 9-41 所示。

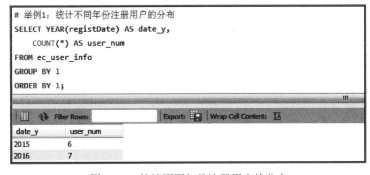

图 9-41 统计不同年份注册用户的分布

```
SELECT YEAR(registDate) AS date_y,
    COUNT(*) AS user_num
FROM ec_user_info
GROUP BY 1
ORDER BY 1;
```

示例 2：统计注册用户所属不同省份的分布，SQL 查询脚本如下所示，查询结果如图 9-42 所示。

```
SELECT province,
    COUNT(*) AS user_num
FROM ec_user_info
GROUP BY 1
ORDER BY 1;
```

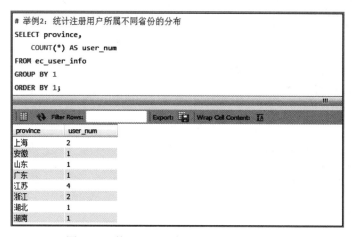

图 9-42　统计注册用户所属不同省份的分布

示例 3：统计江浙沪三地的注册用户数和占比，SQL 查询脚本如下所示，查询结果如图 9-43 所示。

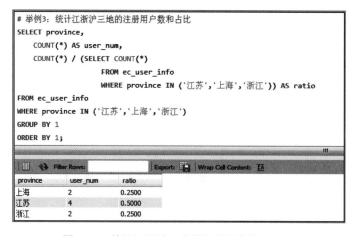

图 9-43　统计江浙沪三地的注册用户数和占比

```
SELECT province,
    COUNT(*) AS user_num,
    COUNT(*) / (SELECT COUNT(*)
            FROM ec_user_info
            WHERE province IN ('江苏','上海','浙江')) AS ratio
FROM ec_user_info
WHERE province IN ('江苏','上海','浙江')
GROUP BY 1
ORDER BY 1;
```

示例 4：统计注册用户不同性别的人数占比，SQL 查询脚本如下所示，查询结果如图 9-44 所示。

```
SELECT sex,
    COUNT(*) AS user_num,
    COUNT(*) / (SELECT COUNT(*)
            FROM ec_user_info) AS ratio
FROM ec_user_info
GROUP BY 1
ORDER BY 1;
```

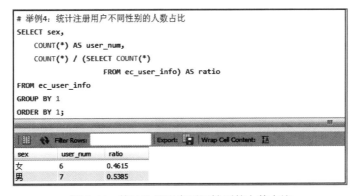

图 9-44　统计注册用户不同性别的人数占比

示例 5：统计注册用户不同年龄的人数（年龄按每 10 岁向上取整分档），SQL 查询脚本如下所示，查询结果如图 9-45 所示。

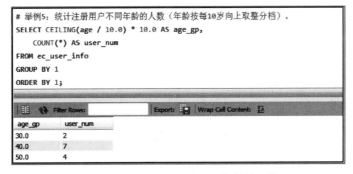

图 9-45　统计注册用户不同年龄的人数

```
SELECT CEILING(age / 10.0) * 10.0 AS age_gp,
    COUNT(*) AS user_num
FROM ec_user_info
GROUP BY 1
ORDER BY 1;
```

示例 6：统计不同省份注册用户的平均年龄、最大年龄和最小年龄，SQL 查询脚本如下所示，查询结果如图 9-46 所示。

```
SELECT province,
    AVG(age) AS avg_age,
    MAX(age) AS max_age,
    MIN(age) AS min_age
FROM ec_user_info
GROUP BY 1
ORDER BY 1;
```

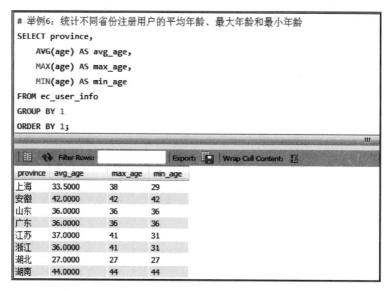

图 9-46　统计不同省份注册用户的平均年龄、最大年龄和最小年龄

示例 7：统计年龄的中位数和对应此年龄的学生信息（不并列），SQL 查询脚本如下所示，查询结果如图 9-47 所示。

```
SELECT t1.*,t2.midean_age
FROM ec_user_info t1
    JOIN (SELECT ROUND(SUM(age) / COUNT(*),2) AS midean_age
        FROM (SELECT age,
                ROW_NUMBER() over (ORDER BY age DESC) AS desc_age,
                ROW_NUMBER() over (ORDER BY age ASC) AS asc_age
            FROM ec_user_info) AS tt
    WHERE asc_age IN (desc_age, desc_age + 1, desc_age - 1)) t2
                            ON t1.age = t2.midean_age;
```

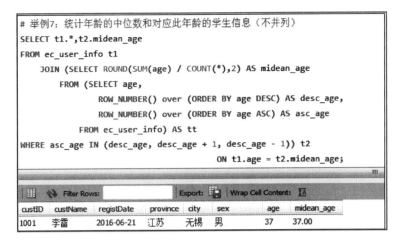

图 9-47　统计年龄的中位数和对应此年龄的学生信息（不并列）

示例 8：统计不同年龄段中购买金额最高的产品的信息（年龄按每 10 岁向上取整分档）（不并列），SQL 查询脚本如下所示，查询结果如图 9-48 所示。

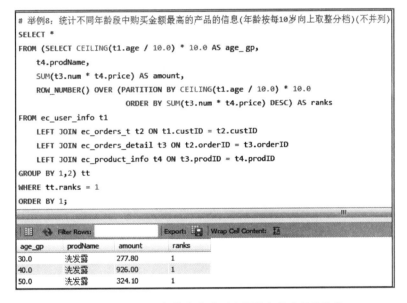

图 9-48　统计不同年龄段中购买金额最高的产品的信息

```
SELECT *
FROM (SELECT CEILING(t1.age / 10.0) * 10.0 AS age_ gp,
    t4.prodName,
    SUM(t3.num * t4.price) AS amount,
    ROW_NUMBER() OVER (PARTITION BY CEILING(t1.age / 10.0) * 10.0 ORDER BY SUM(t3.num *
            t4.price) DESC) AS ranks
FROM ec_user_info t1
    LEFT JOIN ec_orders_t t2 ON t1.custID = t2.custID
```

```
        LEFT JOIN ec_orders_detail t3 ON t2.orderID = t3.orderID
        LEFT JOIN ec_product_info t4 ON t3.prodID = t4.prodID
GROUP BY 1,2) tt
WHERE tt.ranks = 1
ORDER BY 1;
```

示例 9：统计不同用户的累计购买次数、购买金额，SQL 查询脚本如下所示，查询结果如图 9-49 所示。

```
SELECT t1.custID,
        COUNT(*) as count_num,
        SUM(t3.num * t4.price) AS amount
FROM ec_user_info t1
        LEFT JOIN ec_orders_t t2 ON t1.custID = t2.custID
        LEFT JOIN ec_orders_detail t3 ON t2.orderID = t3.orderID
        LEFT JOIN ec_product_info t4 ON t3.prodID = t4.prodID
GROUP BY 1
ORDER BY 1;
```

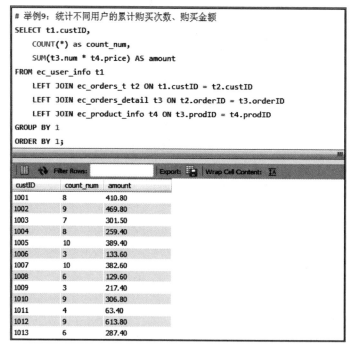

图 9-49 统计不同用户的累计购买次数、购买金额

示例 10：统计不同产品的购买用户数和被购买次数，SQL 查询脚本如下所示，查询结果如图 9-50 所示。

```
SELECT t4.prodName,
        COUNT(DISTINCT t1.custID) AS user_num,
        COUNT(*) as count_num
```

```
FROM ec_user_info t1
    LEFT JOIN ec_orders_t t2 ON t1.custID = t2.custID
    LEFT JOIN ec_orders_detail t3 ON t2.orderID = t3.orderID
    LEFT JOIN ec_product_info t4 ON t3.prodID = t4.prodID
GROUP BY 1
ORDER BY 1;
```

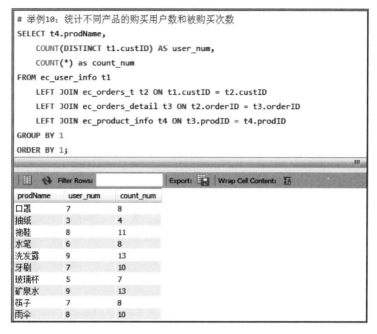

图 9-50　统计不同产品的购买用户数和被购买次数

示例 11：统计单个订单 ID（一次购买记录）中同时包含产品 p001 和 p003 的用户的信息，SQL 查询脚本如下所示，查询结果如图 9-51 所示。

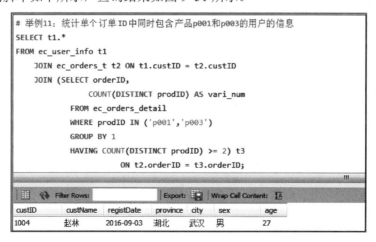

图 9-51　统计单个订单 ID 中同时包含产品 p001 和 p003 的用户的信息

```
SELECT t1.*
FROM ec_user_info t1
    JOIN ec_orders_t t2 ON t1.custID = t2.custID
    JOIN (SELECT orderID,
                 COUNT(DISTINCT prodID) AS vari_num
          FROM ec_orders_detail
          WHERE prodID IN ('p001','p003')
          GROUP BY 1
          HAVING COUNT(DISTINCT prodID) >= 2) t3
                 ON t2.orderID = t3.orderID;
```

示例 12：统计用户张彤购买的不同产品的数量和金额，SQL 查询脚本如下所示，查询结果如图 9-52 所示。

```
SELECT t1.custName,
    t4.prodName,
    SUM(t3.num) AS num,
    SUM(t3.num * t4.price) AS amount
FROM ec_user_info t1
    LEFT JOIN ec_orders_t t2 ON t1.custID = t2.custID
    LEFT JOIN ec_orders_detail t3 ON t2.orderID = t3.orderID
    LEFT JOIN ec_product_info t4 ON t3.prodID = t4.prodID
WHERE t1.custName = '张彤'
GROUP BY 1,2
ORDER BY 1,2;
```

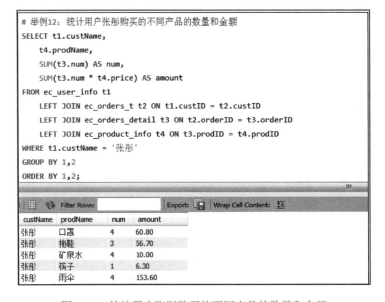

图 9-52　统计用户张彤购买的不同产品的数量和金额

示例 13：统计不同年份中不同月份的销售业绩，SQL 查询脚本如下所示，查询结果如图 9-53 所示。

```
SELECT YEAR(t2.orderDate) AS date_y,
    MONTH(t2.orderDate) AS date_m,
    SUM(t3.num * t4.price) AS amount
FROM ec_user_info t1
    LEFT JOIN ec_orders_t t2 ON t1.custID = t2.custID
    LEFT JOIN ec_orders_detail t3 ON t2.orderID = t3.orderID
    LEFT JOIN ec_product_info t4 ON t3.prodID = t4.prodID
GROUP BY 1,2
ORDER BY 1,2;
```

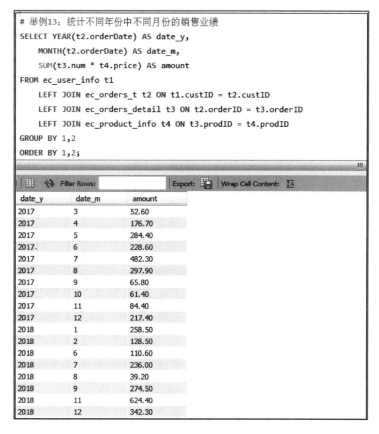

图 9-53　统计不同年份中不同月份的销售业绩

示例 14：统计购买用户中不同性别的购买金额，SQL 查询脚本如下所示，查询结果如图 9-54 所示。

```
SELECT t1.sex,
    SUM(t3.num * t4.price) AS amount
FROM ec_user_info t1
    LEFT JOIN ec_orders_t t2 ON t1.custID = t2.custID
    LEFT JOIN ec_orders_detail t3 ON t2.orderID = t3.orderID
    LEFT JOIN ec_product_info t4 ON t3.prodID = t4.prodID
GROUP BY 1
```

ORDER BY 1;

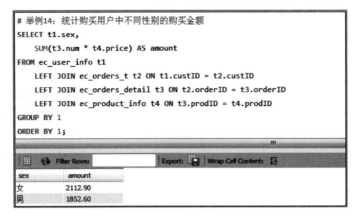

图 9-54　统计购买用户中不同性别的购买金额

示例 15：统计购买金额排名前三的用户的信息（不并列），SQL 查询脚本如下所示，查询结果如图 9-55 所示。

```
SELECT *
FROM (SELECT t1.*,
        SUM(t3.num * t4.price) AS amount,
        ROW_NUMBER() OVER (ORDER BY SUM(t3.num * t4.price) DESC) AS ranks
    FROM ec_user_info t1
        LEFT JOIN ec_orders_t t2 ON t1.custID = t2.custID
        LEFT JOIN ec_orders_detail t3 ON t2.orderID = t3.orderID
        LEFT JOIN ec_product_info t4 ON t3.prodID = t4.prodID
    GROUP BY 1,2,3,4,5,6,7) tt
WHERE tt.ranks<= 3;
```

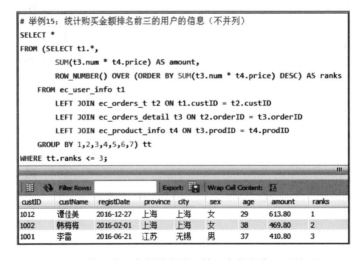

图 9-55　统计购买金额排名前三的用户的信息（不并列）

示例 16：统计不同年份销售额排名前三的产品的信息（不并列），SQL 查询脚本如下所示，查询结果如图 9-56 所示。

```
SELECT *
FROM (SELECT YEAR(t2.orderDate) AS date_y,
     t4.prodName,
     SUM(t3.num * t4.price) AS amount,
     ROW_NUMBER() OVER (PARTITION BY YEAR(t2.orderDate) ORDER BY SUM(t3.num * t4.price) DESC) AS ranks
     FROM ec_user_info t1
         LEFT JOIN ec_orders_t t2 ON t1.custID = t2.custID
         LEFT JOIN ec_orders_detail t3 ON t2.orderID = t3.orderID
         LEFT JOIN ec_product_info t4 ON t3.prodID = t4.prodID
     GROUP BY 1,2) tt
WHERE tt.ranks<= 3
ORDER BY 1;
```

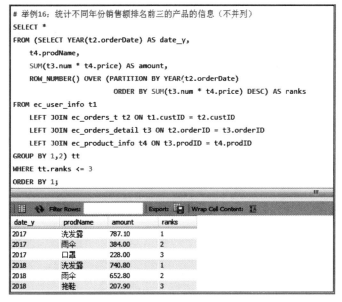

图 9-56　统计不同年份销售额排名前三的产品的信息（不并列）

示例 17：统计购买产品种类数最多的用户的信息（不并列），SQL 查询脚本如下所示，查询结果如图 9-57 所示。

```
SELECT *
FROM (SELECT t1.*,
       COUNT(DISTINCT t4.prodID) AS vari_num,
       ROW_NUMBER () OVER (ORDER BY COUNT(DISTINCT t4.prodID) DESC) AS ranks
     FROM ec_user_info t1
         LEFT JOIN ec_orders_t t2 ON t1.custID = t2.custID
         LEFT JOIN ec_orders_detail t3 ON t2.orderID = t3.orderID
         LEFT JOIN ec_product_info t4 ON t3.prodID = t4.prodID
```

GROUP BY 1,2,3,4,5,6,7) tt
WHERE tt.ranks = 1;

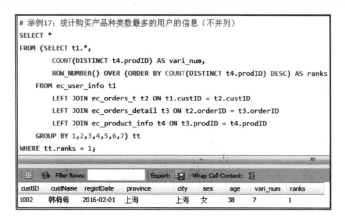

图 9-57　统计购买产品种类数最多的用户的信息（不并列）

示例 18：统计不同年份中不同月份的销售金额最差的产品的信息（不并列），SQL 查询脚本如下所示，查询结果如图 9-58 所示。

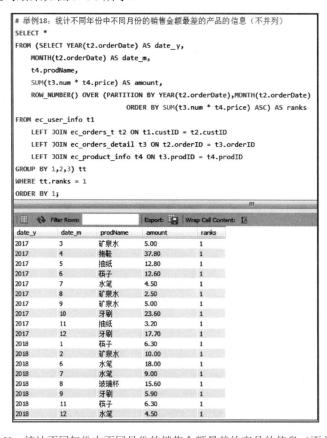

图 9-58　统计不同年份中不同月份的销售金额最差的产品的信息（不并列）

```
SELECT *
FROM (SELECT YEAR(t2.orderDate) AS date_y,
    MONTH(t2.orderDate) AS date_m,
    t4.prodName,
    SUM(t3.num * t4.price) AS amount,
    ROW_NUMBER() OVER (PARTITION BY YEAR(t2.orderDate),MONTH(t2.orderDate)
                                ORDER BY SUM(t3.num * t4.price) ASC) AS ranks
FROM ec_user_info t1
    LEFT JOIN ec_orders_t t2 ON t1.custID = t2.custID
    LEFT JOIN ec_orders_detail t3 ON t2.orderID = t3.orderID
    LEFT JOIN ec_product_info t4 ON t3.prodID = t4.prodID
GROUP BY 1,2,3) tt
WHERE tt.ranks = 1
ORDER BY 1;
```

示例 19：统计订单中单价超过平均单价的产品的信息，SQL 查询脚本如下所示，查询结果如图 9-59 所示。

```
SELECT *
FROM ec_product_info
WHERE price > (SELECT AVG(price)
            FROM ec_product_info);
```

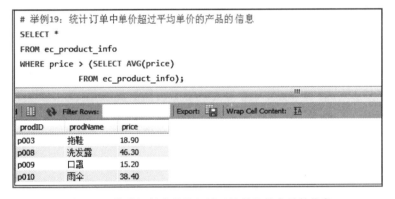

图 9-59　统计订单中单价超过平均单价的产品的信息

示例 20：统计累计销售额超过玻璃杯的产品的信息，SQL 查询脚本如下所示，查询结果如图 9-60 所示。

```
SELECT t2.*,
    SUM(t1.num * t2.price) AS amount
FROM ec_orders_detail t1
    LEFT JOIN ec_product_info t2 ON t1.prodID = t2.prodID
GROUP BY 1,2,3
HAVING SUM(t1.num * t2.price) > (SELECT SUM(t1.num * t2.price) AS amount
            FROM ec_orders_detail t1
                LEFT JOIN ec_product_info t2 ON t1.prodID = t2.prodID
            WHERE t2.prodName = '玻璃杯');
```

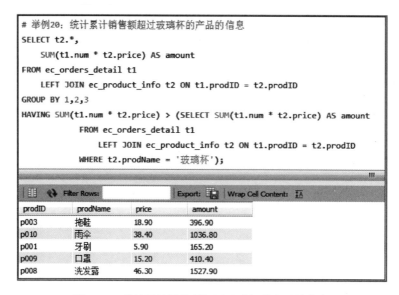

图 9-60　统计累计销售额超过玻璃杯的产品的信息

示例 21：统计累计购买金额高于平均值的用户的信息，SQL 查询脚本如下所示，查询结果如图 9-61 所示。

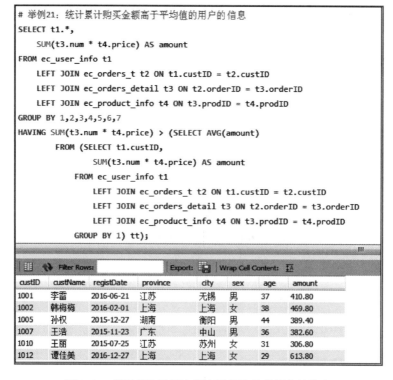

图 9-61　统计累计购买金额高于平均值的用户的信息

```
SELECT t1.*,
    SUM(t3.num * t4.price) AS amount
FROM ec_user_info t1
    LEFT JOIN ec_orders_t t2 ON t1.custID = t2.custID
    LEFT JOIN ec_orders_detail t3 ON t2.orderID = t3.orderID
    LEFT JOIN ec_product_info t4 ON t3.prodID = t4.prodID
GROUP BY 1,2,3,4,5,6,7
HAVING SUM(t3.num * t4.price) > (SELECT AVG(amount)
    FROM (SELECT t1.custID,
            SUM(t3.num * t4.price) AS amount
        FROM ec_user_info t1
            LEFT JOIN ec_orders_t t2 ON t1.custID = t2.custID
            LEFT JOIN ec_orders_detail t3 ON t2.orderID = t3.orderID
            LEFT JOIN ec_product_info t4 ON t3.prodID = t4.prodID
        GROUP BY 1) tt);
```

示例 22：统计历史销售额中雨伞的销售额排名（按照销售额从高到低排序）（不并列），SQL 查询脚本如下所示，查询结果如图 9-62 所示。

```
SELECT *
FROM (SELECT t4.prodName,
    SUM(t3.num * t4.price) AS amount,
    ROW_NUMBER() OVER (ORDER BY SUM(t3.num * t4.price) DESC) AS ranks
FROM ec_user_info t1
    LEFT JOIN ec_orders_t t2 ON t1.custID = t2.custID
    LEFT JOIN ec_orders_detail t3 ON t2.orderID = t3.orderID
    LEFT JOIN ec_product_info t4 ON t3.prodID = t4.prodID
GROUP BY 1) tt
WHERE tt.prodName = '雨伞'
ORDER BY 1;
```

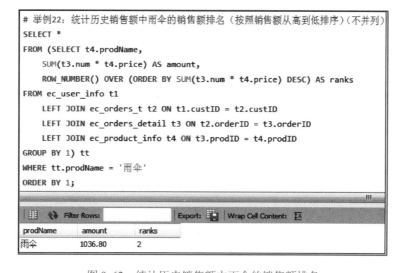

图 9-62　统计历史销售额中雨伞的销售额排名

示例 23：统计不同用户的历史月份的平均登录次数和时长，SQL 查询脚本如下所示，查询结果如图 9-63 所示。

```
SELECT custID,
    SUM(loginNum) / COUNT(custID) AS avg_loginNum,
    SUM(loginLength) / COUNT(custID) AS avg_loginLength
FROM (SELECT custID,
        YEAR(loginDate) AS date_y,
        MONTH(loginDate) AS date_m,
        SUM(loginNum) AS loginNum,
        SUM(loginLength) AS loginLength
    FROM ec_user_login
    GROUP BY 1,2,3) tt
GROUP BY 1;
```

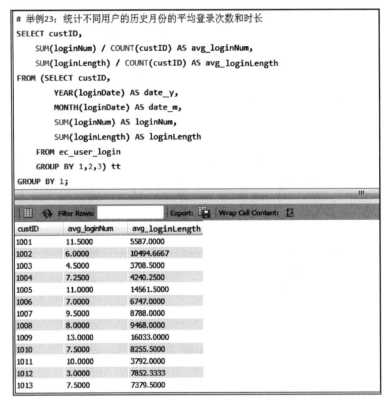

图 9-63　统计不同用户的历史月份的平均登录次数和时长

示例 24：统计登录次数最多的用户花费的时长（不并列），SQL 查询脚本如下所示，查询结果如图 9-64 所示。

```
SELECT *
FROM (SELECT custID,
        SUM(loginNum) AS loginNum,
```

```
        SUM(loginLength) AS loginLength,
        ROW_NUMBER() OVER (ORDER BY SUM(loginNum) DESC) AS ranks
    FROM ec_user_login
    GROUP BY 1) tt
WHERE tt.ranks = 1;
```

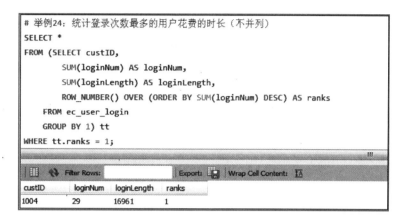

图 9-64　统计登录次数最多的用户花费的时长（不并列）

示例 25：统计 2017 年购买商品的用户在 2018 年的购买留存率，SQL 查询脚本如下所示，查询结果如图 9-65 所示。

```
SELECT COUNT(DISTINCT t1.custID) AS buy_user_num_2017,
    COUNT(DISTINCT t2.custID) AS buy_user_num_2018,
    COUNT(DISTINCT t2.custID) / COUNT(DISTINCT t1.custID) AS rebuy_ratio
FROM ec_orders_t t1
    LEFT JOIN ec_orders_t t2 ON t1.custID = t2.custID
                                AND YEAR(t2.orderDate) = 2018
WHERE YEAR(t1.orderDate) = 2017;
```

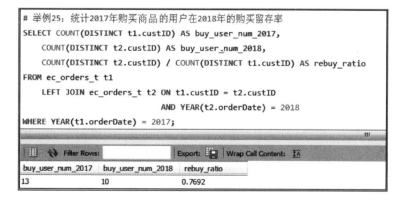

图 9-65　统计 2017 年购买商品的用户在 2018 年的购买留存率

示例 26：统计 2018 年购买商品的用户在当年的复购率，SQL 查询脚本如下所示，查询结果如图 9-66 所示。

```
SELECT (SELECT COUNT(DISTINCT custID)
    FROM (SELECT custID,
        COUNT(*) AS total_user_num
    FROM ec_orders_t t1
    WHERE YEAR(t1.orderDate) = 2018
    GROUP BY 1
    HAVING COUNT(*) > 1) tt)/(SELECT COUNT(DISTINCT custID) AS total_user_num
                        FROM ec_orders_t t1
                        WHERE YEAR(t1.orderDate) = 2018) AS rebuy_ratio;
```

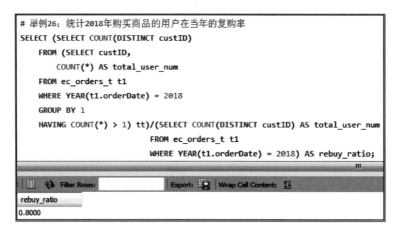

图 9-66　统计 2018 年购买商品的用户在当年的复购率

示例 27：统计 2017 年用户的平均购买间隔（天数），SQL 查询脚本如下所示，查询结果如图 9-67 所示。

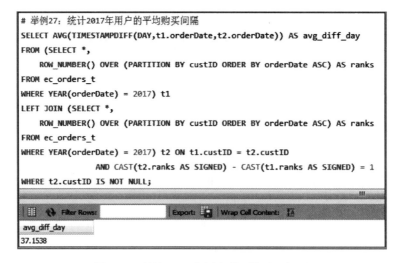

图 9-67　统计 2017 年用户的平均购买间隔

```
SELECT AVG(TIMESTAMPDIFF(DAY,t1.orderDate,t2.orderDate)) AS avg_diff_day
FROM (SELECT *,
    ROW_NUMBER() OVER (PARTITION BY custID ORDER BY orderDate ASC) AS ranks
FROM ec_orders_t
WHERE YEAR(orderDate) = 2017) t1
LEFT JOIN (SELECT *,
    ROW_NUMBER() OVER (PARTITION BY custID ORDER BY orderDate ASC) AS ranks
FROM ec_orders_t
WHERE YEAR(orderDate) = 2017) t2 ON t1.custID = t2.custID
                AND CAST(t2.ranks AS SIGNED) - CAST(t1.ranks AS SIGNED) = 1
WHERE t2.custID IS NOT NULL;
```

示例 28：统计购买日期跨度最久的用户的信息（最大购买日期-最小购买日期）（不并列），SQL 查询脚本如下所示，查询结果如图 9-68 所示。

```
SELECT t2.*,t1.max_diff_day,t1.ranks
FROM (SELECT custID,
    TIMESTAMPDIFF(DAY,MIN(orderDate),MAX(orderDate)) AS max_diff_day,
    ROW_NUMBER() OVER (ORDER BY
            TIMESTAMPDIFF(DAY,MIN(orderDate),MAX(orderDate)) DESC) AS ranks
    FROM ec_orders_t
    GROUP BY 1) t1
    JOIN ec_user_info t2 ON t1.custID = t2.custID
WHERE ranks = 1;
```

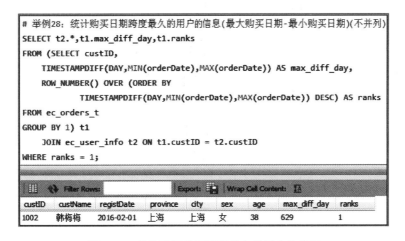

图 9-68　统计购买日期跨度最久的用户的信息

示例 29：统计日均登录时长超过 2 小时的用户的信息，SQL 查询脚本如下所示，查询结果如图 9-69 所示。

```
SELECT *
FROM ec_user_info
WHERE custID IN (SELECT custID
        FROM ec_user_login
```

```
GROUP BY 1
HAVING SUM(loginLength / 3600) / COUNT(DISTINCT loginDate) > 2.0);
```

图 9-69　统计日均登录时长超过 2 小时的用户的信息

示例 30：统计累计登录时长排名前 20%的用户的信息（不并列），SQL 查询脚本如下所示，查询结果如图 9-70 所示。

```
SELECT t2.*,t1.loginLength,t1.ranks
FROM (SELECT custID,
        SUM(loginLength) AS loginLength,
        ROW_NUMBER() OVER (ORDER BY SUM(loginLength) DESC) AS ranks
    FROM ec_user_login
    GROUP BY 1) t1
    JOIN ec_user_info t2 ON t1.custID = t2.custID
WHERE t1.ranks<= (SELECT ROUND(COUNT(DISTINCT custID) / 5)
            FROM ec_user_login);
```

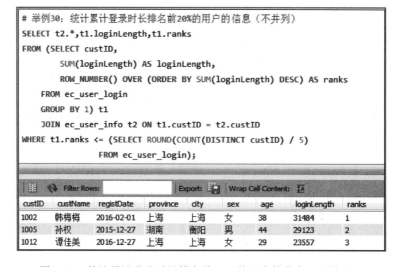

图 9-70　统计累计登录时长排名前 20%的用户的信息（不并列）

9.3　互联网金融投资理财数据查询

互联网金融投资理财场景主要是指客户通过 App 端进行理财产品的购买，这里涉及的表通常包括注册表、投资表、产品表、渠道表、城市表、登录表和券信息表。本节将创建这 7 张表，并根据这 7 张表进行数据查询实践。

9.3.1　互联网金融投资理财数据查询相关数据表的创建

注册表中的字段包括客户 ID、注册时间、年龄、性别、渠道 ID、城市 ID。投资表中的字段包括投资 ID、客户 ID、投资时间、产品 ID、投资金额、年化投资金额、到期时间、券 ID。产品表中的字段包括产品 ID、产品名称、产品大类、年化收益率。渠道表中的字段包括渠道 ID、渠道名称。城市表中的字段包括城市 ID、城市名称、省份名称。登录表中的字段包括登录 ID、客户 ID、登录时间、登录最小时间、登录最大时间。券信息表中的字段包括券 ID、活动利率、券名称、活动天数。字段解释分别见表 9-10～表 9-16。

提示：

- 投资表中的年化投资金额字段指的是根据投资的产品期限换算成 1 年投资的金额。举例：用户投资了半年期的理财产品，购买总金额为 2 万元，换算成年化投资金额为 1 万元。
- 产品表中的年化收益率字段和券信息表中的活动利率字段均为年化收益率。此外，本节涉及的利率数值均为虚拟数据，不构成任何投资建议。

表 9-10　注册表的字段解释

字段名称	字段类型	字段解释
custID	INT	客户 ID
registDate	DATETIME	注册时间
age	INT	年龄
gender	VARCHAR(100)	性别
channelID	INT	渠道 ID
cityID	INT	城市 ID

表 9-11　投资表的字段解释

字段名称	字段类型	字段解释
investID	INT	投资 ID
custID	INT	客户 ID
investDate	DATETIME	投资时间
productID	INT	产品 ID
amount	DECIMAL(10,2)	投资金额

（续）

字段名称	字段类型	字段解释
annuAmount	DECIMAL(10,2)	年化投资金额
dueDate	DATETIME	到期时间
couponID	INT	券 ID

表 9-12 产品表的字段解释

字段名称	字段类型	字段解释
productID	INT	产品 ID
productName	VARCHAR(100)	产品名称
productType	VARCHAR(100)	产品大类
rate	DECIMAL(10,4)	年化收益率

表 9-13 渠道表的字段解释

字段名称	字段类型	字段解释
channelID	INT	渠道 ID
channelName	VARCHAR(100)	渠道名称

表 9-14 城市表的字段解释

字段名称	字段类型	字段解释
cityID	INT	城市 ID
cityName	VARCHAR(100)	城市名称
provinceName	VARCHAR(100)	省份名称

表 9-15 登录表的字段解释

字段名称	字段类型	字段解释
loginID	BIGINT	登录 ID
custID	INT	客户 ID
loginDate	DATETIME	登录时间
loginDate_min	DATETIME	登录最小时间
loginDate_max	DATETIME	登录最大时间

表 9-16 券信息表的字段解释

字段名称	字段类型	字段解释
couponID	INT	券 ID
couponIncrease	DECIMAL(10,4)	活动利率
couponName	VARCHAR(100)	券名称
interestDays	INT	活动天数

创建这 7 张表并插入数据的 SQL 语句如下：

```
# 创建注册表
CREATE TABLE finance_register (
    custID INT NOT NULL,
    registDate DATETIME NULL,
    age INT NULL,
    gender VARCHAR(100) NULL,
    channelID INT NULL,
    cityID INT NULL
);
# 创建投资表
CREATE TABLE finance_invest (
    investID INT NOT NULL,
    custID INT NOT NULL,
    investDate DATETIME NULL,
    productID INT NULL,
    amount DECIMAL(10,2) NULL,
    annuAmount DECIMAL(10,2) NULL,
    dueDate DATETIME NULL,
    couponID INT NULL
);
# 创建产品表
CREATE TABLE finance_product (
    productID INT NOT NULL,
    productName VARCHAR(100) NULL,
    productType VARCHAR(100) NULL,
    rate DECIMAL(10,4) NULL
);
# 创建渠道表
CREATE TABLE finance_channel (
    channelID INT NOT NULL,
    channelName VARCHAR(100) NULL
);
# 创建城市表
CREATE TABLE finance_city (
    cityID INT NOT NULL,
    cityName VARCHAR(100) NULL,
    provinceName VARCHAR(100) NULL
);
# 创建登录表
CREATE TABLE finance_login (
    loginID BIGINT NOT NULL,
    custID INT NOT NULL,
    loginDate DATETIME NULL,
    loginDate_min DATETIME NULL,
    loginDate_max DATETIME NULL
);
# 创建券信息表
CREATE TABLE finance_coupon (
```

```
    couponID INT NOT NULL,
    couponIncrease DECIMAL(10,4) NULL,
    couponName VARCHAR(100) NULL,
    interestDays INT NULL
);

# 插入数据
# 数据导入注册表
LOAD DATA INFILE 'E:/finance_register.csv'
INTO TABLE finance_register
FIELDS TERMINATED BY ','
LINES TERMINATED BY '\n'
IGNORE 1 ROWS;
# 数据导入投资表
LOAD DATA INFILE 'E:/finance_invest.csv'
INTO TABLE finance_invest
FIELDS TERMINATED BY ','
LINES TERMINATED BY '\n'
IGNORE 1 ROWS;
# 数据导入产品表
LOAD DATA INFILE 'E:/finance_product.csv'
INTO TABLE finance_product
FIELDS TERMINATED BY ','
LINES TERMINATED BY '\n'
IGNORE 1 ROWS;
# 数据导入渠道表
LOAD DATA INFILE 'E:/finance_channel.csv'
INTO TABLE finance_channel
FIELDS TERMINATED BY ','
LINES TERMINATED BY '\n'
IGNORE 1 ROWS;
# 数据导入城市表
LOAD DATA INFILE 'E:/finance_city.csv'
INTO TABLE finance_city
FIELDS TERMINATED BY ','
LINES TERMINATED BY '\n'
IGNORE 1 ROWS;
# 数据导入登录表
LOAD DATA INFILE 'E:/finance_login.csv'
INTO TABLE finance_login
FIELDS TERMINATED BY ','
LINES TERMINATED BY '\n'
IGNORE 1 ROWS;
# 数据导入券信息表
LOAD DATA INFILE 'E:/finance_coupon.csv'
INTO TABLE finance_coupon
FIELDS TERMINATED BY ','
LINES TERMINATED BY '\n'
IGNORE 1 ROWS;
```

9.3.2　互联网金融投资理财数据查询实践

执行上面的脚本，完成互联网金融投资理财场景中 7 张表的创建和数据的插入。本节以这 7 张表为例，进行业务角度下的数据查询，查询实践示例总计 30 个，下面分别进行详细讲解。

示例 1：统计不同性别注册用户的人数分布，SQL 查询脚本如下所示，查询结果如图 9-71 所示。

```
SELECT gender,
     COUNT(*) AS user_num
FROM finance_register
GROUP BY 1
ORDER BY 1;
```

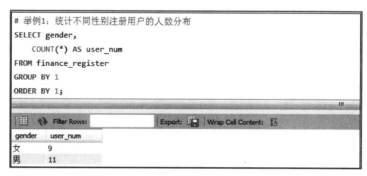

图 9-71　统计不同性别注册用户的人数分布

示例 2：统计不同年龄段注册用户的人数分布（以 10 岁分段，向上取整），SQL 查询脚本如下所示，查询结果如图 9-72 所示。

```
SELECT CEILING(age / 10.0) * 10.0 AS age_gp,
     COUNT(*) AS user_num
FROM finance_register
GROUP BY 1
ORDER BY 1;
```

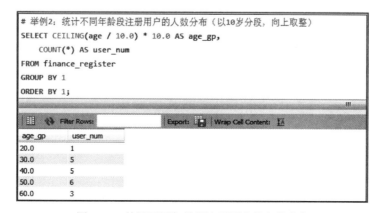

图 9-72　统计不同年龄段注册用户的人数分布

示例 3：统计不同性别中平均年龄较高的性别（并列），SQL 查询脚本如下所示，查询结果如图 9-73 所示。

```
SELECT *
FROM (SELECT gender,
        AVG(age) AS avg_age,
        RANK() OVER (ORDER BY AVG(age) DESC) AS ranks
    FROM finance_register
    GROUP BY 1) tt
WHERE tt.ranks = 1;
```

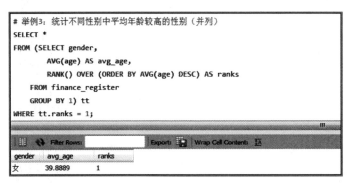

图 9-73　统计不同性别中平均年龄较高的性别（并列）

示例 4：统计不同渠道注册用户的人数分布，SQL 查询脚本如下所示，查询结果如图 9-74 所示。

```
SELECT t2.channelName,
    COUNT(DISTINCT t1.custID) AS user_num
FROM finance_register t1
    LEFT JOIN finance_channel t2 ON t1.channelID = t2.channelID
GROUP BY 1
ORDER BY 1;
```

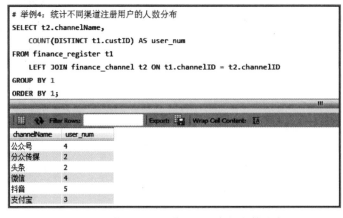

图 9-74　统计不同渠道注册用户的人数分布

示例 5：统计不同省份注册用户的人数分布，SQL 查询脚本如下所示，查询结果如图 9-75 所示。

```
SELECT t2.provinceName,
    COUNT(DISTINCT t1.custID) AS user_num
FROM finance_register t1
    LEFT JOIN finance_city t2 ON t1.cityID = t2.cityID
GROUP BY 1
ORDER BY 1;
```

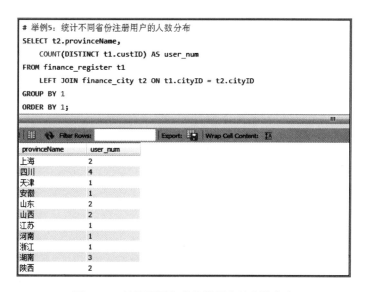

图 9-75 统计不同省份注册用户的人数分布

示例 6：统计注册人数排名第一的城市（并列），SQL 查询脚本如下所示，查询结果如图 9-76 所示。

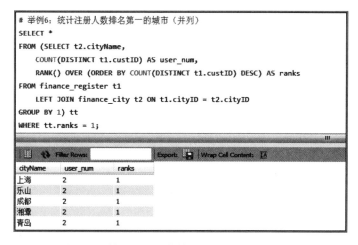

图 9-76 统计注册人数排名第一的城市（并列）

```
SELECT *
FROM (SELECT t2.cityName,
    COUNT(DISTINCT t1.custID) AS user_num,
    RANK() OVER (ORDER BY COUNT(DISTINCT t1.custID) DESC) AS ranks
FROM finance_register t1
    LEFT JOIN finance_city t2 ON t1.cityID = t2.cityID
GROUP BY 1) tt
WHERE tt.ranks = 1;
```

示例 7：统计不同年份的注册投资转化率（投资人数/注册人数），SQL 查询脚本如下所示，查询结果如图 9-77 所示。

```
SELECT YEAR(t1.registDate) AS date_y,
    COUNT(DISTINCT t2.custID) / COUNT(DISTINCT t1.custID) AS ratio
FROM finance_register t1
    LEFT JOIN finance_invest t2 ON t1.custID = t2.custID
GROUP BY 1
ORDER BY 1;
```

图 9-77　统计不同年份的注册投资转化率

示例 8：统计注册用户 3 天、7 天内的注册投资转化率，SQL 查询脚本如下所示，查询结果如图 9-78 所示。

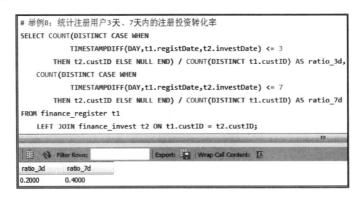

图 9-78　统计注册用户 3 天、7 天内的注册投资转化率

```
SELECT COUNT(DISTINCT CASE WHEN
            TIMESTAMPDIFF(DAY,t1.registDate,t2.investDate) <= 3
        THEN t2.custID ELSE NULL END) / COUNT(DISTINCT t1.custID) AS ratio_3d,
COUNT(DISTINCT CASE WHEN
            TIMESTAMPDIFF(DAY,t1.registDate,t2.investDate) <= 7
        THEN t2.custID ELSE NULL END) / COUNT(DISTINCT t1.custID) AS ratio_7d
FROM finance_register t1
    LEFT JOIN finance_invest t2 ON t1.custID = t2.custID;
```

示例 9：统计所有用户注册 10 天内的投资金额和年化投资金额，SQL 查询脚本如下所示，查询结果如图 9-79 所示。

```
SELECT SUM(CASE WHEN TIMESTAMPDIFF(DAY,t1.registDate,t2.investDate) <= 10
            THEN t2.amount ELSE NULL END) AS amount,
    SUM(CASE WHEN TIMESTAMPDIFF(DAY,t1.registDate,t2.investDate) <= 10
            THEN t2.annuAmount ELSE NULL END) AS annu_amount
FROM finance_register t1
    LEFT JOIN finance_invest t2 ON t1.custID = t2.custID;
```

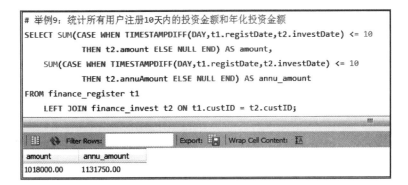

图 9-79　统计所有用户注册 10 天内的投资金额和年化投资金额

示例 10：统计注册投资转化率最好和最差的渠道（可并列），SQL 查询脚本如下所示，查询结果如图 9-80 所示。

```
SELECT *,
    CASE WHEN tt.ranks1 = 1 THEN '最好'
        WHEN tt.ranks2 = 1 THEN '最差'
            END AS is_good_bad
FROM (SELECT t3.channelName,
        COUNT(DISTINCT t2.custID) / COUNT(DISTINCT t1.custID) AS ratio,
        RANK() OVER (ORDER BY COUNT(DISTINCT t2.custID)
                    / COUNT(DISTINCT t1.custID) DESC) AS ranks1,
        RANK() OVER (ORDER BY COUNT(DISTINCT t2.custID)
                    / COUNT(DISTINCT t1.custID) ASC) AS ranks2
    FROM finance_register t1
    LEFT JOIN finance_invest t2 ON t1.custID = t2.custID
    LEFT JOIN finance_channel t3 ON t1.channelID = t3.channelID
```

```
GROUP BY 1) tt
WHERE tt.ranks1 = 1 OR tt.ranks2 = 1
ORDER BY 3;
```

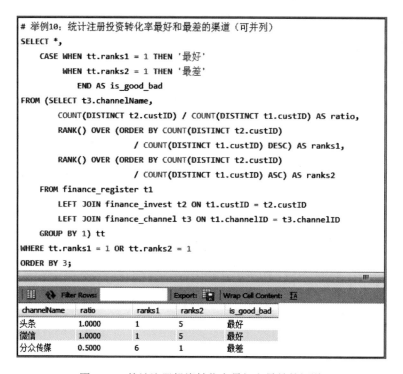

图 9-80　统计注册投资转化率最好和最差的渠道

示例 11：统计不同性别用户的投资额的最大值、最小值、平均值，以及投资总额，SQL 查询脚本如下所示，查询结果如图 9-81 所示。

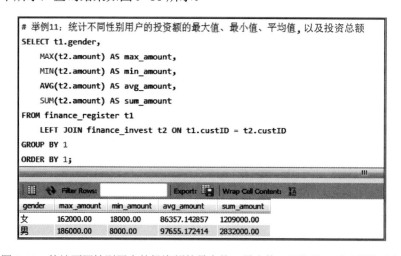

图 9-81　统计不同性别用户的投资额的最大值、最小值、平均值，以及投资总额

```
SELECT t1.gender,
    MAX(t2.amount) AS max_amount,
    MIN(t2.amount) AS min_amount,
    AVG(t2.amount) AS avg_amount,
    SUM(t2.amount) AS sum_amount
FROM finance_register t1
    LEFT JOIN finance_invest t2 ON t1.custID = t2.custID
GROUP BY 1
ORDER BY 1;
```

示例 12：统计不同渠道用户的投资总额从高到低的排名（可并列），SQL 查询脚本如下所示，查询结果如图 9-82 所示。

```
SELECT t3.channelName,
    SUM(t2.amount) AS amount,
    RANK() OVER (ORDER BY SUM(t2.amount) DESC) AS ranks2
FROM finance_register t1
    LEFT JOIN finance_invest t2 ON t1.custID = t2.custID
    LEFT JOIN finance_channel t3 ON t1.channelID = t3.channelID
GROUP BY 1;
```

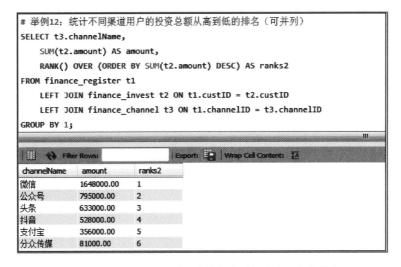

图 9-82　统计不同渠道用户的投资总额从高到低的排名

示例 13：统计 ID 为 1003 的用户从注册到投资的平均间隔天数，SQL 查询脚本如下所示，查询结果如图 9-83 所示。

```
SELECT t1.custID,
    AVG(TIMESTAMPDIFF(DAY,t1.registDate,t2.investDate)) AS reg_inv_days
FROM finance_register t1
    LEFT JOIN finance_invest t2 ON t1.custID = t2.custID
WHERE t1.custID = 1003
GROUP BY 1;
```

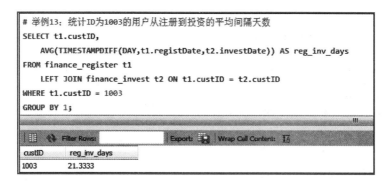

图 9-83　统计 ID 为 1003 的用户从注册到投资的平均间隔天数

示例 14：统计用户从首投到复投的转化率（复投人数/首投人数），SQL 查询脚本如下所示，查询结果如图 9-84 所示。

```
SELECT (SELECT COUNT(*)
    FROM (SELECT custID,
            COUNT(*) AS count_num
        FROM finance_invest
        GROUP BY 1
        HAVING COUNT(*) > 1) tt) / (SELECT COUNT(DISTINCT custID)
                            FROM finance_invest) AS rebuy_ratio;
```

```
# 举例14：统计用户从首投到复投的转化率（复投人数/首投人数）
SELECT (SELECT COUNT(*)
    FROM (SELECT custID,
            COUNT(*) AS count_num
        FROM finance_invest
        GROUP BY 1
        HAVING COUNT(*) > 1) tt) / (SELECT COUNT(DISTINCT custID)
                            FROM finance_invest) AS rebuy_ratio;
```

rebuy_ratio
0.8667

图 9-84　统计用户从首投到复投的转化率

示例 15：统计仅首投的用户投资不同产品的人数和金额，SQL 查询脚本如下所示，查询结果如图 9-85 所示。

```
SELECT t2.productType,
    t2.productName,
    COUNT(DISTINCT t1.custID) AS user_num,
    SUM(amount) AS amount
FROM finance_invest t1
    LEFT JOIN finance_product t2 ON t1.productID = t2.productID
WHERE t1.custID IN (SELECT custID
```

```
                              FROM finance_invest
                              GROUP BY 1
                              HAVING COUNT(*) = 1)
GROUP BY 1,2;
```

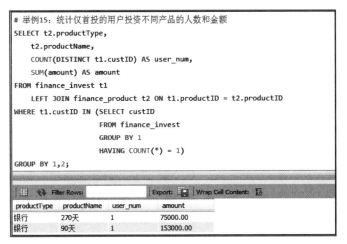

图 9-85　统计仅首投的用户投资不同产品的人数和金额

示例 16：统计复投用户投资不同产品的人数和金额，SQL 查询脚本如下所示，查询结果如图 9-86 所示。

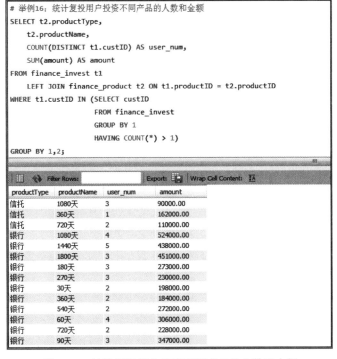

图 9-86　统计复投用户投资不同产品的人数和金额

```
SELECT t2.productType,
    t2.productName,
    COUNT(DISTINCT t1.custID) AS user_num,
    SUM(amount) AS amount
FROM finance_invest t1
    LEFT JOIN finance_product t2 ON t1.productID = t2.productID
WHERE t1.custID IN (SELECT custID
                    FROM finance_invest
                    GROUP BY 1
                    HAVING COUNT(*) > 1)
GROUP BY 1,2;
```

示例 17：统计信托产品的投资人数、投资次数和投资金额，SQL 查询脚本如下所示，查询结果如图 9-87 所示。

```
SELECT t2.productType,
    t2.productName,
    COUNT(DISTINCT t1.custID) AS user_num,
    COUNT(t1.custID) AS count_num,
    SUM(t1.amount) AS amount
FROM finance_invest t1
    LEFT JOIN finance_product t2 ON t1.productID = t2.productID
WHERE t2.productType = '信托'
GROUP BY 1,2;
```

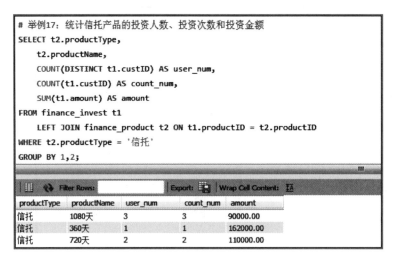

图 9-87　统计信托产品的投资人数、投资次数和投资金额

示例 18：统计 2019 年不同月份的投资人数、次数和金额，SQL 查询脚本如下所示，查询结果如图 9-88 所示。

```
SELECT YEAR(investDate) AS date_y,
    MONTH(investDate) AS date_m,
    COUNT(DISTINCT custID) AS user_num,
```

```
COUNT(custID) AS count_num,
    SUM(amount) AS amount
FROM finance_invest
WHERE YEAR(investDate) = 2019
GROUP BY 1,2;
```

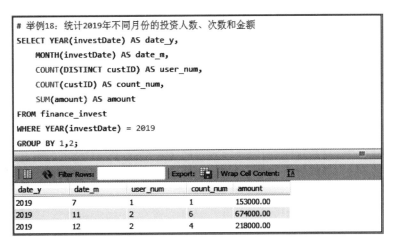

图 9-88 统计 2019 年不同月份的投资人数、次数和金额

示例 19：统计购买过银行"360 天"产品的用户的信息，SQL 查询脚本如下所示，查询结果如图 9-89 所示。

```
SELECT DISTINCT t1.*
FROM finance_register t1
    LEFT JOIN finance_invest t2 ON t1.custID = t2.custID
    LEFT JOIN finance_product t3 ON t2.productID = t3.productID
WHERE t3.productName = '360 天'
AND t3.productType = '银行';
```

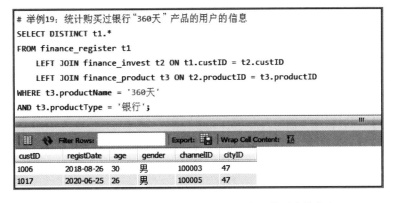

图 9-89 统计购买过银行"360 天"产品的用户的信息

示例 20：统计购买人数最多的产品的信息（可并列），SQL 查询脚本如下所示，查询结

果如图 9-90 所示。

```
SELECT *
FROM (SELECT t2.productType,
        t2.productName,
        COUNT(DISTINCT t1.custID) AS user_num,
        RANK() OVER (ORDER BY COUNT(DISTINCT t1.custID) DESC) AS ranks
    FROM finance_invest t1
        LEFT JOIN finance_product t2 ON t1.productID = t2.productID
    GROUP BY 1,2) tt
WHERE tt.ranks = 1;
```

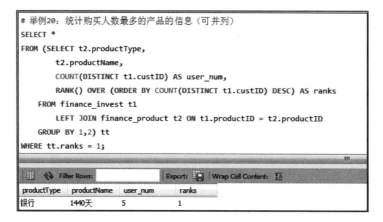

图 9-90 统计购买人数最多的产品的信息

示例 21：统计不同年份中销售金额最高的投资产品（可并列），SQL 查询脚本如下所示，查询结果如图 9-91 所示。

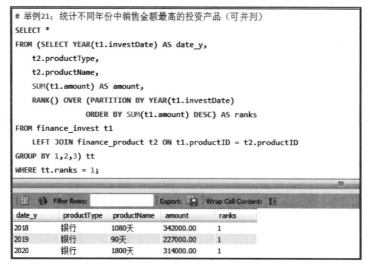

图 9-91 统计不同年份中销售金额最高的投资产品

```
SELECT *
FROM (SELECT YEAR(t1.investDate) AS date_y,
    t2.productType,
    t2.productName,
    SUM(t1.amount) AS amount,
    RANK() OVER (PARTITION BY YEAR(t1.investDate)
            ORDER BY SUM(t1.amount) DESC) AS ranks
FROM finance_invest t1
    LEFT JOIN finance_product t2 ON t1.productID = t2.productID
GROUP BY 1,2,3) tt
WHERE tt.ranks = 1;
```

示例 22：统计 2020 年不同月份中需要兑付的本息金额（本金+利息），SQL 查询脚本如下所示，查询结果如图 9-92 所示。

```
SELECT YEAR(t1.dueDate) AS date_y,
    MONTH(t1.dueDate) AS date_m,
    SUM(t1.amount + t1.annuAmount * t2.rate) AS amount
FROM finance_invest t1
    LEFT JOIN finance_product t2 ON t1.productID = t2.productID
WHERE YEAR(t1.dueDate) = 2020
GROUP BY 1,2
ORDER BY 1,2;
```

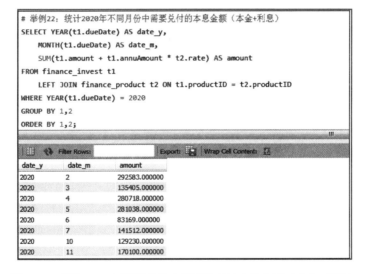

图 9-92　统计 2020 年不同月份中需要兑付的本息金额（本金+利息）

示例 23：统计所有用户的登录时长的最大值和最小值（可并列），SQL 查询脚本如下所示，查询结果如图 9-93 所示。

```
SELECT *,
    CASE WHEN ranks1 = 1 THEN '登录时长最大值'
        WHEN ranks2 = 1 THEN '登录时长最小值'
```

```
            END AS is_max_min
FROM (SELECT custID,
    SUM(TIMESTAMPDIFF(SECOND,loginDate_min,loginDate_max)) AS login_second,
    RANK() OVER (ORDER BY
        SUM(TIMESTAMPDIFF(SECOND,loginDate_min,loginDate_max)) DESC) AS ranks1,
    RANK() OVER (ORDER BY
        SUM(TIMESTAMPDIFF(SECOND,loginDate_min,loginDate_max)) ASC) AS ranks2
    FROM finance_login
    GROUP BY 1) tt
WHERE ranks1 = 1 OR ranks2 = 1;
```

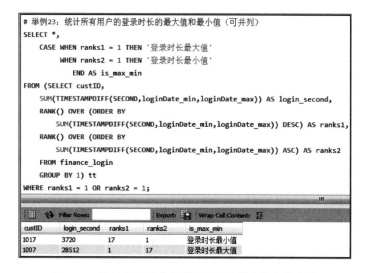

图 9-93　统计所有用户的登录时长的最大值和最小值

示例 24：统计不同年份中登录人数最多的月份（可并列），SQL 查询脚本如下所示，查询结果如图 9-94 所示。

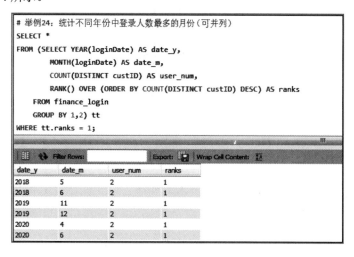

图 9-94　统计不同年份中登录人数最多的月份

```
SELECT *
FROM (SELECT YEAR(loginDate) AS date_y,
         MONTH(loginDate) AS date_m,
         COUNT(DISTINCT custID) AS user_num,
         RANK() OVER (ORDER BY COUNT(DISTINCT custID) DESC) AS ranks
    FROM finance_login
    GROUP BY 1,2) tt
WHERE tt.ranks = 1;
```

示例 25：统计有过连续两天登录信息的用户的信息，SQL 查询脚本如下所示，查询结果如图 9-95 所示。

```
SELECT *
FROM finance_register
WHERE custID IN (SELECT DISTINCT t1.custID
        FROM finance_login t1
            LEFT JOIN finance_login t2 ON t1.custID = t2.custID
                AND TIMESTAMPDIFF(DAY,t1.loginDate,t2.loginDate) = 1
        WHERE t2.custID IS NOT NULL);
```

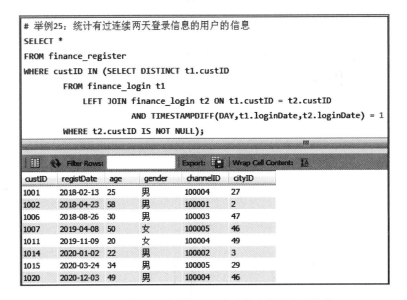

图 9-95　统计有过连续两天登录信息的用户的信息

示例 26：统计连续两天登录场景次数最多的用户的信息（可并列），SQL 查询脚本如下所示，查询结果如图 9-96 所示。

```
SELECT tt2.*,tt1.count_num,tt1.ranks
FROM (SELECT t1.custID,
         COUNT(DISTINCT t1.loginDate) AS count_num,
         RANK() OVER (ORDER BY COUNT(DISTINCT t1.loginDate) DESC) AS ranks
    FROM finance_login t1
```

```
            LEFT JOIN finance_login t2 ON t1.custID = t2.custID
                    AND TIMESTAMPDIFF(DAY,t1.loginDate,t2.loginDate) = 1
        WHERE t2.custID IS NOT NULL
        GROUP BY 1) tt1
        JOIN finance_register tt2 ON tt1.custID = tt2.custID
WHERE tt1.ranks = 1;
```

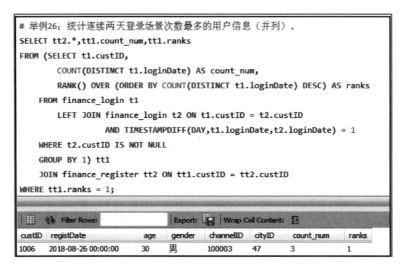

图 9-96　统计连续两天登录场景次数最多的用户的信息

示例 27：统计从注册到登录天数最短的用户的信息（可并列），SQL 查询脚本如下所示，查询结果如图 9-97 所示。

图 9-97　统计从注册到登录天数最短的用户的信息

```
SELECT *
FROM (SELECT t1.*,
        TIMESTAMPDIFF(DAY,t1.registDate,t2.min_loginDate) AS reg_login_min,
        RANK() OVER (ORDER BY TIMESTAMPDIFF(DAY,t1.registDate,t2.min_loginDate)
                ASC) AS ranks
    FROM finance_register t1
        LEFT JOIN (SELECT custID,
                        MIN(loginDate) AS min_loginDate
                    FROM finance_login
                    GROUP BY 1) t2 ON t1.custID = t2.custID
    WHERE t2.custID IS NOT NULL) tt
WHERE tt.ranks = 1;
```

示例 28：统计用户投资时使用次数最多的活动券的信息（可并列），SQL 查询脚本如下所示，查询结果如图 9-98 所示。

```
SELECT *
FROM (SELECT t2.*,
        COUNT(*) AS count_num,
        RANK() OVER (ORDER BY COUNT(*) DESC) AS ranks
    FROM finance_invest t1
        LEFT JOIN finance_coupon t2 ON t1.couponID = t2.couponID
    GROUP BY 1,2,3,4) tt
WHERE tt.ranks = 1;
```

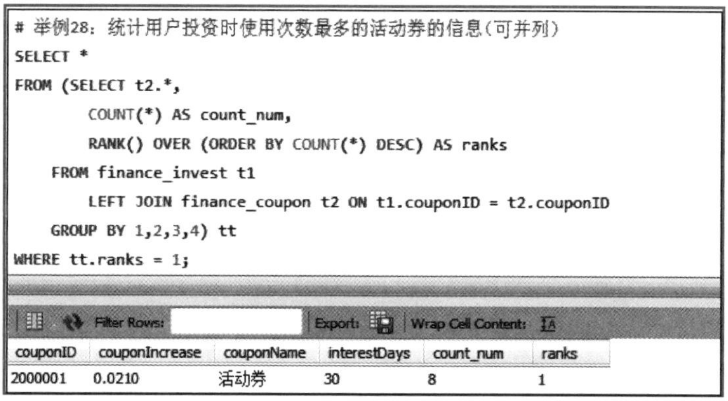

图 9-98　统计用户投资时使用次数最多的活动券的信息

示例 29：统计相同投资金额下活动力度最高的券的信息（可并列），SQL 查询脚本如下所示，查询结果如图 9-99 所示。

```
SELECT *
FROM (SELECT *,
        couponIncrease*interestDays/365 AS rate,
        RANK() OVER (ORDER BY couponIncrease*interestDays/365 DESC) AS ranks
    FROM finance_coupon) tt
WHERE tt.ranks = 1;
```

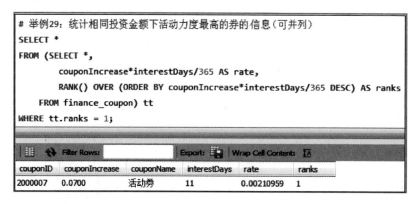

图 9-99　统计相同投资金额下活动力度最高的券的信息

示例 30：统计不同产品类型中年化收益率最高的产品的信息（可并列），SQL 查询脚本如下所示，查询结果如图 9-100 所示。

```sql
SELECT *
FROM (SELECT *,
            RANK() OVER (PARTITION BY productType
                          ORDER BY rate DESC) AS ranks
      FROM finance_product) tt
WHERE tt.ranks = 1;
```

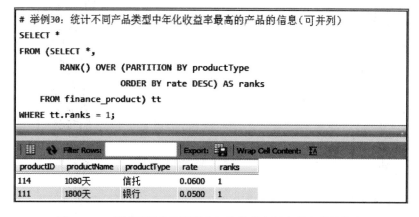

图 9-100　统计不同产品类型中年化收益率最高的产品的信息

9.4　社交网络游戏数据查询

社交网络游戏场景涉及的表通常包括安装表、注册表、登录表、充值表、消费表、道具表、报错表和报错类型表 8 张表。本节将首先详细说明这 8 张表的创建和数据的插入，然后以这 8 张表为例，进行基于业务角度的数据查询，查询实践示例总计 30 个。

9.4.1　社交网络游戏数据查询相关数据表的创建

安装表中的字段包括客户 ID、安装时间、安装来源、安装状态和系统类型，注册表中的字段包括客户 ID、注册时间、年龄、性别、省份和城市，登录表中的字段包括登录 ID、客户 ID、登录时间、登录最小时间和登录最大时间，充值表中的字段包括充值 ID、客户 ID、充值时间、充值金额和充值类型，消费表中的字段包括消费 ID、客户 ID、消费时间、消费金额、消费次数和道具 ID，道具表中的字段包括道具 ID、道具名称、道具价格、道具类型和道具等级，报错日志表中的字段包括报错 ID、客户 ID、报错日期和报错类型 ID，报错类型表中的字段包括报错类型 ID、报错类型、报错名称，字段解释分别见表 9-17～表 9-24。

表 9-17　安装表的字段解释

字段名称	字段类型	字段解释
custID	INT	客户 ID
installDate	DATETIME	安装时间
source	VARCHAR(100)	安装来源
status	VARCHAR(100)	安装状态
type	VARCHAR(100)	系统类型

表 9-18　注册表的字段解释

字段名称	字段类型	字段解释
custID	INT	客户 ID
registDate	DATETIME	注册时间
age	INT	年龄
sex	VARCHAR(100)	性别
province	VARCHAR(100)	省份
city	VARCHAR(100)	城市

表 9-19　登录表的字段解释

字段名称	字段类型	字段解释
loginID	BIGINT	登录 ID
custID	INT	客户 ID
loginDate	DATETIME	登录时间
loginDate_min	DATETIME	登录最小时间
loginDate_max	DATETIME	登录最大时间

表 9-20　充值表的字段解释

字段名称	字段类型	字段解释
rechargeID	BIGINT	充值 ID
custID	INT	客户 ID
rechargeDate	DATETIME	充值时间
amount	DECIMAL(10,2)	充值金额
category	VARCHAR(100)	充值类型

表 9-21　消费表的字段解释

字段名称	字段类型	字段解释
consumeID	INT	消费 ID
custID	INT	客户 ID
consumeDate	DATETIME	消费时间
amount	DECIMAL(10,2)	消费金额
num	INT	消费次数
propID	INT	道具 ID

表 9-22　道具表的字段解释

字段名称	字段类型	字段解释
propID	INT	道具 ID
propName	VARCHAR(100)	道具名称
price	DECIMAL(10,2)	道具价格
type	VARCHAR(100)	道具类型
level	VARCHAR(100)	道具等级

表 9-23　报错日志表的字段解释

字段名称	字段类型	字段解释
errorID	INT	报错 ID
custID	INT	客户 ID
errorDate	DATETIME	报错日期
typeID	INT	报错类型 ID

表 9-24　报错类型表的字段解释

字段名称	字段类型	字段解释
typeID	INT	报错类型 ID
type	VARCHAR(100)	报错类型
errorName	VARCHAR(100)	报错名称

创建这 8 张表和插入数据的 SQL 语句如下：

```sql
# 创建安装表
CREATE TABLE game_install (
    custID INT NOT NULL,
    installDate DATETIME NULL,
    source VARCHAR(100) NULL,
    status VARCHAR(100) NULL,
    type VARCHAR(100) NULL
);
# 创建注册表
CREATE TABLE game_register (
    custID INT NOT NULL,
    registDate DATETIME NULL,
    age INT NULL,
    sex VARCHAR(100) NULL,
    province VARCHAR(100) NULL,
    city VARCHAR(100) NULL
);
# 创建登录表
CREATE TABLE game_login (
    loginID BIGINT NOT NULL,
    custID INT NULL,
    loginDate DATETIME NULL,
    loginDate_min DATETIME NULL,
    loginDate_max DATETIME NULL
);
# 创建充值表
CREATE TABLE game_recharge (
    rechargeID BIGINT NOT NULL,
    custID INT NULL,
    rechargeDate DATETIME NULL,
    amount DECIMAL(10,2) NULL,
    category VARCHAR(100) NULL
);
# 创建消费表
CREATE TABLE game_consume (
    consumeID INT NOT NULL,
    custID INT NULL,
    consumeDate DATETIME NULL,
    amount DECIMAL(10,2) NULL,
    num INT NULL,
    propID INT NULL
);
# 创建道具表
CREATE TABLE game_prop (
    propID INT NOT NULL,
    propName VARCHAR(100) NULL,
    price DECIMAL(10,2) NULL,
    type VARCHAR(100) NULL,
```

```
        level VARCHAR(100) NULL
);
# 创建报错表
CREATE TABLE game_errorpop (
        errorID INT NOT NULL,
        custID INT NULL,
        errorDate DATETIME NULL,
        typeID INT NULL
);
# 创建报错类型表
CREATE TABLE game_errorpop_type (
        typeID INT NOT NULL,
        type VARCHAR(100) NULL,
        errorName VARCHAR(100) NULL
);

# 插入数据
# 数据导入安装表
LOAD DATA INFILE 'E:/game_install.csv'
INTO TABLE game_install
FIELDS TERMINATED BY ','
LINES TERMINATED BY '\n'
IGNORE 1 ROWS;
# 数据导入注册表
LOAD DATA INFILE 'E:/game_register.csv'
INTO TABLE game_register
FIELDS TERMINATED BY ','
LINES TERMINATED BY '\n'
IGNORE 1 ROWS;
# 数据导入登录表
LOAD DATA INFILE 'E:/game_login.csv'
INTO TABLE game_login
FIELDS TERMINATED BY ','
LINES TERMINATED BY '\n'
IGNORE 1 ROWS;
# 数据导入充值表
LOAD DATA INFILE 'E:/game_recharge.csv'
INTO TABLE game_recharge
FIELDS TERMINATED BY ','
LINES TERMINATED BY '\n'
IGNORE 1 ROWS;
# 数据导入消费表
LOAD DATA INFILE 'E:/game_consume.csv'
INTO TABLE game_consume
FIELDS TERMINATED BY ','
LINES TERMINATED BY '\n'
IGNORE 1 ROWS;
# 数据导入道具表
LOAD DATA INFILE 'E:/game_prop.csv'
INTO TABLE game_prop
```

```
FIELDS TERMINATED BY ','
LINES TERMINATED BY '\n'
IGNORE 1 ROWS;
# 数据导入报错表
LOAD DATA INFILE 'E:/game_errorpop.csv'
INTO TABLE game_errorpop
FIELDS TERMINATED BY ','
LINES TERMINATED BY '\n'
IGNORE 1 ROWS;
# 数据导入报错类型表
LOAD DATA INFILE 'E:/game_errorpop_type.csv'
INTO TABLE game_errorpop_type
FIELDS TERMINATED BY ','
LINES TERMINATED BY '\n'
IGNORE 1 ROWS;
```

9.4.2 社交网络游戏数据查询实践

执行上面的脚本，完成社交网络游戏场景中 8 张表的创建和数据的插入。接下来，以这 8 张表为例，进行业务角度下的数据查询。

示例 1：统计不同操作系统安装成功的用户人数，SQL 查询脚本如下所示，查询结果如图 9-101 所示。

```
SELECT type,
    count(*) AS user_num
FROM game_install
WHERE status = '成功'
GROUP BY 1;
```

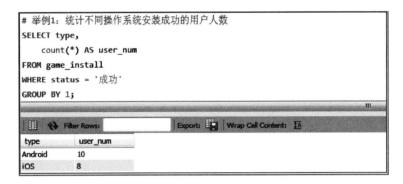

图 9-101 统计不同操作系统安装成功的用户人数

示例 2：统计抖音和知乎渠道安装失败的人数占比（失败人数/安装人数），SQL 查询脚本如下所示，查询结果如图 9-102 所示。

```
SELECT t1.source,
    IFNULL(t2.user_num,0) / t1.user_num AS ratio
```

```
FROM (SELECT source,
        count(*) AS user_num
    FROM game_install
    GROUP BY 1) t1
LEFT JOIN (SELECT source,
        count(*) AS user_num
    FROM game_install
    WHERE status = '失败'
    GROUP BY 1) t2 ON t1.source = t2.source
WHERE t1.source IN ('抖音','知乎');
```

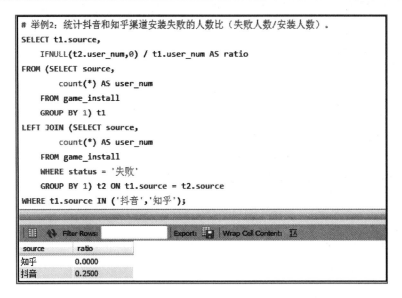

图 9-102　统计抖音和知乎渠道安装失败的人数比

示例 3：统计安装用户中安装成功率最差的渠道（可并列），SQL 查询脚本如下所示，查询结果如图 9-103 所示。

```
SELECT *
FROM (SELECT t1.source,
    IFNULL(t2.user_num,0) / t1.user_num AS ratio,
    RANK() OVER (ORDER BY IFNULL(t2.user_num,0) / t1.user_num ASC) AS ranks
FROM (SELECT source,
        count(*) AS user_num
        FROM game_install
        GROUP BY 1) t1
LEFT JOIN (SELECT source,
        count(*) AS user_num
    FROM game_install
    WHERE status = '成功'
    GROUP BY 1) t2 ON t1.source = t2.source) tt
WHERE tt.ranks = 1;
```

```
# 举例3：统计安装用户中安装成功率最差的渠道（并列）。
SELECT *
FROM (SELECT t1.source,
    IFNULL(t2.user_num,0) / t1.user_num AS ratio,
    RANK() OVER (ORDER BY IFNULL(t2.user_num,0) / t1.user_num ASC) AS ranks
FROM (SELECT source,
    count(*) AS user_num
    FROM game_install
    GROUP BY 1) t1
LEFT JOIN (SELECT source,
        count(*) AS user_num
    FROM game_install
    WHERE status = '成功'
    GROUP BY 1) t2 ON t1.source = t2.source) tt
WHERE tt.ranks = 1;
```

source	ratio	ranks
抖音	0.7500	1

图 9-103　统计安装用户中安装成功率最差的渠道

示例 4：统计用户从安装成功到注册的平均间隔天数，SQL 查询脚本如下所示，查询结果如图 9-104 所示。

```
SELECT AVG(TIMESTAMPDIFF(DAY,t1.installDate,t2.registDate)) AS avg_diff_day
FROM game_install t1
    JOIN game_register t2 ON t1.custID = t2.custID;
```

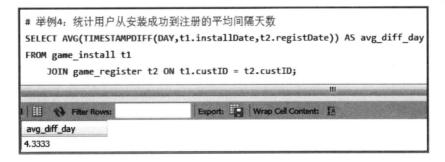

图 9-104　统计用户从安装成功到注册的平均间隔天数

示例 5：统计不同年份中不同季度的不同性别的注册用户数，SQL 查询脚本如下所示，查询结果如图 9-105 所示。

```
SELECT YEAR(registDate) AS date_y,
    QUARTER(registDate) AS date_q,
    sex,
```

```
        COUNT(*) AS user_num
FROM game_register
GROUP BY 1,2,3
ORDER BY 1,2,3;
```

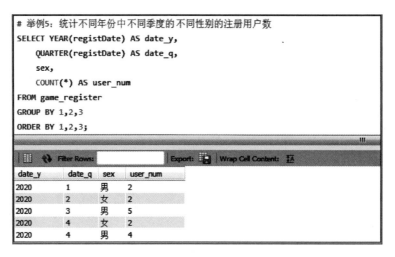

图 9-105　统计不同年份中不同季度的不同性别的注册用户数

示例 6：统计注册人数最多的年龄段（年龄按 5 岁分段，向上取整）（可并列），SQL 查询脚本如下所示，查询结果如图 9-106 所示。

```
SELECT *
FROM (SELECT CEILING(age / 5.0) * 5.0 AS age_gp,
    COUNT(*) AS user_num,
    RANK() OVER (ORDER BY COUNT(*) DESC) AS ranks
FROM game_register
GROUP BY 1) tt
WHERE tt.ranks = 1;
```

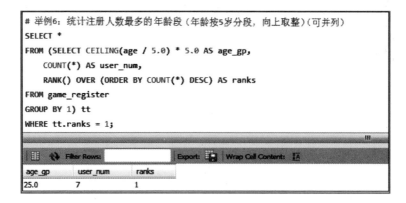

图 9-106　统计注册人数最多的年龄段（年龄按 5 岁分段，向上取整）

示例 7：统计注册数量排名前三的省份（可并列），SQL 查询脚本如下所示，查询结果如图 9-107 所示。

```
SELECT *
FROM (SELECT province,
        COUNT(*) AS count_num,
        RANK() OVER (ORDER BY COUNT(*) DESC) AS ranks
    FROM game_register
    GROUP BY 1) tt
WHERE tt.ranks<= 3;
```

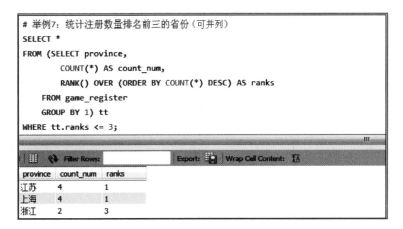

图 9-107　统计注册数量排名前三的省份

示例 8：统计用户的注册登录人数比（登录用户数/注册用户数），SQL 查询脚本如下所示，查询结果如图 9-108 所示。

```
SELECT COUNT(DISTINCT t2.custID) / COUNT(DISTINCT t1.custID) AS ratio
FROM game_register t1
    LEFT JOIN game_login t2 ON t1.custID = t2.custID;
```

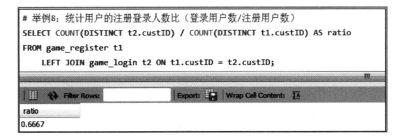

图 9-108　统计用户的注册登录人数比

示例 9：统计累计登录天数最多的用户的信息（可并列），SQL 查询脚本如下所示，查询结果如图 9-109 所示。

```
SELECT t2.*
FROM (SELECT custID,
        COUNT(DISTINCT loginDate) AS login_days,
        RANK() OVER (ORDER BY COUNT(DISTINCT loginDate) DESC) AS ranks
    FROM game_login
    GROUP BY 1) t1
    JOIN game_register t2 ON t1.custID = t2.custID
WHERE t1.ranks = 1;
```

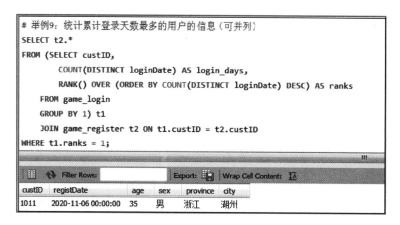

图 9-109　统计累计登录天数最多的用户的信息

示例 10：统计从注册到首次登录天数最短的用户的信息（可并列），SQL 查询脚本如下所示，查询结果如图 9-110 所示。

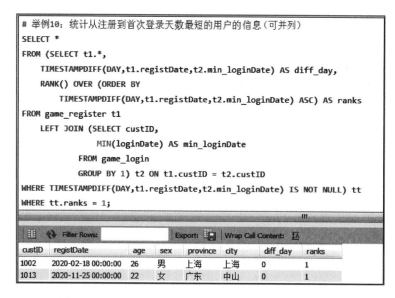

图 9-110　统计从注册到首次登录天数最短的用户的信息

```
SELECT *
FROM (SELECT t1.*,
    TIMESTAMPDIFF(DAY,t1.registDate,t2.min_loginDate) AS diff_day,
    RANK() OVER (ORDER BY
        TIMESTAMPDIFF(DAY,t1.registDate,t2.min_loginDate) ASC) AS ranks
FROM game_register t1
    LEFT JOIN (SELECT custID,
                MIN(loginDate) AS min_loginDate
        FROM game_login
        GROUP BY 1) t2 ON t1.custID = t2.custID
WHERE TIMESTAMPDIFF(DAY,t1.registDate,t2.min_loginDate) IS NOT NULL) tt
WHERE tt.ranks = 1;
```

示例 11：统计不同用户登录的最小时间、最大时间和累计时长，SQL 查询脚本如下所示，查询结果如图 9-111 所示。

```
SELECT custID,
    MIN(loginDate_min) AS loginDate_min,
    MAX(loginDate_max) AS loginDate_max,
    SUM(TIMESTAMPDIFF(MINUTE,loginDate_min,loginDate_max)) AS loginDate_sum
FROM game_login
GROUP BY 1;
```

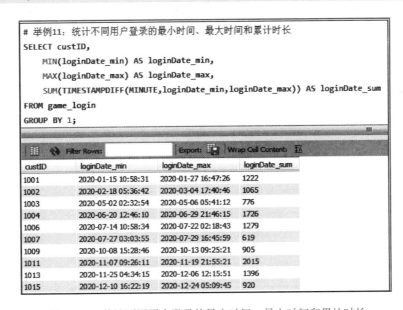

图 9-111　统计不同用户登录的最小时间、最大时间和累计时长

示例 12：统计出现过连续 3 天登录的用户的信息，SQL 查询脚本如下所示，查询结果如图 9-112 所示。

```
SELECT tt2.*
FROM (SELECT DISTINCT t1.custID
```

```
FROM game_login t1
    LEFT JOIN game_login t2 ON t1.custID = t2.custID
            AND TIMESTAMPDIFF(DAY,t1.loginDate,t2.loginDate) = 1
    LEFT JOIN game_login t3 ON t2.custID = t3.custID
            AND TIMESTAMPDIFF(DAY,t2.loginDate,t3.loginDate) = 1
WHERE t2.custID IS NOT NULL AND t3.custID IS NOT NULL) tt1
JOIN game_register tt2 ON tt1.custID = tt2.custID;
```

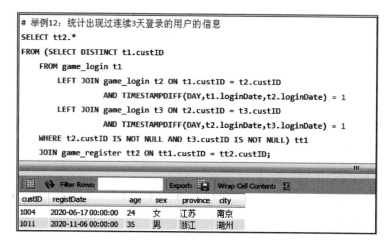

图 9-112　统计出现过连续 3 天登录的用户的信息

示例 13：统计登录记录中没有连续日期登录过的用户 ID 和累计登录天数，SQL 查询脚本如下所示，查询结果如图 9-113 所示。

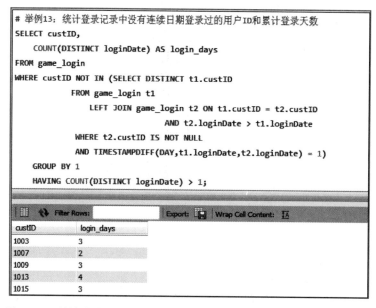

图 9-113　统计登录记录中没有连续日期登录过的用户 ID 和累计登录天数

```
SELECT custID,
    COUNT(DISTINCT loginDate) AS login_days
FROM game_login
WHERE custID NOT IN (SELECT DISTINCT t1.custID
            FROM game_login t1
                LEFT JOIN game_login t2 ON t1.custID = t2.custID
                            AND t2.loginDate> t1.loginDate
            WHERE t2.custID IS NOT NULL
            AND TIMESTAMPDIFF(DAY,t1.loginDate,t2.loginDate) = 1)
    GROUP BY 1
    HAVING COUNT(DISTINCT loginDate) > 1;
```

示例 14：统计不同用户的次均登录时长的排名（从高到低）（可并列），SQL 查询脚本如下所示，查询结果如图 9-114 所示。

```
SELECT custID,
    SUM(TIMESTAMPDIFF(MINUTE,loginDate_min,loginDate_max))
                        / COUNT(*) AS avg_login_minutes,
RANK() OVER (ORDER BY
        SUM(TIMESTAMPDIFF(MINUTE,loginDate_min,loginDate_max))
                        / COUNT(*) DESC) AS ranks
FROM game_login
GROUP BY 1
ORDER BY 3;
```

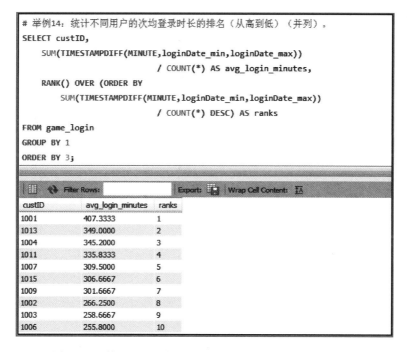

图 9-114　统计不同用户的次均登录时长的排名（从高到低）

示例 **15**：统计登录用户中未充值用户的信息，SQL 查询脚本如下所示，查询结果如图 9-115 所示。

```
SELECT DISTINCT t1.*
FROM game_register t1
    JOIN game_login t2 ON t1.custID = t2.custID
    LEFT JOIN game_recharge t3 ON t2.custID = t3.custID
WHERE t3.custID IS NULL;
```

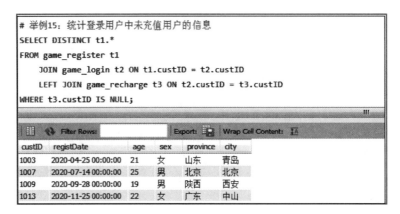

图 9-115   统计登录用户中未充值用户的信息

示例 **16**：统计不同充值类型对应的充值人数、充值次数以及充值金额，SQL 查询脚本如下所示，查询结果如图 9-116 所示。

```
SELECT category,
    COUNT(DISTINCT custID) AS user_num,
    COUNT(custID) AS count_num,
    SUM(amount) AS amount
FROM game_recharge
GROUP BY 1;
```

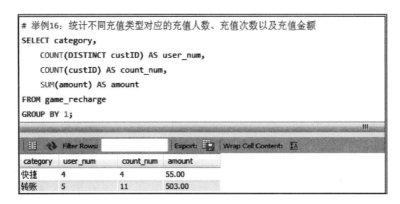

图 9-116   统计不同充值类型对应的充值人数、充值次数以及充值金额

示例 17：统计不同充值类型中单次充值金额最高的记录（可并列），SQL 查询脚本如下所示，查询结果如图 9-117 所示。

```
SELECT *
FROM (SELECT *,
        RANK() OVER (PARTITION BY category ORDER BY amount DESC) AS ranks
    FROM game_recharge) tt
WHERE tt.ranks = 1;
```

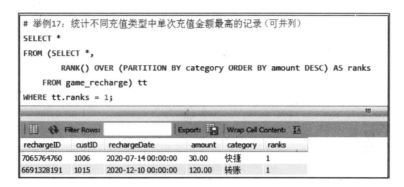

图 9-117　统计不同充值类型中单次充值金额最高的记录

示例 18：统计复充用户的信息以及对应的充值金额，SQL 查询脚本如下所示，查询结果如图 9-118 所示。

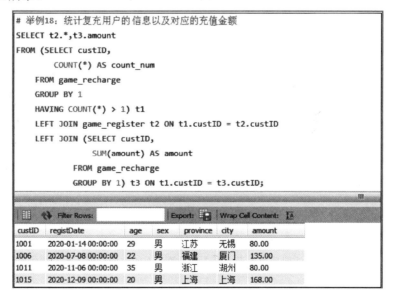

图 9-118　统计复充用户的信息以及对应的充值金额

```
SELECT t2.*,t3.amount
FROM (SELECT custID,
```

```
        COUNT(*) AS count_num
    FROM game_recharge
    GROUP BY 1
    HAVING COUNT(*) > 1) t1
    LEFT JOIN game_register t2 ON t1.custID = t2.custID
    LEFT JOIN (SELECT custID,
                SUM(amount) AS amount
            FROM game_recharge
            GROUP BY 1) t3 ON t1.custID = t3.custID;
```

示例 19：统计注册后第 1 天、第 3 天、第 7 天的注册充值人数的转化率，SQL 查询脚本如下所示，查询结果如图 9-119 所示。

```
SELECT COUNT(DISTINCT
    CASE WHEN TIMESTAMPDIFF(DAY,t1.registDate,t2.rechargeDate) = 0
    THEN t2.custID ELSE NULL END) / COUNT(DISTINCT t1.custID) AS ratio_1d,
    COUNT(DISTINCT
    CASE WHEN TIMESTAMPDIFF(DAY,t1.registDate,t2.rechargeDate) = 2
    THEN t2.custID ELSE NULL END) / COUNT(DISTINCT t1.custID) AS ratio_3d,
    COUNT(DISTINCT
    CASE WHEN TIMESTAMPDIFF(DAY,t1.registDate,t2.rechargeDate) = 6
    THEN t2.custID ELSE NULL END) / COUNT(DISTINCT t1.custID) AS ratio_7d
FROM game_register t1
    LEFT JOIN game_recharge t2 ON t1.custID = t2.custID;
```

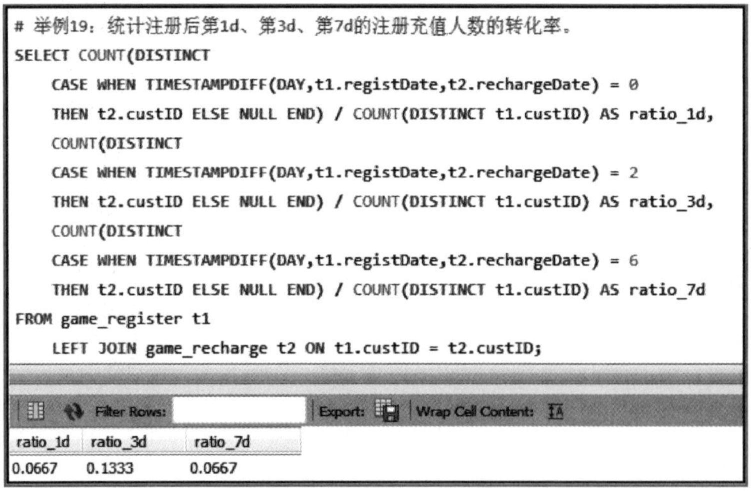

图 9-119　统计注册后第 1 天、第 3 天、第 7 天的注册充值人数的转化率

示例 20：统计注册后 1 天内、3 天内、7 天内的注册充值人数的转化率，SQL 查询脚本如下所示，查询结果如图 9-120 所示。

```
SELECT COUNT(DISTINCT
    CASE WHEN TIMESTAMPDIFF(DAY,t1.registDate,t2.rechargeDate) BETWEEN 0 AND 0
```

THEN t2.custID ELSE NULL END) / COUNT(DISTINCT t1.custID) AS ratio_0d,
COUNT(DISTINCT
CASE WHEN TIMESTAMPDIFF(DAY,t1.registDate,t2.rechargeDate) BETWEEN 0 AND 2
THEN t2.custID ELSE NULL END) / COUNT(DISTINCT t1.custID) AS ratio_3d,
COUNT(DISTINCT
CASE WHEN TIMESTAMPDIFF(DAY,t1.registDate,t2.rechargeDate) BETWEEN 0 AND 6
THEN t2.custID ELSE NULL END) / COUNT(DISTINCT t1.custID) AS ratio_7d
FROM game_register t1
    LEFT JOIN game_recharge t2 ON t1.custID = t2.custID;

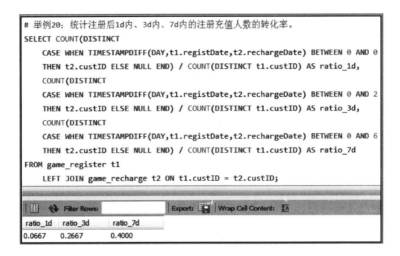

图 9-120 统计注册后 1 天内、3 天内、7 天内的注册充值人数的转化率

示例 21：统计充值金额最多的用户的信息（可并列），SQL 查询脚本如下所示，查询结果如图 9-121 所示。

图 9-121 统计充值金额最多的用户的信息

SELECT *
FROM game_register

```
WHERE custID IN (SELECT custID
            FROM (SELECT custID,
               SUM(amount) AS amount,
               RANK() OVER (ORDER BY SUM(amount) DESC) AS ranks
            FROM game_recharge
            GROUP BY 1) tt
            WHERE tt.ranks = 1);
```

示例 22：统计不同用户的充值消费金额比（消费金额/充值金额），SQL 查询脚本如下所示，查询结果如图 9-122 所示。

```
SELECT t1.custID,
      t2.amount / t1.amount AS ratio
FROM (SELECT custID,
          SUM(amount) AS amount
      FROM game_recharge
      GROUP BY 1) t1
LEFT JOIN (SELECT custID,
          SUM(amount) AS amount
      FROM game_consume
      GROUP BY 1) t2 ON t1.custID = t2.custID;
```

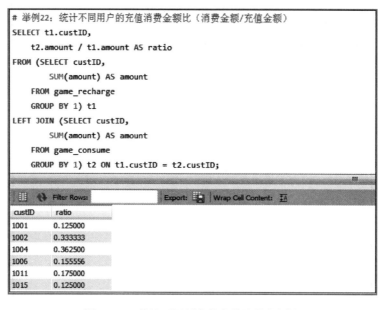

图 9-122　统计不同用户的充值消费金额比

示例 23：统计用户购买频次最多的道具的名称以及对应的道具类型（可并列），SQL 查询脚本如下所示，查询结果如图 9-123 所示。

```
SELECT *
FROM (SELECT t2.propName,
```

```
        t2.type,
        COUNT(*) AS count_num,
        RANK() OVER (ORDER BY count(*) DESC) AS ranks
    FROM game_consume t1
        LEFT JOIN game_prop t2 ON t1.propID = t2.propID
        GROUP BY 1,2) tt
WHERE tt.ranks = 1;
```

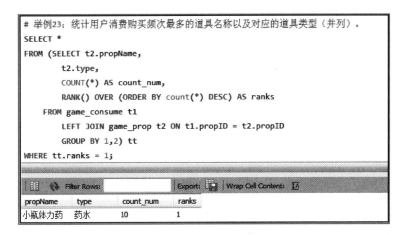

图 9-123　统计用户购买频次最多的道具的名称以及对应的道具类型

示例 24：统计不同年份中不同月份的药水消费人数、消费次数以及消费金额，SQL 查询脚本如下所示，查询结果如图 9-124 所示。

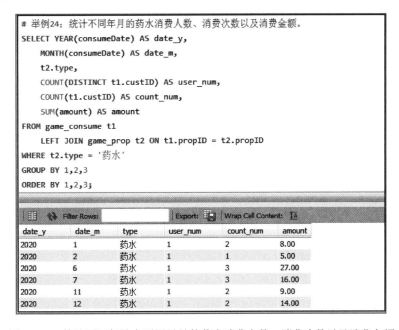

图 9-124　统计不同年份中不同月份的药水消费人数、消费次数以及消费金额

```
SELECT YEAR(consumeDate) AS date_y,
    MONTH(consumeDate) AS date_m,
    t2.type,
    COUNT(DISTINCT t1.custID) AS user_num,
    COUNT(t1.custID) AS count_num,
    SUM(amount) AS amount
FROM game_consume t1
    LEFT JOIN game_prop t2 ON t1.propID = t2.propID
WHERE t2.type = '药水'
GROUP BY 1,2,3
ORDER BY 1,2,3;
```

示例 25：统计不同消费用户在宠物道具上消费的金额占比，SQL 查询脚本如下所示，查询结果如图 9-125 所示。

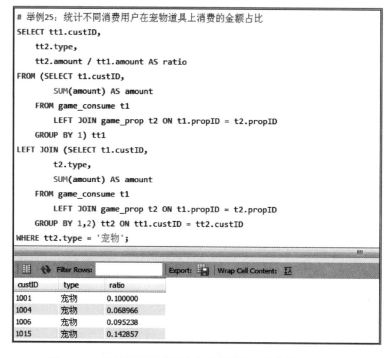

图 9-125　统计不同消费用户在宠物道具上消费的金额占比

```
SELECT tt1.custID,
    tt2.type,
    tt2.amount / tt1.amount AS ratio
FROM (SELECT t1.custID,
        SUM(amount) AS amount
    FROM game_consume t1
        LEFT JOIN game_prop t2 ON t1.propID = t2.propID
    GROUP BY 1) tt1
LEFT JOIN (SELECT t1.custID,
        t2.type,
```

```
          SUM(amount) AS amount
    FROM game_consume t1
        LEFT JOIN game_prop t2 ON t1.propID = t2.propID
        GROUP BY 1,2) tt2 ON tt1.custID = tt2.custID
WHERE tt2.type = '宠物';
```

示例 26：统计不同类型道具中销量最高的道具的名称（每种类型下的道具可并列），SQL 查询脚本如下所示，查询结果如图 9-126 所示。

```
SELECT *
FROM (SELECT t2.type,
    t2.propName,
    SUM(num) AS total_num,
    RANK() OVER (PARTITION BY t2.type ORDER BY SUM(num) DESC) AS ranks
FROM game_consume t1
    LEFT JOIN game_prop t2 ON t1.propID = t2.propID
    GROUP BY 1,2) tt
WHERE tt.ranks = 1;
```

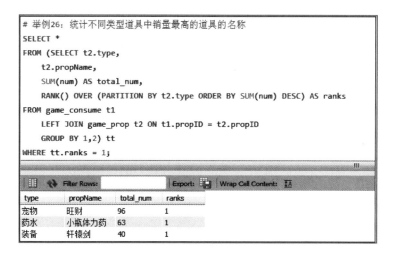

图 9-126　统计不同类型道具中销量最高的道具的名称

示例 27：统计登录用户中报错次数最多的用户的信息（可并列），SQL 查询脚本如下所示，查询结果如图 9-127 所示。

```
SELECT *
FROM (SELECT t3.*,
    t2.count_num,
    RANK() OVER (ORDER BY t2.count_num DESC) AS ranks
FROM (SELECT DISTINCT custID
        FROM game_login) t1
    JOIN (SELECT custID,
        COUNT(*) AS count_num
        FROM game_errorpop
```

```
            GROUP BY 1) t2 ON t1.custID = t2.custID
         JOIN game_register t3 ON t1.custID = t3.custID) tt
   WHERE tt.ranks = 1;
```

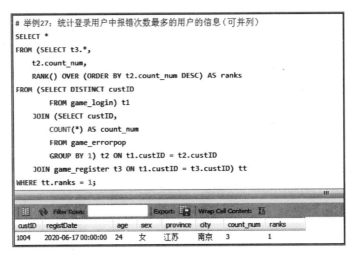

图 9-127　统计登录用户中报错次数最多的用户的信息

示例 28：统计报错次数最多的报错的名称以及对应的报错类型（可并列），SQL 查询脚本如下所示，查询结果如图 9-128 所示。

```
SELECT *
FROM (SELECT t2.type,
        t2.errorName,
        COUNT(*) AS count_num,
        RANK() OVER (ORDER BY COUNT(*) DESC) AS ranks
    FROM game_errorpop t1
        LEFT JOIN game_errorpop_type t2 ON t1.typeID = t2.typeID
    GROUP BY 1,2) tt
WHERE tt.ranks = 1;
```

```
# 举例28：统计报错次数最多的报错的名称以及对应的报错类型（可并列）
SELECT *
FROM (SELECT t2.type,
        t2.errorName,
        COUNT(*) AS count_num,
        RANK() OVER (ORDER BY COUNT(*) DESC) AS ranks
    FROM game_errorpop t1
        LEFT JOIN game_errorpop_type t2 ON t1.typeID = t2.typeID
    GROUP BY 1,2) tt
WHERE tt.ranks = 1;
```

type	errorName	count_num	ranks
代码错误	任务重复出现	4	1

图 9-128　统计报错次数最多的报错的名称以及对应的报错类型

示例 29：统计登录用户中发生过报错的用户的人数占比，SQL 查询脚本如下所示，查询结果如图 9-129 所示。

```
SELECT COUNT(DISTINCT t2.custID) / COUNT(DISTINCT t1.custID) AS ratio
FROM (SELECT DISTINCT custID
        FROM game_login) t1
    LEFT JOIN (SELECT custID,
        COUNT(*) AS count_num
        FROM game_errorpop
        GROUP BY 1) t2 ON t1.custID = t2.custID;
```

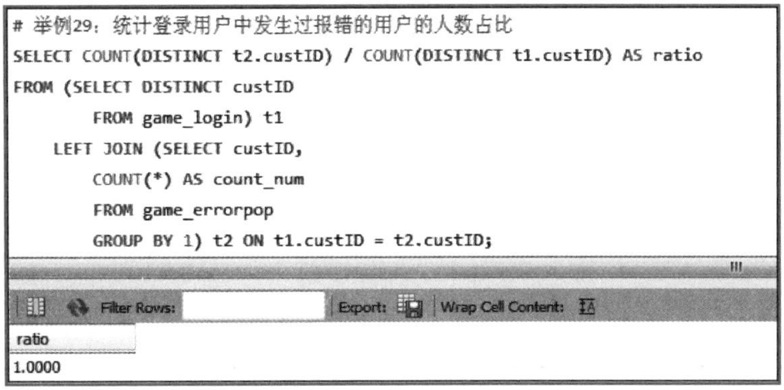

图 9-129　统计登录用户中发生过报错的用户的人数占比

示例 30：统计报错次数最多和最少的年及月（可并列），SQL 查询脚本如下所示，查询结果如图 9-130 所示。

```
SELECT *, '报错次数最多' AS note
FROM (SELECT YEAR(errorDate) AS date_y,
    MONTH(errorDate) AS date_m,
    COUNT(*) AS count_num,
    RANK() OVER (ORDER BY COUNT(*) DESC) AS ranks
FROM game_errorpop
GROUP BY 1,2) tt
WHERE tt.ranks = 1
    UNION ALL
SELECT *, '报错次数最少' AS note
FROM (SELECT YEAR(errorDate) AS date_y,
    MONTH(errorDate) AS date_m,
    COUNT(*) AS count_num,
    RANK() OVER (ORDER BY COUNT(*) ASC) AS ranks
FROM game_errorpop
GROUP BY 1,2) tt
WHERE tt.ranks = 1;
```

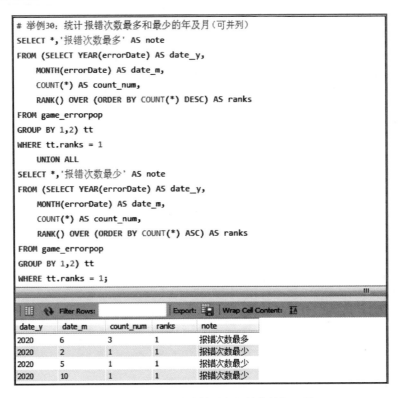

```
# 举例30：统计报错次数最多和最少的年及月（可并列）
SELECT *,'报错次数最多' AS note
FROM (SELECT YEAR(errorDate) AS date_y,
    MONTH(errorDate) AS date_m,
    COUNT(*) AS count_num,
    RANK() OVER (ORDER BY COUNT(*) DESC) AS ranks
FROM game_errorpop
GROUP BY 1,2) tt
WHERE tt.ranks = 1
    UNION ALL
SELECT *,'报错次数最少' AS note
FROM (SELECT YEAR(errorDate) AS date_y,
    MONTH(errorDate) AS date_m,
    COUNT(*) AS count_num,
    RANK() OVER (ORDER BY COUNT(*) ASC) AS ranks
FROM game_errorpop
GROUP BY 1,2) tt
WHERE tt.ranks = 1;
```

date_y	date_m	count_num	ranks	note
2020	6	3	1	报错次数最多
2020	2	1	1	报错次数最少
2020	5	1	1	报错次数最少
2020	10	1	1	报错次数最少

图 9-130　统计报错次数最多和最少的年及月

9.5　线下实体店销售数据查询

　　线下实体店零售场景主要是指客户在线下的实体门店购买商品，这里涉及的表通常包括门店信息表、店长信息表、员工信息表、销售业绩表、会员信息表、产品信息表、邀请关系表和积分兑换表。本节将详细讲解这 8 张表的创建和数据的导入，并提供基于这 8 张表的 30 个数据查询示例。

9.5.1　线下实体店销售数据查询相关数据表的创建

　　门店信息表中的字段包括门店 ID、门店名称、门店创建时间、省份、城市、店长 ID 和门店面积，店长信息表中的字段包括店长 ID、店长姓名、出生时间、性别、年龄、入职时间、晋升店长时间、店长级别和门店 ID，员工信息表中的字段包括员工 ID、员工姓名、出生时间、性别、年龄、入职时间、员工级别和门店 ID，销售业绩表中的字段包括订单 ID、客户 ID、订单时间、门店 ID、员工 ID、订单数量和产品 ID，会员信息表中的字段包括客户 ID、注册时间、会员姓名、性别、年龄、当前等级、当前积分、累计积分、累计消费金额和是否关注公众号，产品信息表中的字段包括产品 ID、大类、子类、产品名称、单价和提成系数，邀请关系表中的字段包括邀请 ID、客户 ID、邀请人 ID 和邀请时间，积分兑换表中的字段包括兑换 ID、客户 ID、兑换时间、兑换商品 ID、兑换商品名称、兑换数量和兑换积分，字段解释分别见表 9-25～表 9-32。

表 9-25 门店信息表的字段解释

字段名称	字段类型	字段解释
storeID	INT	门店 ID
storeName	VARCHAR(100)	门店名称
createDate	DATE	门店创建时间
province	VARCHAR(100)	省份
city	VARCHAR(100)	城市
managerID	VARCHAR(100)	店长 ID
area	INT	门店面积

表 9-26 店长信息表的字段解释

字段名称	字段类型	字段解释
managerID	INT	店长 ID
managerName	VARCHAR(100)	店长姓名
birthDate	DATE	出生时间
sex	VARCHAR(100)	性别
age	INT	年龄
entryDate	DATETIME	入职时间
promotionDate	DATETIME	晋升店长时间
grade	INT	店长级别
storeID	INT	门店 ID

表 9-27 员工信息表的字段解释

字段名称	字段类型	字段解释
employeeID	INT	员工 ID
employeeName	VARCHAR(100)	员工姓名
birthDate	DATE	出生时间
sex	VARCHAR(100)	性别
age	INT	年龄
entryDate	DATETIME	入职时间
grade	INT	员工级别
storeID	INT	门店 ID

表 9-28　销售业绩表的字段解释

字段名称	字段类型	字段解释
orderID	INT	订单 ID
custID	INT	客户 ID
orderDate	DATETIME	订单时间
storeID	INT	门店 ID
employeeID	INT	员工 ID
num	INT	订单数量
prodID	VARCHAR(100)	产品 ID

表 9-29　会员信息表的字段解释

字段名称	字段类型	字段解释
custID	INT	客户 ID
registDate	DATETIME	注册时间
custName	VARCHAR(100)	会员姓名
sex	VARCHAR(100)	性别
age	INT	年龄
grade	VARCHAR(100)	当前等级
integral	INT	当前积分
integral_t	DECIMAL(10,2)	累计积分
amount_t	DECIMAL(10,2)	累计消费金额
is_subscribe	INT	是否关注公众号

表 9-30　产品信息表的字段解释

字段名称	字段类型	字段解释
prodID	VARCHAR(100)	产品 ID
type	VARCHAR(100)	大类
subType	VARCHAR(100)	子类
prodName	VARCHAR(100)	产品名称
price	DECIMAL(10,2)	单价
ratio	DECIMAL(10,4)	提成系数

表 9-31　邀请关系表的字段解释

字段名称	字段类型	字段解释
inviteID	INT	邀请 ID
custID	INT	客户 ID
parent_custID	INT	邀请人 ID
inviteDate	DATETIME	邀请时间

表 9-32　积分兑换表的字段解释

字段名称	字段类型	字段解释
exchangeID	INT	兑换 ID
custID	INT	客户 ID
exchangeDate	DATETIME	兑换时间
exchangeProID	INT	兑换商品 ID
exchangeProName	VARCHAR(100)	兑换商品名称
num	INT	兑换数量
consume_integral	INT	兑换积分

创建这 8 张表并插入数据的 SQL 语句如下：

```
# 创建门店信息表
CREATE TABLE retail_store_info (
    storied INT NOT NULL,
    storeName VARCHAR(100) NULL,
    createDate DATE NULL,
    province VARCHAR(100) NULL,
    city VARCHAR(100) NULL,
    managerID VARCHAR(100) NULL,
    area INT
);
# 创建店长信息表
    CREATE TABLE retail_manager_info (
    managerID INT NOT NULL,
    managerName VARCHAR(100) NULL,
    birthDate DATE NULL,
    sex VARCHAR(100) NULL,
    age INT NULL,
    entryDate DATETIME NULL,
    promotionDate DATETIME NULL,
    grade INT NULL,
    storeID INT NULL
);
# 创建员工信息表
CREATE TABLE retail_employee_info (
    employeeID INT NOT NULL,
    employeeName VARCHAR(100) NULL,
    birthDate DATE NULL,
    sex VARCHAR(100) NULL,
    age INT NULL,
    entryDate DATETIME NULL,
    grade INT NULL,
    storeID INT NULL
);
# 创建销售业绩表
CREATE TABLE retail_sales (
```

```
        orderID INT NOT NULL,
        custID INT NULL,
        orderDate DATETIME NULL,
        storeID INT NULL,
        employeeID INT NULL,
        num INT NULL,
        prodID VARCHAR(100) NULL
);
# 创建会员信息表
CREATE TABLE retail_user_info (
        custID INT NOT NULL,
        registDate DATETIME NULL,
        custName VARCHAR(100) NULL,
        sex VARCHAR(100) NULL,
        age INT NULL,
        grade VARCHAR(100) NULL,
        integral INT NULL,
        integral_t DECIMAL(10,2) NULL,
        amount_t DECIMAL(10,2) NULL,
        is_subscribe INT NULL
);
# 创建产品信息表
CREATE TABLE retail_product_info (
        prodID VARCHAR(100) NOT NULL,
        type VARCHAR(100) NULL,
        subtype VARCHAR(100) NULL,
        prodName VARCHAR(100) NULL,
        price DECIMAL(10,2) NULL,
        ratio DECIMAL(10,4) NULL
);
# 创建邀请关系表
CREATE TABLE retail_invite_relationship (
        inviteID INT NOT NULL,
        custID INT,
        parent_custID INT,
        inviteDate DATETIME
);
# 创建积分兑换表
CREATE TABLE retail_integral_exchange (
        exchangeID INT NOT NULL,
        custID INT NULL,
        exchangeDate DATETIME NULL,
        exchangeProID INT NULL,
        exchangeProName VARCHAR(100) NULL,
        num INT NULL,
        consume_integral INT NULL
);

# 插入数据
# 数据导入门店信息表
```

```
LOAD DATA INFILE 'E:/retail_store_info.csv'
INTO TABLE retail_store_info
FIELDS TERMINATED BY ','
LINES TERMINATED BY '\n'
IGNORE 1 ROWS;
# 数据导入店长信息表
LOAD DATA INFILE 'E:/retail_manager_info.csv'
INTO TABLE retail_manager_info
FIELDS TERMINATED BY ','
LINES TERMINATED BY '\n'
IGNORE 1 ROWS;
# 数据导入员工信息表
LOAD DATA INFILE 'E:/retail_employee_info.csv'
INTO TABLE retail_employee_info
FIELDS TERMINATED BY ','
LINES TERMINATED BY '\n'
IGNORE 1 ROWS;
# 数据导入销售业绩表
LOAD DATA INFILE 'E:/retail_sales.csv'
INTO TABLE retail_sales
FIELDS TERMINATED BY ','
LINES TERMINATED BY '\n'
IGNORE 1 ROWS;
# 数据导入会员信息表
LOAD DATA INFILE 'E:/retail_user_info.csv'
INTO TABLE retail_user_info
FIELDS TERMINATED BY ','
LINES TERMINATED BY '\n'
IGNORE 1 ROWS;
# 数据导入产品信息表
LOAD DATA INFILE 'E:/retail_product_info.csv'
INTO TABLE retail_product_info
FIELDS TERMINATED BY ','
LINES TERMINATED BY '\n'
IGNORE 1 ROWS;
# 数据导入邀请关系表
LOAD DATA INFILE 'E:/retail_invite_relationship.csv'
INTO TABLE retail_invite_relationship
FIELDS TERMINATED BY ','
LINES TERMINATED BY '\n'
IGNORE 1 ROWS;
# 数据导入积分兑换表
LOAD DATA INFILE 'E:/retail_integral_exchange.csv'
INTO TABLE retail_integral_exchange
FIELDS TERMINATED BY ','
LINES TERMINATED BY '\n'
IGNORE 1 ROWS;
```

9.5.2　线下实体店销售数据查询实践

执行上面的脚本，完成线下实体店销售数据查询相关数据表的创建和数据的插入。接下来以这 8 张表为例，进行业务角度下的数据查询。

示例 1：统计开业时间最早和最晚的门店的信息（不并列），SQL 查询脚本如下所示，查询结果如图 9-131 所示。

```
SELECT *,
        '开业最早' AS note
FROM (SELECT *,
        ROW_NUMBER() OVER (ORDER BY createDate ASC) AS ranks
    FROM retail_store_info) tt
WHERE tt.ranks = 1
UNION ALL
SELECT *,
        '开业最晚' AS note
FROM (SELECT *,
        ROW_NUMBER() OVER (ORDER BY createDate DESC) AS ranks
    FROM retail_store_info) tt
WHERE tt.ranks = 1;
```

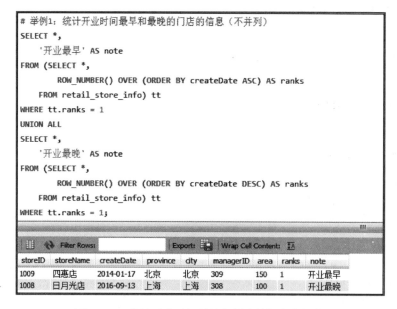

图 9-131　统计开业时间最早和最晚的门店的信息

示例 2：统计门店分布数量最多的城市名称（不并列），SQL 查询脚本如下所示，查询结果如图 9-132 所示。

```
SELECT *
FROM (SELECT city,
        COUNT(*) AS count_num,
```

```
    ROW_NUMBER() OVER (ORDER BY COUNT(*) DESC) AS ranks
  FROM retail_store_info
  GROUP BY 1) tt
WHERE tt.ranks = 1;
```

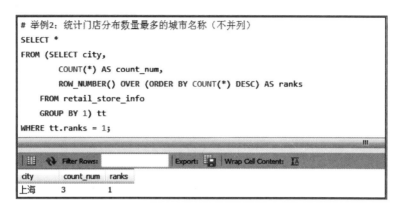

图 9-132　统计门店分布数量最多的城市名称

示例 3：统计从入门到晋升时间最短的店长的信息（不并列），SQL 查询脚本如下所示，查询结果如图 9-133 所示。

```
SELECT *
FROM (SELECT *,
    TIMESTAMPDIFF(DAY,entryDate,promotionDate) AS diff_day,
    ROW_NUMBER() OVER (ORDER BY
                  TIMESTAMPDIFF(DAY,entryDate,promotionDate) ASC) AS ranks
FROM retail_manager_info) tt
WHERE tt.ranks = 1;
```

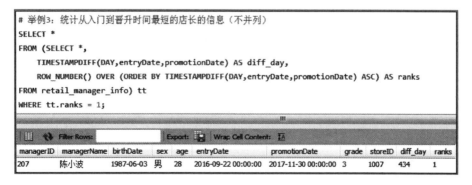

图 9-133　统计从入门到晋升时间最短的店长的信息

示例 4：统计不同性别中等级最高的店长的信息（不并列），SQL 查询脚本如下所示，查询结果如图 9-134 所示。

```
SELECT *
```

```
FROM (SELECT *,
            ROW_NUMBER() OVER (PARTITION BY sex ORDER BY grade DESC) AS ranks
      FROM retail_manager_info) tt
WHERE tt.ranks = 1;
```

图 9-134　统计不同性别中等级最高的店长的信息

示例 5：统计新街口店中不同性别销售人员对应的人数，SQL 查询脚本如下所示，查询结果如图 9-135 所示。

```
SELECT t1.storeName,
       t2.sex,
       COUNT(t2.employeeID) AS count_num
FROM retail_store_info t1
     LEFT JOIN retail_employee_info t2 ON t1.storeID = t2.storeID
WHERE t1.storeName = '新街口店'
GROUP BY 1,2
ORDER BY 1,2;
```

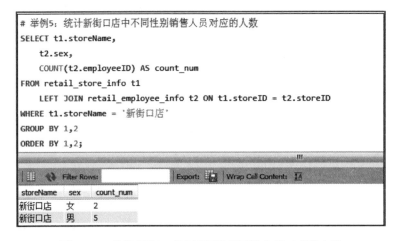

图 9-135　统计新街口店中不同性别销售人员对应的人数

示例 6：统计不同门店中年龄超过店长的人数以及占比，SQL 查询脚本如下所示，查询结果如图 9-136 所示。

```
SELECT tt1.*,
    tt1.user_num / tt2.total_user_num AS ratio
FROM (SELECT t1.storeName,
        COUNT(t3.employeeID) AS user_num
    FROM retail_store_info t1
        LEFT JOIN retail_manager_info t2 ON t1.storeID = t2.storeID
        LEFT JOIN retail_employee_info t3 ON t1.storeID = t3.storeID
                                    AND t3.age > t2.age
    GROUP BY 1) tt1
LEFT JOIN (SELECT t1.storeName,
        COUNT(t3.employeeID) AS total_user_num
    FROM retail_store_info t1
        LEFT JOIN retail_manager_info t2 ON t1.storeID = t2.storeID
        LEFT JOIN retail_employee_info t3 ON t1.storeID = t3.storeID
    GROUP BY 1) tt2 ON tt1.storeName = tt2.storeName;
```

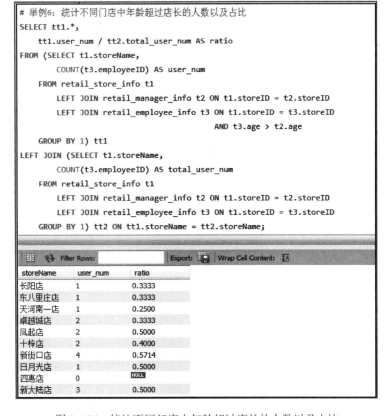

图 9-136　统计不同门店中年龄超过店长的人数以及占比

示例 7：统计 2019 年不同门店的销售冠军的信息（不并列），SQL 查询脚本如下所示，查询结果如图 9-137 所示。

```
SELECT tt1.date_y,tt1.storeName,tt2.*
FROM (SELECT YEAR(t1.orderDate) AS date_y,
    t4.storeName,
    t1.employeeID,
    SUM(t1.num * t2.price) AS amount,
    ROW_NUMBER() OVER (PARTITION BY YEAR(t1.orderDate),t4.storeName
                        ORDER BY SUM(t1.num * t2.price) DESC) AS ranks
FROM retail_sales t1
    LEFT JOIN retail_product_info t2 ON t1.prodID = t2.prodID
    LEFT JOIN retail_store_info t4 ON t1.storeID = t4.storeID
GROUP BY 1,2,3) tt1
    LEFT JOIN retail_employee_info tt2 ON tt1.employeeID = tt2.employeeID
WHERE tt1.ranks = 1
AND date_y = 2019;
```

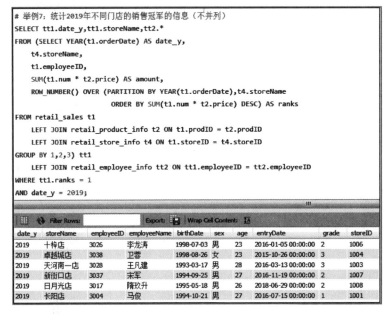

图 9-137　统计 2019 年不同门店的销售冠军的信息

示例 8：统计不同年份销量最高的产品的信息（不并列），SQL 查询脚本如下所示，查询结果如图 9-138 所示。

```
SELECT *
FROM (SELECT YEAR(t1.orderDate) AS date_y,
    t1.prodID,
    t2.type,
    t2.subType,
    t2.prodName,
    SUM(t1.num * t2.price) AS amount,
```

```
ROW_NUMBER() OVER (PARTITION BY YEAR(t1.orderDate)
                ORDER BY SUM(t1.num * t2.price) DESC) AS ranks
FROM retail_sales t1
                LEFT JOIN retail_product_info t2 ON t1.prodID = t2.prodID
GROUP BY 1,2,3,4,5) tt
WHERE tt.ranks = 1;
```

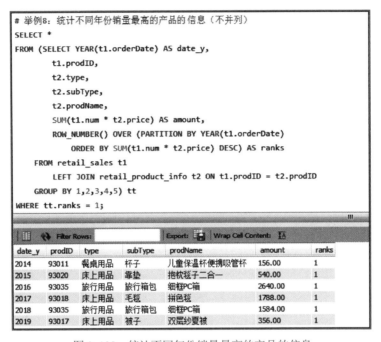

图 9-138　统计不同年份销量最高的产品的信息

示例 9：统计存在过复购行为的会员的人数及其占比，SQL 查询脚本如下所示，查询结果如图 9-139 所示。

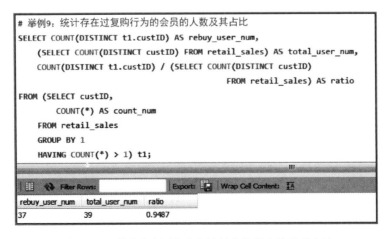

图 9-139　统计存在过复购行为的会员的人数及其占比

287

```
SELECT COUNT(DISTINCT t1.custID) AS rebuy_user_num,
    (SELECT COUNT(DISTINCT custID) FROM retail_sales) AS total_user_num,
COUNT(DISTINCT t1.custID) / (SELECT COUNT(DISTINCT custID)
                                        FROM retail_sales) AS ratio
FROM (SELECT custID,
        COUNT(*) AS count_num
    FROM retail_sales
    GROUP BY 1
    HAVING COUNT(*) > 1) t1;
```

示例 10：统计不同年份的销售业绩以及环比增长率，SQL 查询脚本如下所示，查询结果如图 9-140 所示。

```
SELECT tt1.date_y,tt1.amount,tt1.amount / tt2.amount - 1 AS ratio
FROM (SELECT YEAR(t1.orderDate) AS date_y,
        SUM(t1.num * t2.price) AS amount
    FROM retail_sales t1
        LEFT JOIN retail_product_info t2 ON t1.prodID = t2.prodID
    GROUP BY 1) tt1
LEFT JOIN (SELECT YEAR(t1.orderDate) AS date_y,
        SUM(t1.num * t2.price) AS amount
    FROM retail_sales t1
        LEFT JOIN retail_product_info t2 ON t1.prodID = t2.prodID
    GROUP BY 1) tt2 ON tt1.date_y - tt2.date_y = 1
ORDER BY 1;
```

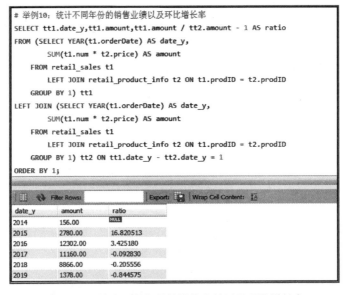

图 9-140　统计不同年份的销售业绩以及环比增长率

示例 11：统计不同等级会员的分布及其占比，SQL 查询脚本如下所示，查询结果如图 9-141 所示。

```
SELECT CAST(grade AS DECIMAL) AS grade,
    COUNT(*) AS user_num,
    (SELECT COUNT(DISTINCT custID) FROM retail_user_info) AS total_user_num,
    COUNT(*) / (SELECT COUNT(DISTINCT custID) FROM retail_user_info) AS ratio
FROM retail_user_info
GROUP BY 1
ORDER BY 1;
```

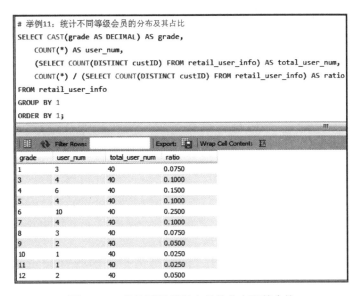

图 9-141　统计不同等级会员的分布及其占比

示例 12：统计不同门店的消费会员数以及消费总金额，SQL 查询脚本如下所示，查询结果如图 9-142 所示。

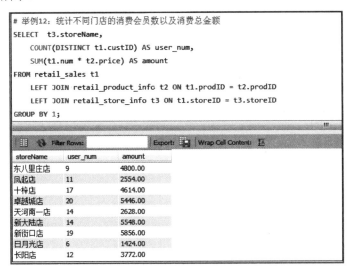

图 9-142　统计不同门店的消费会员数以及消费总金额

```
SELECT t3.storeName,
    COUNT(DISTINCT t1.custID) AS user_num,
    SUM(t1.num * t2.price) AS amount
FROM retail_sales t1
    LEFT JOIN retail_product_info t2 ON t1.prodID = t2.prodID
    LEFT JOIN retail_store_info t3 ON t1.storeID = t3.storeID
GROUP BY 1;
```

示例 13：统计未被购买过的商品的信息，SQL 查询脚本如下所示，查询结果如图 9-143 所示。

```
SELECT DISTINCT t1.*
FROM retail_product_info t1
    LEFT JOIN retail_sales t2 ON t1.prodID = t2.prodID
WHERE t2.prodID IS NULL;
```

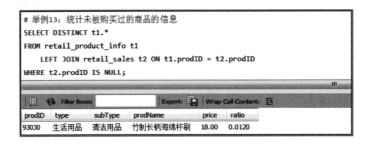

图 9-143　统计未被购买过的商品的信息

示例 14：统计历史无消费记录的会员的姓名、性别，以及截至 2020 年年底的注册年份数，SQL 查询脚本如下所示，查询结果如图 9-144 所示。

```
SELECT custName,
    sex,
    TIMESTAMPDIFF(YEAR,registDate,'2020-12-31') AS regist_years
FROM retail_user_info
WHERE custID NOT IN (SELECT DISTINCT custID
                FROM retail_sales);
```

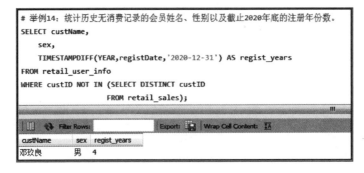

图 9-144　统计历史无消费记录的会员的姓名、性别，以及截至 2020 年年底的注册年份数

示例 15：统计不同消费金额段对应的会员人数（消费金额按每 1000 元向上取整分档），SQL 查询脚本如下所示，查询结果如图 9-145 所示。

```
SELECT CEILING(amount / 1000.0) * 1000.0 AS amount_gp,
    COUNT(DISTINCT custID) AS user_num
FROM (SELECT t1.custID,
        SUM(t1.num * t2.price) AS amount
    FROM retail_sales t1
        LEFT JOIN retail_product_info t2 ON t1.prodID = t2.prodID
    GROUP BY 1) tt
GROUP BY 1;
```

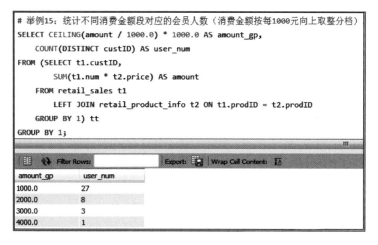

图 9-145　统计不同消费金额段对应的会员人数

示例 16：统计积分消费比最高的会员的姓名、年龄，以及积分消费比（不并列），SQL 查询脚本如下所示，查询结果如图 9-146 所示。

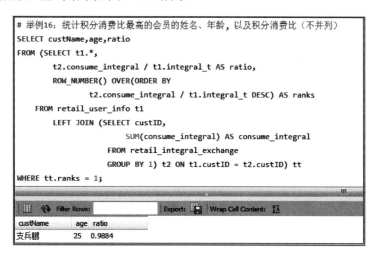

图 9-146　统计积分消费比最高的会员的姓名、年龄，以及积分消费比

```
SELECT custName,age,ratio
FROM (SELECT t1.*,
            t2.consume_integral / t1.integral_t AS ratio,
            ROW_NUMBER() OVER(ORDER BY
                    t2.consume_integral / t1.integral_t DESC) AS ranks
      FROM retail_user_info t1
          LEFT JOIN (SELECT custID,
                            SUM(consume_integral) AS consume_integral
                     FROM retail_integral_exchange
                     GROUP BY 1) t2 ON t1.custID = t2.custID) tt
WHERE tt.ranks = 1;
```

示例 17：统计不同性别获取积分最多的会员的信息（不并列），SQL 查询脚本如下所示，查询结果如图 9-147 所示。

```
SELECT *
FROM (SELECT *,
            ROW_NUMBER() OVER(PARTITION BY sex
                            ORDER BY integral_t DESC) AS ranks
      FROM retail_user_info) tt
WHERE tt.ranks = 1;
```

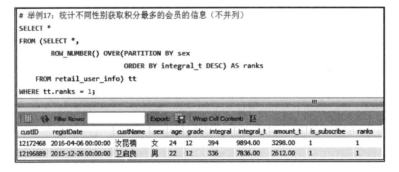

图 9-147　统计不同性别获取积分最多的会员的信息

示例 18：统计购买商品种类最多的会员的信息（不并列），SQL 查询脚本如下所示，查询结果如图 9-148 所示。

```
SELECT tt2.*
FROM (SELECT t1.custID,
            COUNT(DISTINCT t1.prodID) AS count_num,
            ROW_NUMBER() OVER(ORDER BY COUNT(DISTINCT t1.prodID) DESC) AS ranks
      FROM retail_sales t1
          LEFT JOIN retail_user_info t2 ON t1.custID = t2.custID
      GROUP BY 1) tt1
    LEFT JOIN retail_user_info tt2 ON tt1.custID = tt2.custID
WHERE tt1.ranks = 1;
```

```
# 举例18：统计购买商品种类最多的会员的信息（不并列）
SELECT tt2.*
FROM (SELECT t1.custID,
           COUNT(DISTINCT t1.prodID) AS count_num,
           ROW_NUMBER() OVER(ORDER BY COUNT(DISTINCT t1.prodID) DESC) AS ranks
      FROM retail_sales t1
          LEFT JOIN retail_user_info t2 ON t1.custID = t2.custID
      GROUP BY 1) tt1
      LEFT JOIN retail_user_info tt2 ON tt1.custID = tt2.custID
WHERE tt1.ranks = 1;
```

custID	registDate	custName	sex	age	grade	integral	integral_t	amount_t	is_subscribe
12172468	2016-04-06 00:00:00	汝昆翔	女	24	12	394	9894.00	3298.00	1

图 9-148　统计购买商品种类最多的会员的信息

示例 19：统计购买过运动卫衣和皮肤衣的会员的信息，SQL 查询脚本如下所示，查询结果如图 9-149 所示。

```
SELECT tt2.*
FROM (SELECT t1.custID,
           COUNT(DISTINCT t1.prodID) AS count_num
      FROM retail_sales t1
          LEFT JOIN retail_product_info t3 ON t1.prodID = t3.prodID
      WHERE t3.prodName IN ('运动卫衣' , '皮肤衣')
      GROUP BY 1
      HAVING COUNT(DISTINCT t1.prodID) = 2) tt1
      LEFT JOIN retail_user_info tt2 ON tt1.custID = tt2.custID;
```

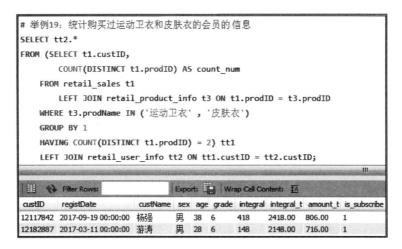

图 9-149　统计购买过运动卫衣和皮肤衣的会员的信息

示例 20：统计 2016 年销售业绩排名前三的员工信息以及对应的提成（不并列），SQL 查询脚本如下所示，查询结果如图 9-150 所示。

```
SELECT tt2.*,
    tt1.amount,
```

```
        CAST(salary AS DECIMAL(10,2)) AS salary
FROM (SELECT t1.employeeID,
    SUM(t1.num * t2.price) AS amount,
    SUM(t1.num * t2.price * t2.ratio) AS salary,
    ROW_NUMBER() OVER (ORDER BY SUM(t1.num * t2.price) DESC) AS ranks
FROM retail_sales t1
    LEFT JOIN retail_product_info t2 ON t1.prodID = t2.prodID
WHERE YEAR(t1.orderDate) = 2016
GROUP BY 1) tt1
    LEFT JOIN retail_employee_info tt2 ON tt1.employeeID = tt2.employeeID
WHERE tt1.ranks <= 3;
```

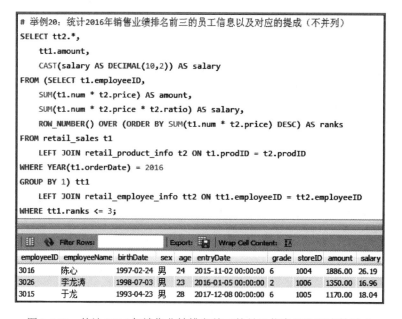

图 9-150　统计 2016 年销售业绩排名前三的员工信息以及对应的提成

示例 21：统计关注公众号和未关注公众号的不同用户的累计消费金额、累计积分，以及累计兑换积分，SQL 查询脚本如下所示，查询结果如图 9-151 所示。

```
SELECT is_subscribe,
    SUM(amount_t) AS amount_t,
    SUM(integral_t) AS integral_t,
    SUM(consume_integral) AS consume_integral
FROM retail_user_info t1
    LEFT JOIN (SELECT custID,
                SUM(consume_integral) AS consume_integral
            FROM retail_integral_exchange
            GROUP BY 1) t2 ON t1.custID = t2.custID
GROUP BY 1
ORDER BY 1;
```

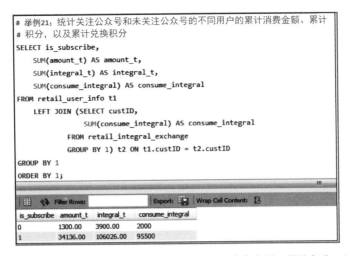

图 9-151 统计关注公众号和未关注公众号的不同用户的累计消费金额、累计积分，以及累计兑换积分

示例 22：统计办公文具中价格最高和最低的产品的信息（不并列），SQL 查询脚本如下所示，查询结果如图 9-152 所示。

```
SELECT *,'价格最高' AS note
FROM (SELECT *,
        ROW_NUMBER() OVER (PARTITION BY type ORDER BY price DESC) AS ranks
    FROM retail_product_info) tt
WHERE tt.ranks = 1 AND tt.type = '办公文具'
UNION ALL
SELECT *,'价格最低' AS note
FROM (SELECT *,
        ROW_NUMBER() OVER (PARTITION BY type ORDER BY price ASC) AS ranks
    FROM retail_product_info) tt
WHERE tt.ranks = 1 AND tt.type = '办公文具';
```

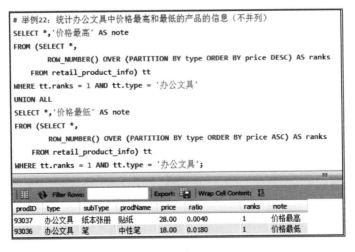

图 9-152 统计办公文具中价格最高和最低的产品的信息

示例 23：统计种类最多的商品的种类数及其销售总额（不并列），SQL 查询脚本如下所示，查询结果如图 9-153 所示。

```
SELECT *
FROM (SELECT type,
          COUNT(DISTINCT prodID) AS count_num,
          ROW_NUMBER() OVER (ORDER BY COUNT(DISTINCT prodID) DESC) AS ranks
      FROM retail_product_info
      GROUP BY 1) tt1
      JOIN (SELECT t2.type,
               SUM(t1.num * t2.price) AS amount
            FROM retail_sales t1
               LEFT JOIN retail_product_info t2 ON t1.prodID = t2.prodID
            GROUP BY 1) tt2 ON tt1.type = tt2.type
WHERE tt1.ranks = 1;
```

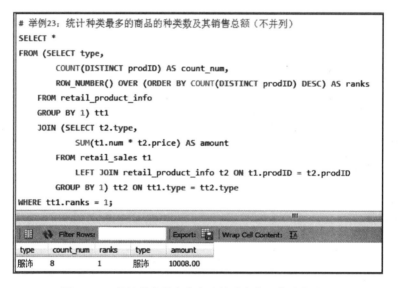

图 9-153　统计种类最多的商品的种类数及其销售总额

示例 24：统计邀请会员最多的会员的信息（不并列），SQL 查询脚本如下所示，查询结果如图 9-154 所示。

```
SELECT t2.*
FROM (SELECT parent_custID,
          COUNT(DISTINCT custID) AS user_num,
          ROW_NUMBER() OVER (ORDER BY COUNT(DISTINCT custID) DESC) AS ranks
      FROM retail_invite_relationship
      GROUP BY 1) t1
          JOIN retail_user_info t2 ON t1.parent_custID = t2.custID
WHERE t1.ranks = 1;
```

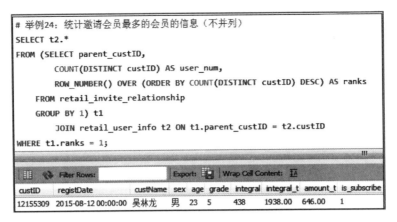

图 9-154　统计邀请会员最多的会员的信息

示例 25：统计不同邀请人邀请的会员累计消费的金额，SQL 查询脚本如下所示，查询结果如图 9-155 所示。

```
SELECT t1.parent_custID,
     sum(t2.num * t3.price) AS amount
FROM retail_invite_relationship t1
     LEFT JOIN retail_sales t2 ON t1.custID = t2.custID
     LEFT JOIN retail_product_info t3 ON t2.prodID = t3.prodID
GROUP BY 1;
```

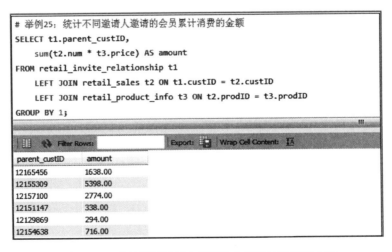

图 9-155　统计不同邀请人邀请的会员累计消费的金额

示例 26：统计在 2018 年内有消费记录的被邀请用户对应的邀请人的信息，SQL 查询脚本如下所示，查询结果如图 9-156 所示。

```
SELECT DISTINCT t3.*
FROM retail_invite_relationship t1
     LEFT JOIN retail_sales t2 ON t1.custID = t2.custID
```

```
JOIN retail_user_info t3 ON t1.parent_custID = t3.custID
WHERE YEAR(t2.orderDate) = 2018;
```

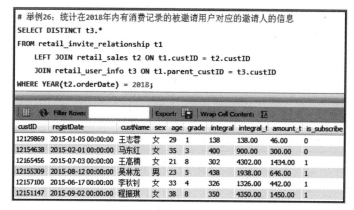

图 9-156　统计在 2018 年内有消费记录的被邀请用户对应的邀请人的信息

示例 27：统计 2017 年被积分兑换次数最多的商品的信息（不并列），SQL 查询脚本如下所示，查询结果如图 9-157 所示。

```
SELECT *
FROM (SELECT YEAR(exchangeDate) AS date_y,
          exchangeProID,
          exchangeProName,
          COUNT(*) AS count_num,
          ROW_NUMBER() OVER (PARTITION BY YEAR(exchangeDate)
                        ORDER BY COUNT(*) DESC) AS ranks
     FROM retail_integral_exchange
     GROUP BY 1,2,3) tt
WHERE tt.ranks = 1
AND date_y = 2017;
```

```
# 举例27: 统计2017年被积分兑换次数最多的商品的信息（不并列）
SELECT *
FROM (SELECT YEAR(exchangeDate) AS date_y,
          exchangeProID,
          exchangeProName,
          COUNT(*) AS count_num,
          ROW_NUMBER() OVER (PARTITION BY YEAR(exchangeDate)
                        ORDER BY COUNT(*) DESC) AS ranks
     FROM retail_integral_exchange
     GROUP BY 1,2,3) tt
WHERE tt.ranks = 1
AND date_y = 2017;
```

date_y	exchangeProID	exchangeProName	count_num	ranks
2017	e002	水杯	5	1

图 9-157　统计 2017 年被积分兑换次数最多的商品的信息

示例 28：统计被兑换商品中消耗积分最多的商品的信息（不并列），SQL 查询脚本如下所示，查询结果如图 9-158 所示。

```
SELECT *
FROM (SELECT exchangeProID,
    exchangeProName,
    SUM(consume_integral) AS consume_integral,
    ROW_NUMBER() OVER (ORDER BY SUM(consume_integral) DESC) AS ranks
FROM retail_integral_exchange
GROUP BY 1,2) tt
WHERE tt.ranks = 1;
```

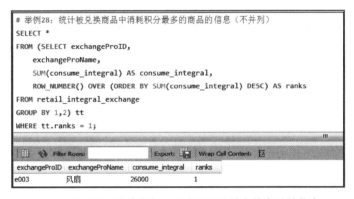

图 9-158　统计被兑换商品中消耗积分最多的商品的信息

示例 29：统计历史积分最高的用户的积分兑换信息（不并列），SQL 查询脚本如下所示，查询结果如图 9-159 所示。

```
SELECT t2.*
FROM (SELECT *,
        ROW_NUMBER() OVER (ORDER BY integral_t DESC) AS ranks
    FROM retail_user_info) t1
    JOIN retail_integral_exchange t2 ON t1.custID = t2.custID
WHERE t1.ranks = 1;
```

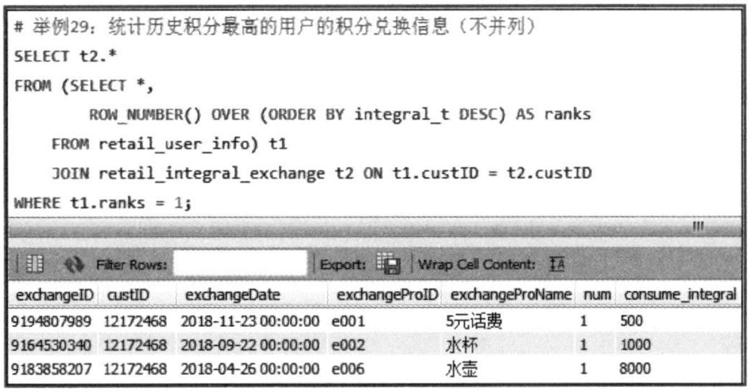

图 9-159　统计历史积分最高的用户的积分兑换信息

示例 **30**：统计积分兑换次数最多的会员的姓名以及累计兑换积分（不并列），SQL 查询脚本如下所示，查询结果如图 9-160 所示。

```
SELECT t2.custName,t1.consume_integral
FROM (SELECT custID,
        COUNT(*) AS count_num,
        SUM(consume_integral) AS consume_integral,
        ROW_NUMBER() OVER (ORDER BY COUNT(*) DESC) AS ranks
    FROM retail_integral_exchange
    GROUP BY 1) t1
    JOIN retail_user_info t2 ON t1.custID = t2.custID
WHERE t1.ranks = 1;
```

图 9-160 统计积分兑换次数最多的会员的姓名以及累计兑换积分